高等职业教育铁道信号自动控制专业校企合作系列教材

铁路信号电源系统维护

主　编　刘湘国　于　勇　高嵘华

副主编　刘昌录　高虎城

主　审　鲁志鹰

西南交通大学出版社

·成　都·

内容简介

本书根据高等职业学校铁道信号自动控制专业建设指导标准——《铁路信号电源设备维护》课程标准要求并按照项目教学方法编写而成。具体内容包括：信号供电设备、开关电源、传统信号电源屏、信号智能化电源屏、蓄电池与 UPS 电源等。

本书主要作为高等职业技术学院铁道信号自动控制专业与城市轨道交通通信信号技术专业的教材，也可以作为成人继续教育或现场工程技术人员培训教材及参考资料。

图书在版编目（ＣＩＰ）数据

铁路信号电源系统维护 / 刘湘国，于勇，高嵘华主编. 一成都：西南交通大学出版社，2020.8（2025.1 重印）
高等职业教育铁道信号自动控制专业校企合作系列教材
ISBN 978-7-5643-7568-3

Ⅰ. ①铁… Ⅱ. ①刘… ②于… ③高… Ⅲ. ①铁路信号 – 电源 – 维修 – 高等职业教育 – 教材 Ⅳ. ①U284.77

中国版本图书馆 CIP 数据核字（2020）第 158038 号

高等职业教育铁道信号自动控制专业校企合作系列教材
Tielu Xinhao Dianyuan Xitong Weihu
铁路信号电源系统维护

主　编／刘湘国　于　勇　高嵘华　　　责任编辑／穆　丰
　　　　　　　　　　　　　　　　　　　封面设计／墨创文化

西南交通大学出版社出版发行
（四川省成都市金牛区二环路北一段 111 号西南交通大学创新大厦 21 楼　610031）
发行部电话：028-87600564　　028-87600533
网址：http://www.xnjdcbs.com
印刷：成都中永印务有限责任公司

成品尺寸　185 mm×260 mm
印张　17　字数　403 千
版次　2020 年 8 月第 1 版　　印次　2025 年 1 月第 4 次

书号　ISBN 978-7-5643-7568-3
定价　54.00 元

课件咨询电话：028-81435775
图书如有印装质量问题　本社负责退换
版权所有　盗版必究　举报电话：028-87600562

目　录

项目 1
信号供电设备

项目描述

　　本项目介绍的是铁路信号供电设备，包括铁道信号设备供电基本要求与供电情况认知、变压器的认知与使用、电机与低压电器的认知与使用、交流稳压器的认知与应用、使学生对铁路信号设备以及供电基本要求有一个总体认识。

🔍 教学目标

　　了解铁道信号设备供电基本要求与供电情况；了解变压器、电动机与低压电器、交流稳压器等信号供电设备的特性与应用情况；初步具备对信号供电设备相关参数的识别能力及日常维护事项。

任务 1.1　信号设备供电基本要求与供电情况认知

【工作任务】

了解信号设备对供电的基本要求。
了解信号设备的供电情况。

【知识链接】

1.1.1　信号设备供电基本要求

信号设备对供电的三大基本要求是：可靠、稳定和安全。

1. 可靠性要求

为了保证供电可靠，按信号设备与行车的关系可划分供电等级以便管理，并设置备用电源。

铁路对路外供给的电源，按其可靠程度分为三类：

（1）第一类电源。

能取得两路可靠的独立电源，其中一路为专盘专线，或虽不能取得专用电源，但能由其他重要线路接引供电，供电容量满足信号设备的最大用电量，电压、频率的波动在容许范围之内，或电压波动虽较大但能保持稳压。

（2）第二类电源。

只能取得一路电源，但质量较好，供电容量、电压和频率的波动情况与第一类电源相同。

（3）第三类电源。

不能满足第一、二类电源条件的其他电源。

独立电源：不受其他电源影响的电源。如一个发电机组，有专用的控制设备和馈电线路，与其他母线没有联系或虽有联系但其他母线发生故障时能自动切断联系，就是独立电源。

可靠电源：能昼夜连续供电，对因维修和事故导致的停电次数有一定限制的电源。有关规定为：因维修的计划停电，第一类电源每路每月一次，每次不超过 4 h；第二类电源每月一次，每次不超过 10 h。因事故造成的临时停电两年累计：第一类不超过 48 次，每次一般不超过 2 h；第二类不超过 100 次，每次一般不超过 4 h。

专盘专线：是指供给信号设备 10 kV 以下的不与其他负荷共用的专用配电设备和专用的电线路。

按事故停电所造成的后果，可将信号供电的负荷等级划分如下：

（1）一级：凡发生停电就会造成运输秩序混乱的负荷。

（2）二级：偶尔短时停电不会马上打乱行车计划，但停电时间过长就会影响运输秩序的负荷。

（3）三级：其他。

信号设备中的大站继电集中联锁、计算机联锁、自动闭塞、调度集中和 TDCS（铁路列车调度指挥系统）、驼峰信号设备等都是一级负荷。非自动闭塞区段的中、小站继电集中联锁是二级负荷。

一级负荷由第一类电源供电时，一般不需要另外设置备用电源，但要求自动或手动转换两路电源时，供电中断时间不大于 0.15 s，以免在电源转接过程中使原本吸起的继电器落下而影响行车。

自动闭塞虽为一级负荷，但因相邻两变电所可互为备用，故每一变电所并不要求引入两路独立电源，但相邻两变电所的电源应相互独立。

在第二类电源地区，除自动闭塞外，是否适用于属于一级负荷的其他信号设备，需结合电源情况慎重考虑。一般可用该电源作主电源，但也需设置备用电源。

第三类电源原则上不用作一级负荷的电源。

各种采用计算机的信号系统，为保证不中断供电，需使用 UPS（不间断电源）。

2. 稳定性要求

信号设备供电电压及交流供电电源频率必须在允许的范围内波动。供电电压过高会大大缩短信号灯泡和电子设备的使用寿命，过低会导致信号机显示距离不足和使电气电子设备动作不可靠。交流电源频率波动过大会影响信号设备的频率特性和抗干扰性能。直流电源中的电压脉动过于剧烈会导致电子元件所受干扰过大甚至引起误动作。

当使用三相交流供电时，要求各相负载应力求平衡，以提高供电效率和设备利用率，减小电压波形的畸变。

依据《普速铁路信号维护规则技术标准》（铁总运〔2015〕238 号）规定，铁路信号设备供电电源应有两路独立的交流电源，两路输入电源的允许偏差范围应符合表 1-1 的规定。

表 1-1　两路电源供电允许偏差

序号	输入电源	允许偏差
1	交流电压	单相 AC 220^{+33}_{-44} V
2		三相 AC 380^{+57}_{-76} V
3	频率	50 Hz ± 0.5 Hz
4	三相电压不平衡度	≤5%
5	电压波形总失真度（THD）	≤5%
6	两路电源电压相序	同相序
7	两路电源同相电压差	≤30 V
8	两路电源同相电压相位差	≤5°

对于信号电源设备，因其由电网供电，负荷的变化将引起供电电压的波动，故须设有稳压装置，以保证电压稳定在规定范围之内。

直流供电电压波动，在 380 V 供电母线上控制在 ±10%以内，电子设备还必须采用专用稳压设备。

负荷功率因数不低于 0.85。信号设备的导线截面应经计算确定，以免导线压降过大使设备电压不足而不能正常动作。

3. 安全性要求

（1）信号设备的专用低压交、直流电源都要对地绝缘，以免发生接地故障时造成电路误动作。供电变压器的初级和次级间应使用铜板隔离并接地，以免初、次级间击穿漏电而影响安全。

（2）信号设备的供电种类和电压等级较多，必须分路供电，并用变压器隔离，力求发生故障时缩小故障范围，避免故障扩大。

（3）使用电缆供电时要考虑电缆芯线间的分布电容形成串电的问题，必要时应分开电缆供电。

（4）一般交流电源均由架空线路供电，必须考虑防雷、防止浪涌电压影响以及安全接地等问题。

（5）信号设备的保安系统如采用断路器组成，断路器的容量应经计算确定，并应满足动作的选择性（即分支断路器先动作，总断路器后动作）及灵敏度（即动作时间）的要求。

（6）高压（交流 380/220 V、直流 100 V 以上）的设备要隔离，以保证人身安全。

1.1.2　信号设备供电情况

1. 铁路信号供电系统的组成

铁路信号供电系统是铁路供电系统的重要组成部分，主要由铁路地区的变（配）电所、输出馈线和铁路信号电源屏组成，根据工程设计要求还可配置不间断电源（UPS）单元、蓄电池组等功能单元。发电厂或变电所产生的电力经高压配电线路送达铁路地区变（配）所，变（配）电所将电压降至 10 kV，送入电力贯通线路和自动闭塞电力线路，再通过线路变压器降压，为设在各车站的铁路信号电源屏提供 380/220 V 交流电压。电源屏经两路电源切换、交流稳压、整流等变（配）电环节将可靠、稳定的电源输送到各信号设备。

2. 三相电源

由法拉第电磁感应定律，旋转线圈在均匀磁场中切割磁感线，会产生形如正弦波的交流电力（见图 1-1），其电动势函数为：

$$E_u = E_m \sin \omega t$$

波形为正弦波，最大值为 E_m。

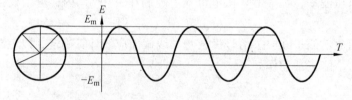

图 1-1　正弦交流电电动势函数示意图

当磁场中只有一组线圈的时候，所产生的电流就是单相交流电。

为了提高发电效率并结合经济效益考量，我国电力传输所使用的主要类型是三相交流电。

三相发电机有三个线圈绕组，三个绕组在空间上的夹角互为 120°，因此三根相线的相位差互为 120°（见图 1-2），电势函数分别为：

$$E_u = E_m\sin\omega t$$

$$E_v = E_m\sin(\omega t + 120°)$$

$$E_w = E_m\sin(\omega t + 240°)$$

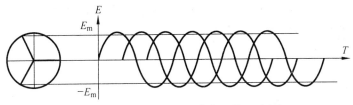

图 1-2　三相交流电电动势函数示意图

三相电源由三相发电机产生，并通过三条相线构成的输电系统输送给用户。用输电线把三相交流电源和负载正确地连接起来就构成了三相交流电路。三相电线的颜色分别是：U 相为黄色，V 相为绿色，W 相为红色。

3. 车站联锁设备的供电概况

1）大站继电集中连锁的供电概况

大站继电集中联锁是一级负荷，信号楼应引入两路可靠的独立电源，一般将两路电源降压后同时引入信号楼，然后在低压侧进行自动切换。

大站继电集中联锁有两种供电方式：

（1）当铁路地区变（配）电所有两路独立电源引入，信号楼两路电源由车站环状供电系统供电。此种情况下高压环状线路要在信号楼两降压变压器之间设两组分断隔离开关。

（2）当铁路地区变（配）电所只有一路电源引入，必须再找一路电源。如能从地方供电部门或其他工矿企业引来一路独立电源，则在信号楼附近设一台信号专用变压器即可；如不能从地方供电部门解决第二路电源，就需考虑从牵引变电所、接触网、自动闭塞电线路等其他铁路电源解决第二路电源。

2）中小站继电集中联锁的供电概况

在自动闭塞区段，中、小站继电集中联锁通常由自动闭塞高压线路接引供电。在非自动闭塞区段，中、小站继电集中联锁为二级负荷，一般只接引一路第二类电源供电，此外还应考虑在计划停电检修时，能采用备用电源的条件。

为建设成段电气集中联锁，在非自动闭塞区段也架设信号专用电力线路，专为沿线各站电气集中联锁供电。

中、小站继电集中联锁采用中、小站电源屏供电。它们是单相引入，能进行两路电源的自动、手动切换；有交流稳压装置；能供给中、小站电气集中联锁所需的各种交直流电源。

在电气化区段，由于电源波动和牵引电流的影响，对电气集中联锁的供电还须考虑以下情况：

为取得可靠的 50 Hz 电源，往往直接由 25 kV 接触网牵引供电，由此需解决两个问题：

（1）一是接触网接引的是单相电源，对大站电源屏须做相应改动；二是因受牵引电流影响，电压波动较大，为满足信号设备用电要求，须设交流稳压装置，一般使用 CW-10/220 型交流稳压器，它采用晶体管电路控制桥式饱和电抗器来稳压。

（2）为防止牵引电流对信号设备的干扰，轨道电路必须采用与 50 Hz 不同的频率电源。现多采用 25 Hz 相敏轨道电路，由参数式铁磁变频器或者电子变频器产生 25 Hz 轨道电源和局部电源。

3）计算机联锁的供电概况

计算机联锁系统除了必须引入两路可靠的独立电源外，在电源接入联锁机之前还必须经过净化，并采用 UPS。UPS 应设双套，互为备用。无论哪种型号的计算机联锁系统，计算机系统内部直流电源的输入电压均要求为 AC 220 V。

4. 区间闭塞设备供电概况

1）半自动供电的概况

半自动闭塞的电源分为线路电源和局部电源，前者用于向邻站发送闭塞信号，后者供本站闭塞电路使用。当站间距离小于 11.4 km 的时候，两者可以合用。

在继电集中联锁的车站，局部电源由继电集中的继电器电源供给，主要是线路电源的供给，有的电源屏未设半自动闭塞电源，而有的电源屏设置了半自动闭塞电源。凡是未设这种电源的，都必须在半自动闭塞组合内设一台整流器供半自动闭塞的电源。原采用 ZG-130/0.1 型整流器，现研制了装用的 ZG-42/0.5 型整流器。

2）自动闭塞的供电概况

自动闭塞是一级负荷。自动闭塞的用电点是沿铁路线均匀分布的，一般每隔 1～2 km 就有一个信号点要供电。各个点的主要负荷有信号机、轨道电路、继电器和电子元件等。同时，在自动闭塞区段的车站一般都采用继电集中联锁。为了保证自动闭塞区段的可靠供电，需沿铁路线修建一条信号专用 10 kV 电力线路。此电力线路除供自动闭塞及该区段的其他信号设备用电外，一般不供其他负荷用电，以免受影响而降低供电可靠性和质量。只有在保证信号设备用电的条件下，才允许兼供通信设备或无电源中间站的车站值班员室照明设备等负荷的用电。

为保证供电可靠和符合质量要求，在自动闭塞供电系统中要考虑以下问题：

（1）变电所尽可能设置于当地有一、二类电源的车站，每个变电所通常只接引一路专用电源，相邻两变电所之间应相互独立。

（2）供电臂不宜太长，以缩小故障停电影响的范围；也不要太短，否则将增加变电所数量，使投资、定员都要相应增加。一般长度为 40～70 km。

（3）电气化区段的自动闭塞变电所尽可能布置在牵引变电所所在的车站，以便由牵引变电所的低压自用母线或者 10 kV 母线接引电源。

（4）自动闭塞是单相负荷，为了减小对通信线路的干扰，供电臂上各相负荷的分配应该力求平衡。

5. 调度集中和 TDCS 设备的供电概况

调度集中具有遥控遥信功能，TDCS 只有遥控信号的功能，它们都是一级负荷。

调度集中、TDCS 分机设在各站继电器室或信号楼内，由所在车站电源设备供电。调度集中、TDCS 总机设在调度所内，必须引入两路可靠的独立电源，再用专用电源供电。

6. 驼峰调车设备的供电概况

驼峰信号设备类型较多，这里主要说明自动化驼峰的供电情况。

自动化驼峰控制系统和动力室供电等级为一级负荷。自动化驼峰供电系统设计应符合 TB 1008 的要求。

1）自动化驼峰控制系统供电

自动化驼峰控制系统应由两路独立的三相交流电源，分别经专用的变压器供电，不允许其他用电设备接入。应采用在线式 UPS 向系统计算机、工作站、输入/输出通道等设备供电，UPS 宜双机热备、故障自动切换。UPS 的容量应满足系统需求，并留有 20% ~ 30% 的余量，其蓄电池供电时间应不少于 10 min。宜采用智能的 UPS，其监测信息与过程控制计算机接口相连。

控制系统的其他设备，包括车辆减速器、转辙机、信号机、轨道电路、组合柜、雷达、测长测重设备、车轮传感器、光挡、车辆存在探测器、气象站等由驼峰电源屏供电。驼峰电源屏的技术性能应符合 TB/T 1528.5 的各项要求。室内外直流电源应分别由不同的整流、稳压设备供电，并对地绝缘。

2）动力室供电

自动化驼峰动力室应由两路独立的三相交流电源供电。减速器动力室供电容量应能满足驼峰作业最繁忙时的负荷需求。动力室应设低压配电屏。

7. 列控地面设备供电概况

CTCS-2 级列控系统的地面设备由列控中心、轨旁电子单元（LEU）、应答器、ZPW-2000 系列轨道电路等组成。CTCS-3 级列控系统的地面设备除了上述设备外，还有临时限速服务器和 RBC。

列控中心机柜外接电源为 AC 220 V，由电源屏引入。由电源屏进入列控中心的交流电源线只需接火线（L）和零线（N），但要求供电系统的交流保护地最终应与列控中心的保护地汇于一点接到大地。

在 RBC（Radio Block Center，无线闭塞中心）集中设置处单独设置 1 套专为 RBC 供电的信号电源。

调度所、车站、线路所、区间信号中继站、动车段（所）设置双套在线式 UPS，有人值守处所蓄电池供电时间为 30 min，无人值守处所蓄电池供电时间为 2 h。

8. 车载信号设备供电概况

车载信号设备包括机车信号设备、列车运行监控装置（LKJ）、ATP、轨道车运行控制设备（GYK），从机车配电盘取得电源，内燃机车上由蓄电池浮充供电，电力机车上从控制屏引出直流电源。标准电压为 DC 110 V，功耗约为 40 W，设备可靠工作的电源波动范围为 77～138 V，设备通电时最大瞬间电流约为 3 A。

任务 1.2　变压器的认知与使用

【工作任务】

了解变压器的结构与原理。
了解几种特殊的变压器。

【知识链接】

1.2.1　变压器的结构与原理

变压器（Transformer）是利用电磁感应的原理来改变交流电压的装置，主要构件是初级线圈、次级线圈和铁心（磁芯），其中初级线圈接引供电电源，次级线圈接引负载，铁心是变压器磁路通道，也是机械骨架。

图 1-3 所示是一个普通双绕组变压器的结构图，图中 L_1 为初级线圈，L_2 为次级线圈。

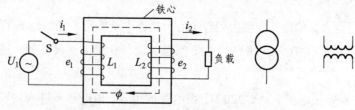

图 1-3　双绕组变压器结构图与电气符号

变化的电场产生变化的磁场，当初级线圈通上交流电时，变压器铁心产生交变磁场，次级线圈就产生感应电动势。变压器线圈的匝数比等于电压比。例如，初级线圈是 500 匝，次级线圈是 250 匝，初级通上 220 V 交流电，次级电压就是 110 V。变压器能降压也能升压，如果初级线圈比次级线圈圈数少就是升压变压器，可将低电压升为高电压。

一次绕组的电压 U_1、电流 I_1、绕组匝数 N_1 与二次绕组电压 U_2、电流 I_2、绕组匝数 N_2 的关系如下：

$$\frac{U_1}{U_2} = \frac{N_1}{N_2} , \quad \frac{I_1}{I_2} = \frac{N_2}{N_1}$$

变压器的容量单位是伏·安（V·A），为方便计算，常使用千伏·安（kV·A）。

图 1-4 所示为一个油浸式电力变压器组成结构图，它包括以下几部分：

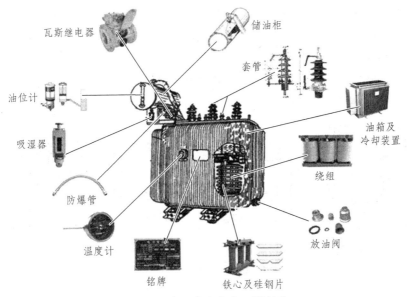

图 1-4　油浸式电力变压器结构

1．器　身

1）绕　组

绕组是变压器的主要部件之一，用以构成变压器的电路，由一个或多个线圈组合而成。绕组置于铁心柱外，当铁心柱内的磁通交变时便产生感应电动势。绕组用涂有高强度绝缘漆的扁（或圆）铜线或铝线绕成。接入高压电网的称为高压绕组，接入低压电网的称为低压绕组。接电源的绕组为初级绕组（或称一次绕组），其余的绕组为次级绕组（或称二次绕组）。绕组的排列有同心式和交叠式两种，配电变压器的绕组多为圆筒形，按同心方式排列，低压绕组靠近铁心柱，高压绕组套在低压绕组的外面。高、低压绕组之间以及低压绕组与铁心柱之间都用绝缘套筒绝缘。为了便于散热，在绕组之间还留有油道。变压器绕组示意如图 1-5 所示。

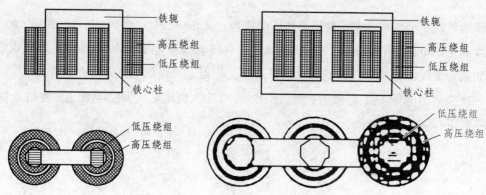

图 1-5　变压器绕组示意图

2）铁　心

铁心也是变压器的主要部件之一，用以构成变压器的主磁路。为降低变压器本体的电能损耗，变压器铁心都采用导磁系数高且涂有绝缘漆的硅钢片叠成，厚度通常有 0.35 mm、0.3 mm、0.27 mm 几种。三相变压器的铁心通常为三柱式，直立部分叫铁心柱，横向部分叫铁轭，构成闭合的三相磁路。铁心采用全斜接缝交叠方式叠装，斜接缝可降低铁心柱到铁轭拐弯处的附加损耗。铁心结构如图 1-6 所示。

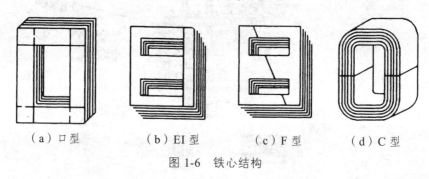

（a）口型　　　　（b）EI 型　　　　（c）F 型　　　　（d）C 型

图 1-6　铁心结构

2. 油箱与冷却装置

油箱是变压器的外壳，由钢板焊成，以盛装器身（包括铁心和绕组）和变压器油。为加强冷却，一般在油箱四周装有散热器，以扩大变压器的散热面积。20 kVA 及以下变压器的油箱，一般不装散热片。

3. 保护装置

包括油枕（储油柜）、防爆管、压力释放阀、温度计、气体继电器、吸湿器等，用于保证油箱里变压器油压力及性能稳定，是防止事故发生的一类设备，通常设置在变压器壳外。

4. 调压装置

变压器的调压一般是通过分接开关来实现的。调整分接开关挡位可改变绕组匝数，达到调压的目的。调压方式分为无载调压和有载调压两类。

5. 出线装置

为了将绕组的引出线从油箱内引到油箱外，使带电的引线穿过油箱时与接地的油箱之间保持一定的绝缘，常采用绝缘套管作为固定引线并与外电路连接的主要部件。

1.2.2　变压器的分类

变压器的种类很多，可分类如下：

1. 按功能分

（1）普通电力变压器——如配电变压器、输电变压器等。
（2）仪用变压器——如电压互感器、电流互感器，用于测量仪表和继电保护装置。
（3）试验变压器——能产生高压，对电气设备进行高压试验。
（4）特种变压器——如整流变压器、调压变压器等。

2. 按绕组数目分

（1）自耦变压器——高低压共用一个绕组。
（2）双绕组变压器——每相有高、低压两个绕组。
（3）多绕组变压器——每相有三个以上绕组。

3. 按相数分

（1）单相变压器。
（2）三相变压器。
（3）多相变压器。

4. 按容量大小分

（1）小型变压器（10～630 kV·A）。
（2）中型变压器（800～6 300 kV·A）。
（3）大型变压器（8 000～63 000 kV·A）。
（4）特大型变压器（90 000 kV·A 以上）。

5. 按冷却方式分

（1）油浸式变压器——绕组和铁心完全浸在变压器油里。
（2）干式变压器——绕组和铁心由周围的空气直接冷却。

1.2.3　变压器的应用

变压器在铁路信号设备中得到广泛应用，如信号变压器、轨道变压器、道岔表示变压器、扼流变压器、防雷变压器等。铁路信号用变压器多采用低电压小功率的干式自冷变压器，为适应各种电路的需要，有分级调压的特性。

在信号电源设备中，变压器作为主要部件，主要用于以下方面：

变压：各种电源都有其所要求的电压数值，要将引入的电压变换为所需要的电压数值，就要用变压器来变压。

调压：要获得连续可调的电压，需用自耦变压器来进行调压。

隔离：在信号电路中如出现接地情况，可能造成电路的错误动作，所以各种电源都要对地绝缘，须用双绕组的变压器隔离成对地绝缘系统。

测量：用电流互感器来扩大电流表的量程。

1. 变压器的额定值

额定值是对变压器正常工作时的使用规定，也是设计和试验变压器的依据。变压器在额定功率稳定情况下运行，可保证长期可靠地工作并具有良好的性能。额定值通常标注在变压器的铭牌上，也称为铭牌数据。

变压器的额定值主要有：

额定容量：是变压器的额定视在功率，以 V·A 或 kV·A 表示。对三相变压器而言是指三相容量之和。通常把原、副绕组的额定容量设计得一样大。

额定电压：是变压器空载时在额定分接下各绕组端电压的保证值，以伏（V）或千伏（kV）为单位。三相变压器的额定电压指的是线电压。

额定电流：是根据额定容量和额定电压计算出来的电流值，以安（A）为单位。

额定频率：我国规定标准工业用电的频率为 50 Hz。

此外，在变压器铭牌上还标有相数、额定温升、额定效率等，如表 1-2 所示。

表 1-2　变压器铭牌

单相干式变压器						
额定容量	2.5 kV·A	形式	DG		装配地点	户　内
出厂编号		频率	50 Hz		出厂日期	年　月
额定电压	一次	220 V			冷却方式	空气自冷
	二次	230 V			温升	60 ℃
额定电流	一次	11.6 A			铁心质量	28 kg
	二次	10.87 A			总质量	32 kg
接线图		分接头电压/V				
		一次	A-B	B-C	A-D	D-D
A○　○a C○　○a			230	220	210	200
D○　○c ○b B○　○d		二次	a-b	a-d	a-c	
			230	180	130	
××信号工厂						

2. 变压器的运行特性

1）电压变化率和外特性

电压变化率：是指当一次绕组接在额定频率和额定电压的电网上，在给定负载功率因数下，二次绕组空载电压 U_{20} 与负载时二次绕组电压 U_2 的算术差与二次绕组额定电压（与二次绕组空载电压相同）的比值，用 $\Delta U\%$ 表示。它反映了电源电压的稳定性及电能的质量。

$$\Delta U\% = \frac{U_{20} - U_2}{U_{20}} \times 100\%$$

外特性：是指当一次绕组为额定电压，负载功率因数 $\cos\varphi$ 一定时，其二次绕组的端电压会因为绕组内部阻抗和漏磁的原因而随负载的变化而变化的规律。变压器的外特性如图 1-7 所示，其中负载功率因数 $\cos\varphi$ 由变压器有功功率和视在功率决定。

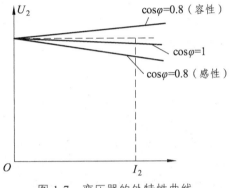

图 1-7　变压器的外特性曲线

负载为容性时，外特性会升高；负载是纯电阻或感性时，外特性会降低；负载为纯电阻，外特性变化最小。

2）效率特性

在额定功率时，变压器的输出功率 P_2 和输入功率 P_1 的比值，叫作变压器的效率，即

$$\eta = (P_2/P_1) \times 100\%$$

当变压器的输出功率 P_2 等于输入功率 P_1 时，效率 η 等于 100%，变压器将不产生任何损耗，但实际上这种变压器是不存在的。变压器传输电能时总要产生损耗，这种损耗主要有铜耗和铁耗。

铜耗是指变压器绕组电阻所引起的损耗。当电流通过绕组电阻发热时，一部分电能就转变为热能而损耗。由于绕组一般都由带绝缘的铜线缠绕而成，因此称为铜耗。铜耗随着负载电流的变化而变化，是可变损耗。

铁耗包括两个方面：一是磁滞损耗，当交流电流通过变压器时，由于磁滞特性，放出热能；另一是涡流损耗，当变压器工作时，产生涡流，涡流的存在使铁心发热。

当外加电压不变时，铁耗不随负载电流的变化而变化，可视为不变损耗。

变压器的效率特性如图 1-8 所示。当负载电流很小时，可变损耗很小，不变损耗是决

定效率特性主要因素。此时如负载电流增大，总损耗变化不大而输出功率随电流成正比地增大，故效率随负载电流增大而增高。当负载电流较大时，可变损耗成为总损耗的主要部分，它正比于电流的平方，而输出功率只与电流成正比，所以负载电流继续增大时效率将逐渐下降。当不变损耗等于可变损耗时，出现了转折点，此时的效率最高。

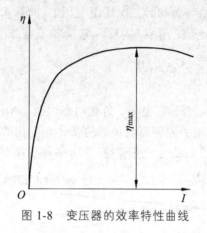

图 1-8　变压器的效率特性曲线

3. 变压器过载

1）过电流现象

通常在变压器空载接入电网或副边突然短路时会产生过电流。

（1）变压器合闸过电流。

变压器稳定运行时，空载电流仅为额定电流的 3%～10%，但在副边开路的变压器并入电网时，会发生原边电流的瞬时冲击，经过此过程，然后进入稳定运行，这个冲击性的合闸电流往往可达额定电流的 6～8 倍。该冲击电流由于持续时间很短，对变压器的直接危害不大，但可引起原边过电流保护装置动作，引发跳闸，此时可以再次合闸即可。

（2）短路过电流。

运行中的变压器其副边突然短路，其短路电流相当大，可为额定值的 25～30 倍，此电流对变压器有较大的破坏，可使绕组急剧发热，损毁绝缘。

2）过电压现象

在额定电压下运行的变压器，其电压幅值是一定的，如果由于某种原因使电压超过了最大允许工作电压，称为过电压。过电压往往对变压器的绝缘有很大的危害，甚至使绝缘击穿。过电压常在下述几种情况产生：

（1）工作过电压。当在变压器投入电网或从电网断开的过程，伴随着系统的电磁能量的急剧变化而产生的过电压。

（2）故障过电压。当系统中发生短路或间接接地而产生的过电压。

（3）大气过电压。输电线直接遭到雷击或雷云放电时在输电线产生感应所引起的过电压。

过电压具有短时电脉冲或周期波的性质，由许多观察到的情况证实，由电力系统本身发生的过电压，一般不超过额定相电压的 5 倍，而故障引起的过电压约为额定相电压的 7~8 倍，至于大气过电压则可能为额定相电压的十几倍甚至几十倍。但大气过电压持续时间一般不超过几十微秒。

一般地说，不超过额定相电压 3.5 倍的过电压，对变压器没有直接危险；但超过 3.5 倍时，不管哪种过电压，都有使变压器绝缘损坏的可能。其中大气过电压对变压器的危害性最大。

过电压破坏绝缘通常有两种情况：一是击穿绕组和铁心或绕组之间的绝缘，造成绕组接地故障；二是击穿同一绕组的匝间或两段线圈间的绝缘，造成匝间短路。

为了防止过电压，通常采取下列措施：使用避雷器；加强绕组绝缘；用电容补偿的方法进行静电防护。

1.2.4 变压器的维修

变压器的维修包括运行前的检查和运行中的监视及维护，是保证其安全运行的重要工作。在运行前对变压器进行检查，以便在投入运行前查出存在的问题，及时加以处理，可防止事故的发生和保证运行安全，因此做好此项工作具有重要意义。检查项目如下：

（1）检查变压器的额定电压和容量是否符合要求。

（2）检查变压器内外是否清洁，各部螺丝是否完好，安装是否牢固，硅钢片是否夹紧。

（3）检查分接头调压板是否安装牢固，分接头的选定是否与所需电压相适应。

（4）检查高、低压绕组接线是否正确，引线有无破裂或断股情况，绝缘是否包扎完好。

（5）用 1 000 V 欧姆表测量绕组间与对地绝缘电阻。如线圈受潮，应进行干燥处理。

（6）检查变压器接地线是否连接完好。

（7）检查变压器的断路器是否符合要求。

在运行中进行监视和维护，是及时并发现问题保证安全运行的重要工作，也是防止事故的发生和扩大的有效措施。检查内容如下：

（1）变压器有无异常声音。

（2）各引线接头有无松动及跳火情况。

（3）断路器是否完好。

（4）变压器的温升是否超过规定标准。

变压器在运行中的不正常状态及原因如下：

（1）变压器的嗡嗡声很大。主要是铁心硅钢片未夹紧所致。

（2）在正常的负荷和冷却条件下，变压器过热、冒烟和局部发生弧光。原因有铁心穿通螺栓绝缘损坏、铁心硅钢片间绝缘损坏、高低压绕组间短路、匝间短路、引出线混线及过负荷等。

（3）变压器断路器脱扣。应先检查变压器本身有无短路等异常情况，再查找外部故障，待故障排除后再投入运行。

1.2.5 三相变压器

三相交流电的电压变换可采用以下两种方式：一是各相分别连接一个单相变压器组成变压器组，称为三相组式变压器，或称为三相变压器组；二是由一个三相共用铁心的三相变压连接，称为三相芯式变压器。我们一般用 U、V、W 表示三相变压器的三个高压绕组，u、v、w 表示三相变压器的三个低压绕组，U_1、V_1、W_1 表示高压绕组的首端，U_2、V_2、W_2 表示高压绕组的末端，u_1、v_1、w_1 表示低压绕组的首端，u_2、v_2、w_2 表示低压绕组的末端，如表 1-3 所示。

从运行原理来看，三相变压器在对称负载下运行时各相的电压、电流大小相等，相位彼此相差 120°，因此就一相而言，和单相变压器没有什么区别。

表 1-3　变压器绕组的首、末端标志

绕组名称	单相变压器		三相变压器		中性点
	首端	末端	首端	末端	
初级绕组	U_1	U_2	U_1，V_1，W_1	U_2，V_2，W_2	N
次级绕组	u_1	u_2	u_1，v_1，w_1	u_2，v_2，w_2	n

图 1-9 自上而下分别为三相组式变压器、三相芯式变压器及三相变压器电路中电气符号。其中，Y 表示绕组星形连接，△表示绕组三角形连接。

1. 三相变压器的特点

与单相变压器相比，三相变压器的特点是：

（1）三相变压器的磁路是由铁扼把三个芯柱连在一起而组成的，各相磁路互相依存，都以另外两相的磁路作为各自的回路。

（2）三相变压器的原边和副边可用不同的方法连接，形成多种连接组别，不同的连接组别使原、副边相对应的线电压之间有不同的相位差。

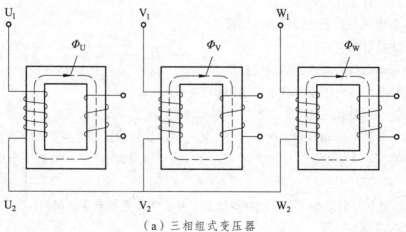

（a）三相组式变压器

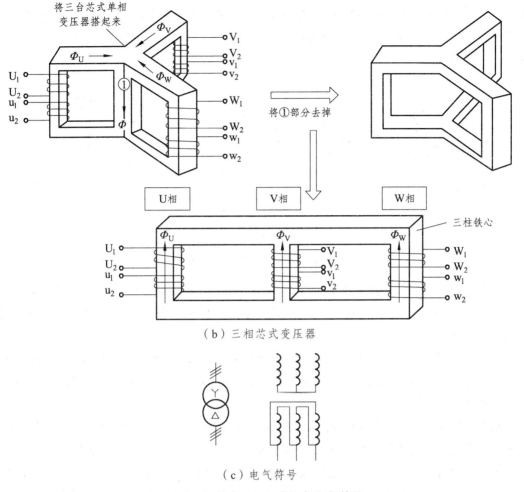

（b）三相芯式变压器

（c）电气符号

图 1-9　三相变压器示意图与电气符号

（3）三相变压器的相电势波形与绕组接法、磁路系统有密切关系，相电势的畸变与变压器的磁路系统及磁路的饱和程度有关。

三相变压器的优点是：效率高、材料消耗少、价格较低、占地小、维护简便，因而应用很广泛。

2. 三相变压器的结构

在三相变压器中，不论是高压绕组，还是低压绕组，我国均采用星形连接及三角形连接两种方法。

星形连接是把三相绕组的末端 U_2、V_2、W_2（或 u_2、v_2、w_2）连接在一起，而把它们的首端 U_1、V_1、W_1（或 u_1、v_1、w_1）分别用导线引出，如图 1-10（a）所示。

三角形连接是把一相绕组的末端和另一相绕组的首端连在一起，顺次连接成一个闭合回路，然后从首端 U_1、V_1、W_1（或 u_1、v_1、w_1）用导线引出，如图 1-10（b）、（c）所示。

其中，图 1-10（b）的三相绕组按 U_2W_1、W_2V_1、V_2U_1 的次序连接，称为逆序（逆时针）三角形连接。而图 1-10（c）的三相绕组按 U_2V_1、W_2U_1、V_2W_1 的次序连接，称为顺序（顺时针）三角形连接。

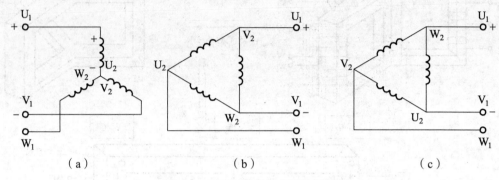

（a）　　　　　　　　　（b）　　　　　　　　　（c）

图 1-10　三相变压器绕组连接图

国家相关标准规定，高压绕组星形连接用 Y 表示，如果有中性点引出线用 YN 表示，三角形连接用 D 表示。低压绕组星形连接用 y 表示，如果有中性点引出线用 yn 表示，三角形连接用 d 表示。

三相变压器一、二次绕组不同接法的组合形式有：Y，y；YN，d；Y，d；Y，yn；D，y；D，d 等，其中最常用的组合形式有三种，即 Y，yn；YN，d 和 Y，d。不同形式的组合，各有优缺点。

根据不同相位关系，变压器绕组的连接分成不同的组合，就是三相变压器的连接组别。三相变压器连接组别不仅与绕组的绕向和首末端的标记有关，而且还与三相绕组的连接方式有关。理论与实践证明，无论怎样连接，一、二次绕组线电动势的相位差总是 30°的整数倍。因此，国际上规定，标志三相变压器一、二次绕组线电动势的相位关系用时钟表示法，即规定一次绕组线电势 E_{UV} 为长针，永远指向钟面上的"12"，二次绕组线电势 E_{vu} 为短针，它指向钟面上的哪个数字，该数字则为该三相变压器连接组别的标号。

三相电力变压器的连接组别还有许多种，但实际上为了制造及运行方便的需要，国家标准规定了三相电力变压器只采用五种标准连接组，即 Y，yn12；YN，d11；YN，y12；Y，y12 和 Y，d11，常见的有 Y，yn12；Y，d11；YN，d11。

1.2.6　电流互感器

互感器是测量用的变压器，又称仪用变压器，用来扩大仪表的测量范围，有电压互感器和电流互感器两种，铁路信号电源中只使用了后者。

电流互感器实质上是一个短路运行的升压变压器，它的一次绕组匝数很少，串在需要测量电流的线路中，线路总电流全部流经互感器，二次绕组匝数比较多，串接在测量仪表和保护回路中。电流互感器在工作时，它的二次回路始终是闭合的，因此测量仪表和保护回路串联线圈的阻抗很小。电流互感器的工作状态接近短路，其具体结构与图形符号如图 1-11 所示。

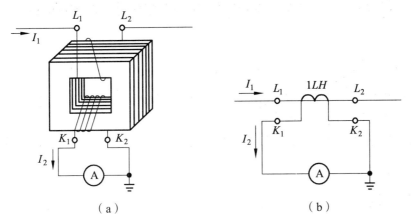

图 1-11　电流互感器结构与图形符号

当一、二次绕组的匝数分别为 W_1 和 W_2，电流为 I_1 和 I_2，根据变压器原理有 $I_1W_1 = I_2W_2$，这样电流互感器就把数值较大的一次电流 I_1 通过一定的变比（W_2/W_1）转换为数值较小的二次电流 I_2，用来进行保护、测量等用途。如变比为 50：5 的电流互感器，电流表本身量限为 5 A，但是只要将原标度改为 50 A 刻度，就可以直接读数了。

使用电流互感器有以下好处：

（1）可使测量仪表与高压装置绝缘，保证了人身安全。

（2）可避免电路中的短路电流直接流经仪表，以免损坏。

（3）可使测量仪表标准化。

（4）与被测对象电气隔离，不会干扰被测对象。

使用电流互感器时须注意以下几点：

（1）原绕组所接入的被测电路的电网电压不得超过其额定电压等级。

（2）二次侧绝对不允许开路，因为一旦开路，一次侧电流 I_1 全部成为磁化电流，铁心将会过度饱和磁化，造成线圈发热严重乃至被烧毁；同时，磁路过度饱和磁化后，使误差增大。电流互感器在正常工作时，二次侧近似于短路，若突然使其开路，则励磁电动势由数值很小的值骤变为很大的值，铁心中的磁通呈现严重饱和的平顶波，因此二次侧绕组将在磁通过零时感应出很高的尖顶波，其值可达到数千甚至上万伏，危机工作人员的安全及仪表的绝缘性能。

（3）二次侧一端必须接地。因为当线圈绝缘破损时，可防止连在二次侧上的仪表对地出现高电位而造成设备事故危及人身安全。

电流互感器和仪表一样，因励磁电流和漏抗及仪表阻抗等影响有变比和相位两种误差，要求一定的准确度。按变比误差，电流互感器有 0.2、0.5、1.0、3.0、10.0 五级。

任务 1.3 电动机与低压电器的认知与使用

【工作任务】

了解电动机分类、用途、相关参数、结构及工作原理；掌握电动机启动、反转、制动方法，以及日常维护及故障处理方法。

认识交流接触器、组合开关、万能转换开关、断路器，了解它们的用途、结构、原理及应用。

【知识链接】

1.3.1 异步电动机

交流电动机是能将交流电能转换为机械能的旋转电机。交流电动机分为异步电动机和同步电动机两大类。异步电动机的励磁仅由定子供给，转子电流是感应而来的，其转速与所接电源频率不同步。同步电动机的励磁是由定子和转子共同供给的，定子由交流电励磁，转子由直流电励磁，其转速与所接交流电源的频率之间存在着严格的关系。只有在同步速度这一特定条件下随着定子和转子磁场的相对位置变化而进行能量转换。异步电动机由于其具有很多优点而广泛采用，例如笼式异步电动机结构简单、制造容易、运行可靠、维护方便、价格较低，其缺点是功率因数较低、调速性能较差。对调速性能要求较高的机械，可改用直流电动机拖动。对于要求恒速的机械，则采用同步电动机。

异步电动机的定子绕组接上交流电源后，通以励磁电流，建立磁场，依靠电磁感应作用使转子绕组产生感应电流，进而产生电磁转矩使转子旋转起来。因其转子电流是由感应而产生的，因而也称为感应电动机。

异步电动机分为三相和单相两种，尤其以三相异步电动机应用最为广泛。因其结构简单、制造方便、运行可靠、价格较低，和同容量的直流电动机相比，异步电动机的重量约为直流电动机的一半，价格仅为直流电动机的 1/3。但异步电动机也有一些缺点，主要是不能经济地实现范围较宽的平滑调速，必须从电网吸取滞后的励磁电流，使电网的功率因数降低。然而，由于大多数机械并不要求大范围的平滑调速，而电网的功率因数又可采取其他方法来进行补偿，因此异步电动机的应用极其广泛。

在铁路信号设备中常用的是异步电动机，下面进行介绍。

1. 异步电动机的分类

异步电动机的规格品种很多，按相数分为三相异步电动机和单相异步电动机；按转子结构形式分为笼式异步电动机和绕线式异步电动机。

2. 异步电动机的应用

据统计，在电网的总动力负载中，异步电动机占 85%，在工业、农业以及日常生活中都得到广泛的应用。在铁路信号设备中，异步电动机得到较多的应用。S700K 型电动转辙机和 ZYJ7 型交流电液转辙机采用的是三相异步电动机，中站电源屏采用三相异步电动机来驱动单相感应调压器进行稳压，大站电源屏等采用三相异步电动机来驱动三相感应调压器进行稳压，道口自动栅栏采用三相异步电动机作为开关栅栏的动力，驼峰调车场空压室的空气压缩机用的是绕线式三相异步电动机，液压室的油泵用的则是笼式三相异步电动机。

3. 交流电动机的铭牌数据

异步电动机的机座上都有一个铭牌，铭牌上标注着额定值和有关技术数据。电动机按铭牌所规定的条件和额定值运行时就叫作额定运行状态。

额定值主要有如下几项：

（1）型号。

型号中的字母是选用产品名称中有代表意义的汉字，按其汉语拼音的第一个字母来表示，如 R 代表"绕"线式转子，s 代表"双"笼式转子等。但习惯留用的文字符号仍采用，如 J 代表异步电机，O 代表封闭式等。但微型交流电动机的型号则采用不同的方法，其型号由系列代号、设计序号、机座代号、特征代号和特殊环境代号等组成，如图 1-12 所示。

图 1-12　微型交流电动机的型号代码

（2）额定功率：指电动机在额定运行时输出的机械功率，单位为瓦（W）或千瓦（kW）。

（3）额定电压：指额定运行情况下，电网加在定子绕组上的线电压，单位为伏（V）。

（4）额定电流：指电机在额定电压下使用输出额定功率时，定子绕组中的线电流，单位为安（A）。

（5）额定频率：指电动机所接的交流电源的频率，我国规定标准工业频率为 50 Hz。

（6）额定转速：指电动机在额定频率和额定功率下的转速，单位符号为 r/min。

（7）额定功率因数：指电动机在额定运行状态下运行时定子边的功率因数，$\cos\phi_N$。

（8）相数：是单相还是三相。

（9）接法：指电动机在额定电压下，定子三绕组应采用的连接方式，一般有星形和三角形两种接法，使用时不得接错。

（10）绝缘等级：指电动机所用绝缘材料的绝缘等级。由它可确定电动机运行时绕组绝缘能长期使用的极限温度，从而规定了电动机的允许温升。有的铭牌标注温升了就不标绝缘等级。绝缘等级和允许温升可查阅有关资料获得。

（11）按定额工作方式分有：连续定额工作的电动机、短时定额工作的电动机和断续定额工作的电动机。

绕线式电动机的铭牌上还标明转子绕组的开路电压（额定电势）和转子电流，作为配用启动电阻的依据。

表 1-4　三相异步电动机铭牌

三相异步电动机					
型号	Y90L-4	电压	380 V	接法	Y
容量	1.5 kW	电流	3.7 A	工作方式	连续
转速	1 400 r/min	功率因数	0.79	温升	90 ℃
频率	50 Hz	绝缘等级	B	出厂年月	×年×月
××电机厂		产品编号		质量　　　kg	

4. 三相异步电动机的结构

三相异步电动机由定子和转子两大部分组成，定子和转子间有气隙，其结构如图 1-13 所示。

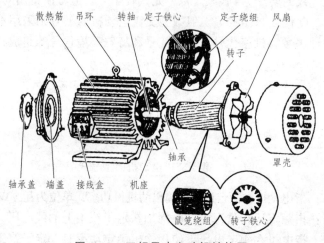

图 1-13　三相异步电动机结构图

1）定　子

定子由定子铁心、定子绕组和机壳（包括机座、端盖）组成。

（1）定子铁心。

定子铁心是电动机磁路的一部分，它是由 0.5 mm 厚的硅钢片叠成的，片间互相绝缘，以减小涡流损耗。每片的内圆都有槽，用来嵌放绕组，如图 1-14 所示。硅钢片叠压后成为一个整体铁心，固定在机座内。

图 1-14　定子

（2）定子绕组。

定子绕组是电动机的电路部分，由许多线圈按一定规律连接而成。每个线圈有两个有效边，分别放在两个槽内。绕组和铁心间需有槽绝缘，绕组的各层间要有层间绝缘。

三相定子绕组把属于同相的绕组串接起来绕成线圈，再按一定规律将线圈串联或并联起来。通常绕成开启式，即每相绕组的始端和终端都引出来以便于连接。定子绕组的连接方法有星形和三角形两种，如图 1-15 所示。

定子绕组的种类很多，图 1-16 所示为三相单层绕组的一种连接方式。⊙ 表示方向从里向外，⊗ 表示方向从外向里。

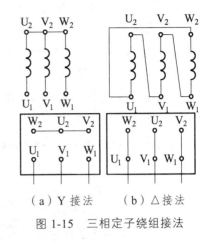

（a）Y 接法　　（b）△ 接法

图 1-15　三相定子绕组接法

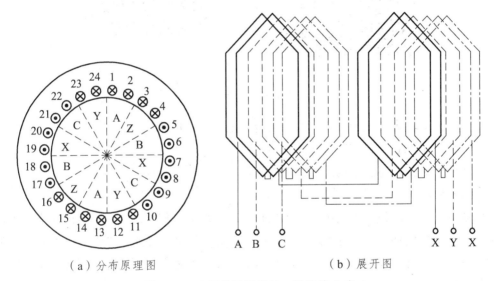

（a）分布原理图　　　　　　（b）展开图

图 1-16　三相单层绕组的一种连接方式

（3）机壳。

机壳是电动机机械结构的组成部分，用来固定和支撑定子铁心。一般采用铸铁机座，也有用钢板卷焊而成。根据冷却方式的不同，应采用不同的机座形式。电动机所损耗的能量传导给机座，再散发到空气中去。封闭式电机的机座表面有散热筋片，以增大散热面积。

2）转　子

转子由转子铁心和转子绕组组成。

（1）转子铁心。

转子铁心也是电动机磁路的一部分，由硅钢片叠成。它和定子铁心、气隙构成电动机的完整磁路。转子铁心套在轴上。

（2）转子绕组。

转子绕组有笼式和绕线式两种结构。

① 笼式转子。

笼式转子由插入铁心槽中的单根导条和两端的圆形端环组成，如去掉铁心，绕组的外形犹如关松鼠的笼子，故习惯上称为笼式转子。由于转子导体中的电流是由电磁感应作用产生的，不需要外电源供电，因此绕组可自行闭合。异步电动机正常运行时，旋转磁场与转子的相对转速不大，故导条中的感应电势较低，导条和铁心间可不加绝缘，而由它们之间的接触电阻来限制导条间的漏电流。这样，绕组的制作工艺就极为简单。笼式转子结构如图 1-17 所示。

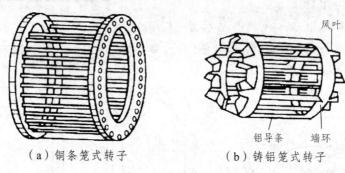

（a）铜条笼式转子　　　　（b）铸铝笼式转子

图 1-17　笼式转子

为了节省铜并提高生产效率，小型的笼式电动机一般采用铸铝转子，如图 1-17（b）所示。这种转子的导条和端环可一次铸出。

笼式转子无集电环，结构简单，所以制作方便、运行可靠。

② 绕线式转子。

绕线式转子绕组和定子绕组一样，也是一个对称的三相绕组，它们接成星形，再接到转轴上的三个集电环上，然后通过电刷使转子绕组与外电路接通，如图 1-18 所示。这种转子的特点是，通过集电环和电刷可在转子回路中接入附加电阻和其他控制装置，以便改善电动机的启动性能或调速特性。

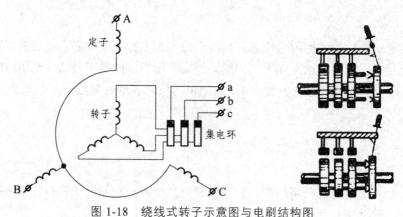

图 1-18　绕线式转子示意图与电刷结构图

3）气　隙

异步电动机定、转子间的气隙很小，中小型电动机一般为 0.2 ~ 2 mm。气隙的大小对异步电动机的性能影响很大。气隙越大，磁阻也越大，要产生同样大小的磁场，就需要较大的励磁电流，使功率因数下降。但是，磁阻大可以减小气隙磁场中的谐波分量，既可减小附加损耗，又可改善启动性能。然而气隙过小，会使装配困难和运行不安全。因此，必须做全面考虑，一般以较小为宜。

5. 三相异步电动机的工作原理

三相异步电动机是通过旋转磁场和与该磁场在转子绕组中所感应的电流相互作用而产生的电磁转矩来实现旋转的。因此，在三相异步电动机中实现能量变换的前提是产生旋转磁场。

1）旋转磁场

旋转磁场是一种大小不变且以一定转速旋转的磁场。在对称的三相绕组中通以对称的三相交流电流时，就产生了旋转磁场。现以两极异步电动机为例，说明旋转磁场的产生。三相定子绕组布置如图 1-19 所示，三相定子绕组由 A-X、B-Y、C-Z 三个线圈组成，A、B、C 为始端，X、Y、Z 为末端。它们在空间彼此互隔 120°，构成了对称的三相绕组。三相绕组可接成星形（图 1-19 是星形连接），也可以接成三角形。

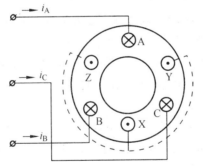

图 1-19　三相定子绕组星形接法布置图

当三相绕组接入对称的三相电源时，则三相绕组中有对称的三相电流 i_A、i_B、i_C 流通。以从绕组的始端至末端为电流的正方向，并假设 i_A 超前于 i_B，i_B 超前于 i_C，则此时三相电流的瞬时值可用下式表示：

$$i_A = I_m \cdot \sin\omega t$$

$$i_B = I_m \cdot \sin(\omega t - 120°)$$

$$i_C = I_m \cdot \sin(\omega t - 240°)$$

式中，I_m 表示电流最大值。

各相绕组中因有电流流过，都产生了各自的磁场，根据右手螺旋法则，磁场的方向与线圈平面垂直。

下面通过 $\omega t = 0°$，120°，240°这几个特定瞬间，来分析三相绕组中流过三相电流所产生的总磁场——合成磁场，如图 1-20 所示。

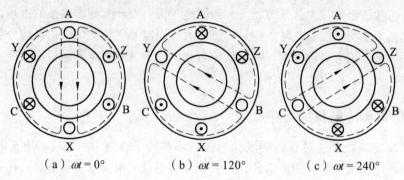

（a）$\omega t = 0°$　　　　　（b）$\omega t = 120°$　　　　　（c）$\omega t = 240°$

图 1-20　合成磁场示意图

图 1-20（a）为 $\omega t = 0°$时的合成磁场。此时 i_A 为 0，即 A-X 线圈中没有电流；i_B 为负（－），即 B-Y 线圈中的电流与假设的正方向相反（从 Y 入 B 出）；i_C 为正（＋），即 C-Z 线圈中的电流与假设的正方向相同（从 C 入 Z 出），而且这两绕组中电流的数值相等（$|i_B| = |i_C|$）。按右手螺旋法则可以判定此时合成磁场的方向，合成磁场是两极的，方向与电流为零的那一相线圈（A-X）相平行，磁力线由下而上。

图 1-20（b）为 $\omega t = 120°$时的合成磁场。i_A 为正（＋），i_B 为 0，i_C 为负（－），由右手螺旋法则，此时合成磁场按顺时针方向转过了 120°。

图 1-20（c）为 $\omega t = 240°$时的合成磁场。i_A 为负（－），i_B 为正（＋），i_C 为 0，由右手螺旋法则，此时合成磁场按顺时针方向转过了 240°。

可见，当定子绕组中的电流变化一个周期时，合成磁场也按电流的相序方向在空间旋转一周。随着定子绕组中的三相电流不断地做周期性变化，产生的合成磁场也不断旋转，因此称为旋转磁场。

在上述分析中，假设 i_A 超前于 i_B，i_B 超前于 i_C，则三个线圈内电流达到正最大值的顺序（三相交流电的相序）是 A-B-C，旋转磁场的旋转方向和这个顺序一致（为顺时针方向）。如将定子绕组接至电源的三根线中的任意两根对换，如将 A、C 对换，则相序变为 C-B-A，旋转磁场的旋转方向也将随之改变（为逆时针方向），这样就获得了相反的旋转方向。因此，旋转磁场的旋转方向与三相交流电的相序是一致的。

综合三相交流电流变化情况旋转磁场变化情况可知，当三相交流电流变化一个周期，旋转磁场在空间相应地转了一圈。若交流电的频率为 f_1，则旋转磁场每秒钟旋转 f_1 转。在一对磁极的情况下，旋转磁场的转速 n_0 与交流电频率的关系为

$$n_0 = 60 f_1 \ (\text{r/min})$$

如果三相绕组按图 1-21 所示排列，各相绕组分别由两个线圈 A-X、A'-X'、B-Y、B'-Y'、C-Z、C'-Z'串联而成，每个线圈跨 1/4 圆周。用上述方法考察三相交流电所建立的合成磁场，可知仍为一旋转磁场，但磁极是 4 个，即具有 2 对磁极，4 极旋转磁场如图 1-21 所示。当电流变化一个周期，旋转磁场只转过 1/2 圆周。

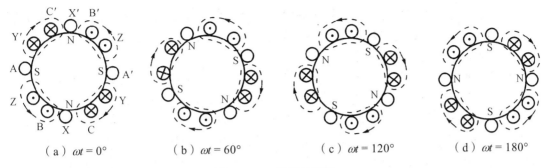

|（a）$\omega t = 0°$|（b）$\omega t = 60°$|（c）$\omega t = 120°$|（d）$\omega t = 180°$|

图 1-21　4 极旋转磁场

若将三相绕组按一定规律排列，还可得到 3 对、4 对……p 对磁极的旋转磁场。具有 p 对磁极的旋转磁场，电流每变化一个周期，磁场转过 $1/p$ 转，其转速为

$$n_0 = \frac{60 f_1}{p}$$

式中，p 为磁极对数。

旋转磁场的转速 n_0 称为同步转速。

综上所述，三相交流电通入对称的三相绕组即产生旋转磁场，其特点是：

（1）合成磁场的磁势幅值恒定不变。

（2）合成磁场的旋转方向决定于三相交流电的相序。

（3）合成磁场的旋转速度决定于三相交流电的频率和磁极对数。

2）三相异步电动机的动作原理

以笼式电动机为例，三相异步电动机的动作原理如图 1-22 所示。转子铁心上嵌有均匀分布的导条，导条两端被铜环短接而构成闭合回路。定子绕组接入三相交流电源后，就产生了旋转磁场。假设磁场按逆时针方向旋转，旋转速度为 n_0，在某瞬间的磁场方向由下而上。此时导条将切割磁力线，转子即产生感应电势，由右手定则可以知，转子上部的导条的感应电势从里向外，下部的导条的感应电势从外向里。由于感应电势的存在，就在连接成闭路的转子电路中产生了电流。因为转子绕组电路基本上呈电阻性，所以电流方向和感应电势的瞬时方向是一致的。

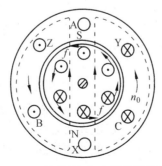

图 1-22　三相异步电动机的动作原理

这样，带电流的转子导条与旋转磁场相互作用即产生了电磁力，其方向可用左手定则来确定。转子上的电磁力对轴形成了电磁转矩，因此转子就转起来了。而且，它的旋转方向与旋转磁场的旋转方向相一致。

转子的转速 n 比同步转速 n_0 要小。因为当 $n = n_0$ 时，转子和旋转磁场间就没有相对运动，转子导条就不再切割磁力线，转子中就不会产生感应电势和电流，当然也就产生不了电磁转矩，转子就转不了。实际上，在负载转矩（空载时，则是轴与轴承间的摩擦以及旋转部分受到的风阻力所产生的转矩，其值很小）的作用下，转子转速将降低。而当转子转速低于同步转速时，转子又将受到电磁转矩的作用。因此，转子总是用低于同步转速的转速紧跟着旋转磁场旋转，即 n 必须小于 n_0，转子才会转动。也就是说，转子只能与旋转磁场"异步"地转动，故称为异步电动机。

n 与 n_0 之差称为转差。转差（$n_0 - n$）的存在是异步电动机运行的必要条件。将转差与同步转速 n_0 之比称为转差率，用 s 来表示：

$$s = \frac{n_0 - n}{n_0}$$

或用百分数来表示

$$s(\%) = \frac{n_0 - n}{n_0} \times 100\%$$

在电动机启动瞬间，转子不动，$n = 0$，则 $s = 1$；假若转子以同步转速转动，$n = n_0$，则 $s = 0$；电动机在额定负载下运行时，其转差率 s 为 0.02 ~ 0.06。

转差率是异步电动机的一个重要参数，在分析异步电动机的运行情况时有重要意义。由于它体现了转子和旋转磁场之间的相对运动速度，因此它是异步电动机的一个重要参数，在分析异步电动机的运行情况时有重要意义。由于转差率体现了转子和旋转磁场之间的相对运动速度，因此它和异步电动机的各主要参数，如转子感应电势、转子电流和转矩等都有着密切的关系。

6. 三相异步电动机的启动、反转和制动

1）三相异步电动机的启动

电动机拖动的机械在启动时有不同的起始条件：有的机械启动时负载转矩很小，随着转速的增加而增加，启动时只有摩擦转矩；有的机械启动时的负载转矩和额定转速一样大；有的机械在启动时接近空载，等转速稳定后再加负载；还有的机械启动频繁。这些都对电动机的启动性能提出了不同的要求。

笼式电动机的启动方法有两种：全压直接启动和降压启动。

全压直接启动是最简单的启动方法，启动时用闸刀开关或接触器将电动机直接接到电网上。直接启动时启动电流很大，会造成电动机发热，影响其寿命，同时电动机绕组（特别是端部）在电磁力的作用下易变形，可能造成短路而烧坏电动机，过大的启动电流会增大线路压降，造成电网电压显著降低，而影响其他用电设备的工作。

直接启动的优点是设备简单、操作方便、启动迅速，缺点是对电网电压影响较大。电动机是否采用直接启动，主要视电网容量的大小而定。如果电源容量足够大时，应尽量采用这种方法。通常规定：用电单位如有专用变压器供电，而电动机又不频繁启动，则电动机的容量不大于供电变压器容量的30%时，允许直接启动；如电动机频繁启动，则它的容量不大于供电变压器容量的20%时，允许直接启动；如果用电单位无专用的变压器供电，允许直接启动的电动机容量，应以保证启动时电网电压下降不超过5%为原则。但随着电网容量的不断增大，直接启动也将得到广泛的应用。小容量的电动机一般采用全压直接启动。

笼式电动机的降压启动有在定子电路中串联电阻或电抗器、星形—三角形（Y-△）启动、启动补偿器（自耦变压器）启动等方法，都是为了减小启动电流。

2）三相异步电动机的反转

由前述可知，三相异步电动机的旋转方向和旋转磁场的旋转方向始终一致，而旋转磁场的旋转方向则决定于接入定子绕组的三相交流电的相序，因此只要改变三相交流电的相序，就可以改变三相异步电动机的旋转方向。

在图1-23（a）中，定子绕组接至相序为A-B-C的三相电源，旋转磁场及转子转向为顺时针方向；只要任意对换两相，如将B相和C相对换，如图1-23（b）所示，定子电流的相序就变为A-C-B，旋转磁场及转子转向将变为逆时针方向，电动机即可反转。

如果要经常改变电动机的旋转方向，就需经常改变定子绕组的接线，这很麻烦。为此，可在电动机定子电路中接入一转换开关，如图1-23（c）所示。要使电动机正转，把转换开关推向"正向"位置；要使电动机反转，则把转换开关推向"反向"位置。

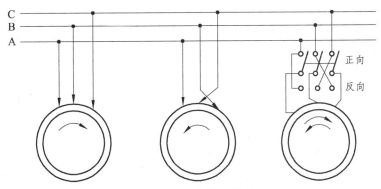

图1-23　改变电动机的旋转方向

电动机的反向操作也可由交流接触器或继电器来完成。

3）三相异步电动机的制动

在生产实践中，有时需要电动机迅速停转，有时需要在运行中加以一定的均匀制动转矩，但并不要其立即停转。制动方法有电磁制动和机械制动两种，机械制动不如电磁制动平滑和易于调节，常作为辅助制动装置。三相异步电动机的电磁制动多采用能耗制动的方法。

能耗制动就是切断异步电动机的三相交流电源后，立即在定子绕组中通入直流电流，如图 1-24（a）所示。流过定子绕组的直流电流产生一恒定的磁场，而转子由于惯性继续按原方向转动，将产生感应电势和电流。该电流与恒定磁场相互作用，产生与转子旋转方向相反的制动转矩，从而使电动机很快停转，如图 1-24（b）所示。

在制动过程中，转子的动能变为电能消耗在转子电阻上，所以称为能耗制动。制动时，定子的两相绕组接成串联，由整流器供给直流电。对于绕线式电动机，可调节转子电阻来控制制动时的转矩特性；而对于笼式电动机，则可调节直流电流的大小来进行控制。

能耗制动准确平稳、无冲击，但需要直流电流。在电动机功率较大时，直流制动设备价格较贵，低速时制动转矩小，所以能耗制动广泛用于小型电动机。

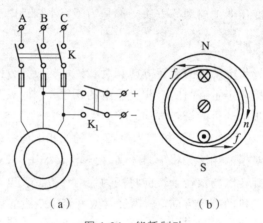

图 1-24　能耗制动

7. 三相异步电动机的维护

电动机的维护保养是保证其安全运行的重要措施。应根据有关规定，经常检查电动机的运行状态，进行定期的检查、检修和维护。

1）正确选择电动机

一般根据以下条件选择：

（1）根据安装地点周围的环境，选择电动机的形式。

例如，在潮湿的地方，应采用有耐湿绝缘的防护式电动机；在有灰尘的地方，且灰尘对正常冷却和电机绕组有影响时，应采用封闭式电动机在有易燃性、导电性粉尘或腐蚀性气体的地方，应采用防爆式电动机。

（2）根据负载情况，选择电动机的容量。

电动机容量的选择，原则上应保证在安全运行的情况下，在允许的温升范围内，能保持在 85%～95%额定容量下运行为宜。这时，电动机的功率因数和效率较高。若容量选择得过大，不仅增加了投资，而且效率低，无功损耗也大；而容量选择得过小，则电动机因承受负荷过大，会导致温升过高将损坏绝缘；影响使用寿命。

（3）根据所拖动机械的转速和传动方式，选择电动机的转速。

不宜选用转速过低的电动机，因其磁极数多、体积大、价格高；也不宜选用转速过高的电动机，因其启动转矩小、启动电流大、传动不便。

2）电动机运行前的检查

运行前的检查一般有以下项目：

（1）检查电动机的绝缘，通常用兆欧表来测量。电动机的绝缘电阻应在绕组和外壳间、互相绝缘的各部分间进行测量。绝缘电阻一般不小于 5 MΩ。如果太低，必须将电动机干燥后才可运行。

（2）检查电动机绕组的接线是否正确，接线端子是否牢固，有无松动和脱落现象。

（3）检查电动机外壳是否接地良好。

（4）对绕线式电动机则应检查集电环是否放在启动位置，电刷是否紧密接触集电环，启动变阻器的检查手柄是否放在启动位置上。

（5）检查传动装置是否正常。

（6）检查定子转子间有无维修时遗留的杂物。

（7）检查启动器是否完好，接线是否正确、牢固。

（8）检查断路器是否完好，容量是否适当，装接是否牢固。

（9）检查电动机附近有无影响工作的杂物以及易燃易爆物品。

3）电动机启动时应注意的问题

（1）合上开关后，如果电动机不转，应立即切断电源，检查原因并排除故障后再行启动。

（2）合上开关后，应注意观察电动机、传动装置以及线路上的电流表等是否正常。如有异常，应立即切断电源，待查明并排除故障后，再行合闸。

（3）不宜连续地多次启动。

（4）电动机启动后，要立即检查电动机及轴承的声音、温度及转动等情况。

4）在电动机运行中的监视和检查

（1）机体温度是否正常，是否在允许的温升范围内。

（2）电动机的轴承温度是否正常。

（3）电动机的声音是否正常。

（4）电动机的振动是否过剧。

（5）电动机的机体接地线是否安装牢固。

（6）电动机所附各种指示仪表的指示数值是否正常。

5）异步电动机的常见故障及其处理

对于电动机的不正常运行现象，如能及早发现并采取有效措施，就能保证其安全运行。

（1）不能启动。

异步电动机不能启动，是由于断路器脱扣、供电电压过低、线路接错、绕组接地、控制装置失灵、定子绕组短路、负载过重等所引起。这时应检查电路有无断线，断路器是否脱扣，定、转子绕组是否正常，控制装置是否正常及负载情况等，以便采取相应措施。

（2）产生噪声。

异步电动机如在运行中产生噪声，可能是由于一相断路器脱扣、电压突然下降、三相电流不平衡、转子与定子摩擦等原因造成的，这时可针对性地进行处理。如果是一相断路器脱扣，电动机停止运行后，就不能启动，可找出分断原因复位断路器再行启动；如果是转子与定子摩擦，则可矫正转子，必要时需调整轴承。

（3）振动过剧。

由于基础不牢固、地脚螺丝松动等会引起电动机运行时振动，这时应加固基础或调整安装位置。定子绕组短路或转子断线也会使电动机产生振动，这时应拆开电动机进行检修。

（4）温度过高。

温度过高一般是由于缺相运行、过负荷、电动机内部过脏或通风不良引起的，也可能是电源电压过低、频率不适当等原因造成的。应先检查断路器是否有一相脱扣，然后测定负荷量，根据情况减小负荷。如系内部过脏和通风不良，应对电动机进行解体，加以清扫、疏通，改进通风设备。如系电压过低，应采取措施使其达到额定值，一般不应低于额定电压的 5%。

（5）冒烟。

冒烟是由于定子绕组短路、定子绕组接地、转子绕组接头松脱、或因端盖轴承等位置变动致使转子偏移扫膛而引起的。应及时查找定子绕组接地处或短路点，测量并调整定、转子的间隙，处理电动机的冒烟故障，这需要较长的时间，而且必须处理得彻底。

6）异步电动机的日常维护

电动机的维护保养是保证其安全运行的重要措施。应根据有关规定，经常检查电动机的运行，并按检修周期对电动机进行定期的检查、检修和维护。

（1）定期进行电动机的故障测试，如用低值欧姆表测量定子绕组间的短路故障，用兆欧表测量电动机内部的接地故障，如引线破皮接地、定子接地等。

（2）对于绕线式电动机，为保证电刷正常运用，防止冒火，应经常检查和调整电刷压力。如调整无效，继续冒火，应用洁净的布擦集电环。视磨损程度和使用状态，及时更换电刷，集电环应保持光滑，以保证和电刷接触严密。

（3）保持轴承润滑良好，防止尘土杂物侵入，定期更换润滑油。

（4）保持电动机安装牢固，定子和转子间无磨卡现象。

（5）应注意勿使电动机受潮，否则其绝缘电阻将降低而不能正常工作。长期搁置不用的电动机在投入运行前，必须检查其绝缘电阻是否合格，如不合格，须烘干后方可使用。

（6）勿使启动电流超过规定值，以防过载电流烧损电动机。

1.3.2　低压电器

在电源屏中采用各种低电压器来构成控制和保护电路，以迅速而准确地进行自动控制，并保证安全。

低压电器的种类很多，可分为自动电器和非自动电器。自动电器是按控制信号或某电量的变化而自动动作的，如交流接触器、断路器等。非自动电器是通过手动操纵而动作的，如开关、按钮等。

低压电器按它们的职能可分为控制电器和保护电器。交流接触器、组合开关和按钮等用来组成控制电路，称为控制电器；断路器用来保护电源设备，称为保护电器。

1. 交流接触器

接触器是常用的电器，它广泛应用于供电系统中，以频繁地接通和分断电路，并可实现远距离控制。绝大多数接触器都是电磁式的，根据所控制的负载不同，可分为直流接触器和交流接触器，信号电源设备中只用空气自冷的交流接触器。交流接触器在按钮、开关或继电器控制下接通和分断带负载的主电路或大容量的控制电路，可以理解为加强接点带灭弧装置的交流电磁继电器。

在供电系统的电路图中，接触器、继电器是按无电状态绘制的。在无电时闭合的触头称为常闭触头，励磁后闭合的触头称为常开触头。

在电路图中只有这两种触头的图形，不需要像信号电路中那样用箭头来表示继电器的状态了，交流接触器的图形符号如图 1-25 所示。交流接触器在电源屏中用符号 XLC 表示，前面加上数字表示序号。在信号智能电源屏中用 KM 表示。交流接触器的主触头用 L_1-T_1、L_2-T_2、L_3-T_3 表示（也有的电源屏图中用 1-2、3-4、5-6 表示），都是常开触头。常闭辅助触头用 11-13 表示（也有的电源屏图中用 21-22、25-26 表示），常开辅助触头用 21-22 表示（有的电源屏图中用 23-24、27-28 表示），线圈用 A1-A2 表示（也有的电源屏图中用 11、12 表示）。

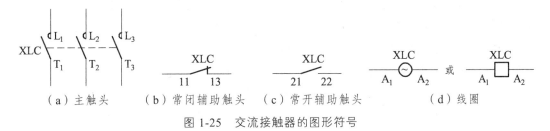

（a）主触头　　（b）常闭辅助触头　　（c）常开辅助触头　　　　（d）线圈

图 1-25　交流接触器的图形符号

1）交流接触器的结构

交流接触器由静铁心（轭铁）、动铁心（衔铁）、线圈、触头、释放弹簧、灭弧罩、支架与底座等部件组成，具体结构如图 1-26 所示。

当给线圈通电并使其达到吸起值后，动铁心支架带动动触头移动，于是动、静触头接触，主电路接通。当线圈断电，电磁吸引力消失，弹簧的反向作用力使衔铁恢复原位，主电路断开。

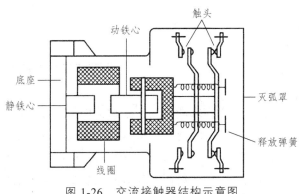

图 1-26　交流接触器结构示意图

为减小涡流损耗，交流接触器的铁心用电工硅钢片叠成，在片间涂以绝缘漆。

2）交流接触器工作原理

交流接触器的电磁吸引力是方向不变、大小在零和最大值间做周期性变化的力，它与电源频率有关，在交流电的一个周期内两次为零，衔铁将发生两次分离和闭合。即当电源频率为 50 Hz 时，衔铁将在 1 秒钟内颤动 100 次。衔铁的颤动会破坏触头的工作，使之烧损并产生剧烈的噪声。为此，在一部分铁心的磁极端面上嵌套一个短路铜环，穿过短路环的交变磁通在环中产生感应电流，该电流形成的磁通总是阻碍原磁通的变化，这样在电流为零时两磁通不同时为零，使得电磁吸引力不会消失。只要短路环的大小和位置考虑得适当，铁心就能牢靠地吸住而不会发生颤动。

交流接触器线圈中的电流与铁心间的气隙有密切关系。气隙越大，磁阻越大，线圈中的电流也越大。所以在刚通电时线圈中的电流很大，可达正常值的几倍到几十倍。随着衔铁的移动，气隙不断缩小，电流逐渐减至正常值。如果衔铁被卡住吸不动，往往会造成线圈过电流而烧毁。过于频繁的动作也会使线圈多次受到大电流冲击而造成损坏，使用时应务必注意。

接触器有两种触头，一种是通断负载的带灭弧装置的加强接点，称为主触头；另一种是构成继电电路的普通接点，称为辅助触头。

主触头要通断电流很大的主电路，可达几十安甚至几百安，因此必须做得较大，触头间的间距大，压力也大。主触头断开时，其间产生电弧，会烧坏触头，并使切断时间拉长。因此用来断开较大电流的接触器，必须装有使电弧迅速熄灭的装置，常用的是灭弧栅。

灭弧栅是一排钢片，嵌装在陶土或石棉水泥罩内，罩在主触头上，如图 1-27 所示。触头断开时，利用电磁互相作用原理，因栅片中磁阻小而将电弧拉入栅片分割成许多小段，每段短弧产生一定的压降，使总的电弧压降增大，电源电压就不能维持电弧继续燃烧而使电弧熄灭。为保证灭弧以保护触头，使用时不许打开灭弧罩。

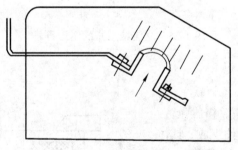

图 1-27　灭弧栅

触头均采用双断点式。主触头用铜嵌银片或铜嵌氧化镉制成，要求导电好、散热快、接触电阻小，不致使在灭弧过程中熔接以及不产生氧化膜而增加接触电阻，主触头的极数（组数）从 1 极到 5 极，辅助触头为常开、常闭各两组。

底座一般用塑料压制，有些大容量接触器的底座也采用铝合金等。接线端子采用瓦形弹簧垫圈，不同线径的单根或双根导线均可插入。

接触器应用广泛，又易发生故障，故应加强维护，半年须做定期检查一次，内容有：

（1）检查触头的接触面，如仅轻微烧伤或表面发热，可不用处理。如烧损严重，必须更换触头。

（2）检查触头位置是否正确，不应歪扭，须保持接触面积有 2/3 以上紧密接触。

（3）检查触头压力是否符合有关规定。

（4）检查触头的磨损程度，严重的须更换。

（5）检查主触头是否同时闭合和断开。

（6）检查接触器在实际电压为额定电压的 85% 以上时是否可靠吸合。

（7）检查轭铁、衔铁接触面的接触情况。接触不良的应磨平。铁心中要留有适当的间隙，以防止断电后因剩磁而使接触器不能释放。

（8）检查灭弧罩是否完好。

（9）检查运动部分是否灵活。

（10）检查各部件是否清洁。

交流接触器可能发生如下故障：

（1）触头过热。一般是由于接触电阻增大而引起的，原因有：弹簧变形或烧损使触头压力不足；触头表面氧化或有杂质。触头磨损严重；触头支架等运动部分变形．短路环断裂使铁心吸合不牢等。

（2）触头烧毛甚至熔化。一般轻微的烧毛不必处理，严重则须更换。烧毛的原因有：弹簧损坏使触头压力减小，造成闭合时烧毛灭弧罩，造成分断烧毛；烧毛的凸出部分，可用细锉锉平，但切勿锉得太多。

（3）噪声过大。正常情况下衔铁发生均匀轻微的工作声。如果发出很大的嗡嗡声，则可能是铁心端面接触不良，短路环断裂，电压过低，运动部分发生卡阻。

（4）线圈过热或烧毁。原因有：电压过高或线圈受潮；动作过于频繁；铁心端面有灰尘、油垢等杂质。

（5）衔铁不动作。原因有：线圈损坏；线圈的励磁电路断路；控制按钮或接点上有污垢或损坏；运动部分卡阻；电压过低等。通电后不动作，应立即切除电源，以免烧毁线圈。

（6）断电后不释放衔铁。原因有：运动部分卡阻，铁心端面被黄油等黏住；磁路中气隙过小；铁心剩磁过大等。

2. 手动电器

非自动切换电器又称手动电器，是用手直接操作以通断或切换控制电路，有开关和主令电器（用来接通和分断控制电路以发布命令，主要类型有按钮和万能转换开关）。

1）组合开关

电源屏中用到的手动开关有组合开关和闸刀开关。闸刀开关已经被隔离器所代替，组合开关是手动开关的一种，为左右旋转操作，通过将静接点装在胶木盒内，使开关向立体发展而减小面积。组合开关能根据电路的不同要求组成各种不同接法的开关电路，在供电设备中应用广泛。HZ10 系列组合开关是目前代表性的产品，适用于交流 50 Hz、380 V 及以下、直流 220 V 及以下的配电设备，用来通断电路、换接电源。它有数层动、静接点分别装于绝缘件内，动接点固定在附有手柄的转轴上，随转轴旋转而变更其通断位置。它采用了扭簧储能使开关能快速闭合和分断，这样接点转换的速度就与手柄的旋转速度无关，提高了其电气性能。HZ10 系列组合开关有单极、双极和三极三种，额定电流为 10～100 A，具有体积小、安装方便、维修简便等优点。

组合开关的型号表示法及意义如图 1-28 所示。

图 1-28　组合开关的型号表示示例

组合开关电气符号如图 1-29 所示。

图 1-29　组合开关电气符号

组合开关通常为单投的，即只有一个接通位置。而闸刀开关则既有单投的，又有双投的，但一般只有二极和三极的。

2）万能转换开关

万能转换开关用于控制电路的换接及电流、电压的换接测量等，由于用途广泛，故称为万能转换开关。它具有触头挡数多、选用方便、工作可靠等优点。万能转换开关采用叠装式结构，由接触系统、转轴、手柄、齿轮啮合机构等部件组成，用螺柱组装为整体。每个触头盒内有 4 个定触头和 4 个号牌（表示定触头编号）。动触头由转轴上的凸轮操作，三位式每换一挡转动 90°，四位式每换一挡转动 45°，因而万能转换开关是一种在同一转轴上具有多种接点组的开关，它是多段式电器，每段均可控制单独回路。万能转换开关有多种类型，铁路信号电源设备中采用的是 LW2 型，其型号表示法及意义如图 1-30 所示。

图 1-30　万能转换开关的型号表示示例

LW2-8788 型转换开关接线如图 1-31 所示。

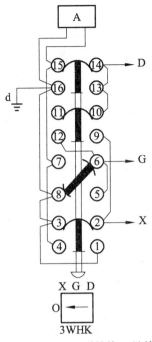

图 1-31 LW2-8788 型转换开关接线图

转动接触片共有 14 种形式，电源屏中用到 4、5、7、8 号四种。表 1-5 所示为万能转换开关接触片形式及原始位置，表 1-6 所示为接触片随手柄转动的位置。

表 1-5 万能转换开关接触片形式及原始位置

形式	电路图的符号	触点片形式及原始位置	说明	形式	电路图的符号	触点片形式及原始位置	说明
4			与 5 型相同仅原始位置不同	7			可使三个接点同时接通，与 8 型相同，仅原始位置不同
5			与 4 型相同仅原始位置不同	8			可使三个接点同时接通，与 7 型相同，仅原始位置不同

表 1-6　接触片随手柄转动的位置

接触片型号	手柄位置							
	←	↖	↑	↗	→	↘	↓	↙
4								
5								
7								
8								

　　选用接触片形式时必须考虑电路的要求，如电流测量的换接，因电流互感器副边不许开路，须先接通后一回路再断开原电路，为此应采用能同时接通三个静触头、再断开一个触头的 7 或 8 号接触片。大站电源屏中采用 LW2-8788 型万能转换开关来测量各种交流电源的输出电流，扳至各位置的电流径路如表 1-7 所示。

表 1-7　LW2-8788 型万能转换开关在各测量位置的电流径路

位置	X（信号点灯）	G（轨道电路）	D（道岔表示）
0	-2-3-8-d	-6-8-d	-14-10-11-12-6-8-d
X	-2-4-Ⓐ-d	-5-12-10-13-14-16-d	-14-16-d
G	-2-1-d	-6-5-7-Ⓐ-d	-14-10-9-2-1-d
D	-2-9-11-12-6-5-8-d	-6-5-8-d	-14-13-15-Ⓐ-d

3）按　钮

　　按钮用来远距离操纵继电器、接触器等。LA18 系列按钮是代表性的产品，具有外形小巧、造型美观、规格齐全，生产简单等优点。它采用积木式两面拼接装配基座，接点数量可按需要拼接，一般为两组常开和两组常闭，接点的分断能力较强。按钮可做成很多形式以满足不同的需要，铁路信号电源设备中仅采用按钮式（用手按压操作）。为便于辨认，有红、绿等颜色。按钮的图形符号如图 1-32 所示。

（a）常闭状态　　　　　　　　（b）常开接点

图 1-32　按钮的图形符号

按钮的型号表示法及意义如图1-33所示。

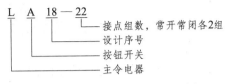

L A 18 — 22
接点组数，常开常闭各2组
设计序号
按钮开关
主令电器

图 1-33　按钮的型号表示示例

3. 断路器

液压电磁式断路器的结构和工作原理与通用的空气开关完全不同，具有不受环境温度变化影响、工作稳定可靠、寿命长及维修量小等特点，特别适用于对可靠性要求很高的信号电源屏。用其取代熔断器和闸刀开关，以克服螺旋式熔断器存在的可靠性差、易损坏、熔芯更换不便、动作不可靠不准确和闸刀开关带载操作易拉弧损坏等缺点。

HY-MAG液压电磁式断路器规格很多，有SA、SF、SX、SH等系列，适用于信号电源屏的小型断路器是SA和SF系列。SA系列的额定分断能力是3 kV，最大额定电流50 A，脱扣时间快、体积小、成本低。SF系列的额定分断能力是6 kV，最大额定电流100 A，脱扣时间较慢、体积大、成本高。因此，信号电源屏中基本上采用SA系列，只有在工作电流大于50 A和要求脱扣时间较慢的场合（例如电动转辙机动作和电源屏转换）才采用SF系列。

1）结构及工作原理

断路器的结构如图1-34所示，其主要部分是具有过载、短路保护功能的脱扣器。脱扣器的主要部件是一个外面绕有线圈的密封金属筒，筒内装有一些起阻尼作用的液压油、一根弹簧和一个铁心。线圈的一端接移动触头，另一端接负载终端，固定触头接输入终端。其他部件还有衔铁、极靴及与通断机构联动的人工操作手柄。

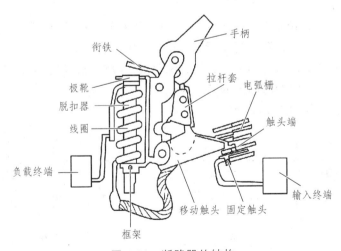

衔铁　手柄
极靴　拉杆套　电弧栅
脱扣器
线圈　触头端
负载终端　输入终端
移动触头　固定触头
框架

图 1-34　断路器的结构

断路器通过输入终端和负载终端串接在被保护电路中。输入终端和负载终端均是接线端子，前者接电源侧，后者接负载侧。当流过断路器的电流不大于其额定电时，铁心受到的电磁吸引力不能克服弹簧弹力，衔铁不动，移动触头和固定触头接通，如图 1-35（a）所示。

过载时，流过线圈的电流大于断路器的额定电流，线圈对铁心产生的吸引力足以克服弹簧弹力，即吸引铁心朝极靴方向移动，如图 1-35（b）所示。在铁心移动时，液压油的阻尼作用可调节铁心的移动速度，产生延迟时间，该时间与电流的大小成反比。如果过载时间很短，铁心未到达极靴，过载电流即消除，铁心在弹簧弹力作用下返回原位置。如果过载持续存在，则铁心继续移动，经一定的延迟时间被极靴吸住，使断路器脱扣，移动触头和固定触头不接通，如图 1-35（c）所示。此时断路器断电，铁心靠弹簧弹力返回原位置。

负载短路时，流过线圈的电流很大，其产生的吸引力足以使衔铁不等铁心移动就立即被吸引到极靴而脱扣，分断电流，如图 1-35（d）所示。

断路器的脱扣点不受环境温度影响，脱扣后可立即再闭合，无须冷却时间。但脱扣后其不能自动恢复使用，此时须人工扳动手柄使之复位。

灭弧栅消灭触头分断时产生的电弧，是一组与弧柱成直角配置的 U 形钢质栅片。分断电路时触头断开，所产生的电弧由于电磁互相作用被拉入栅片间，被分割成一系列短弧而被拉断。

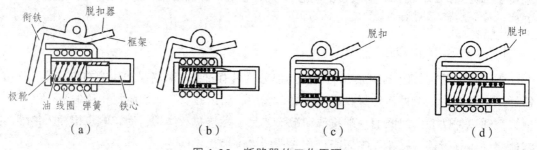

图 1-35　断路器的工作原理

HY-MAG 产品除断路器外还有隔离器（隔离开关）。隔离器与断路器的区别在于没有脱扣器。一般断路器与隔离器配套使用，断路器亦可作隔离器用。它们的外形相同，可以不同的手柄颜色来区别，白色的是断路器，绿色的是隔离器，红色的是负载限制断路器，橙色的是分断能力大、脱扣时间短的断路器。

断路器图形符号如图 1-36 所示。

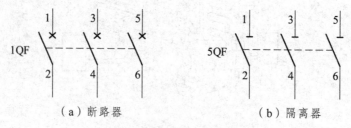

图 1-36　断路器与隔离器图形符号

任务 1.4　交流稳压器的认知与应用

掌握感应调压器、自动补偿式交流稳压器、稳压变压器、参数稳压器结构及工作原理。

信号电源由电网供电，电网电压的波动和负荷的变化都会引起电压的不稳定，如果超过规定的电压波动范围，会给信号设备的工作带来不利，甚至造成错误。因此，必须对交流电源进行稳压以保证供电电压的稳定。

交流稳压器的种类很多，大体上可分为两大类。第一类稳压器包括调整部分和控制部分。如果输出电压发生变动，则通过控制部分使调整部分进行调压，以保持输出电压的稳定。由于它是对输出电压进行采样控制，因此无论是对于电网电压的波动还是对于因负荷的变化所引起的轴出电压的变动，均具有稳压作用。其稳压精度可通过调节控制部分的灵敏度来加以控制，通常可达 1%~3%。这类稳压器稳压精度高且可调节，除晶闸管式外，输出波形畸变小，稳压性能较理想，但结构复杂，检修较困难。

第二类交流稳压器采用对电压具有"惰性"的设备。由于它的"惰性"作用，使输出电压不随输入电压的波动而变动。但对于因负荷变化而引起的输出电压变动则不能起稳压作用。目前广泛采用的"惰性"设备大多是输出绕组所在铁心处于磁饱和状态的特殊变压器，因此其效率较低，输出波形有失真。稳压变压器和参数稳压器（统称铁磁谐振式）属于这一类。虽然第二类交流稳压器的稳压性能欠佳，但因其具有设备简单、维修方便等突出优点，在负荷变动不剧烈、对于输出电压的波形要求不高的场合得到广泛的应用。

目前，在铁路信号电源设备中采用了自动补偿式稳压器、感应调压器式稳压器和稳压变压器、参数稳压器以及采用电子技术的 AC / AC 或 DC / AC 变换器。

1.4.1　感应调压器

感应调压器有单相和三相之分，它的结构类似于一般的绕线式电动机，即由定子和转子组成，但其转子被一套蜗轮蜗杆卡住，在交流电源作用下不能自由旋转，只有在电压需要调整的时候，由电机（或者摇动手摇把）带动蜗轮传动机构使转子转动。这样转子相对于定子产生了角位移，对于单相感应调压器就改变了转子绕组的感应电压值，对于三相感应调压器就改变了定子绕组和转子绕组的感应电压之间的相位差。借助定子绕组和转子绕组的自耦式连接，可使输出电压获得平滑无级的调节，所以它的工作原理又类似于自耦变压器。

感应调压器的定子绕组和转子绕组之间既有电的联系，又有磁的联系，它们共处于一个磁场中，很像一个自耦变压器，但两绕组的相对位置是可以改变的。

感应调压器按冷却方式，可分为干式和油浸式两种，铁路信号电源设备中所用的都是干式感应调压器。

感应调压器的功率大（可达数百千伏安）、稳压范围宽、稳压精度高、输出电压波形几乎无畸变、稳压性能好，但是体积庞大、价格较贵、功耗大。

1. 单相感应调压器

单相感应调压器由公共绕组 g 和二次串联绕组 C 组成。g 通常置于定子上，C 置于转子上，它有正接和反接两种接法，具体连接方式如图 1-37 所示。

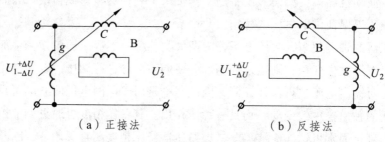

（a）正接法　　　　　　　　（b）反接法

图 1-37　单相感应调压器连接方式

正接法仅有一个励磁绕组 g 以及由它产生的单一磁场，励磁电流和由它产生的磁场不是恒定的，是随电源电压的变化而变化的，因此它的空载电流和空载损耗不是恒定的，是在一定范围内变化的。反接法有两个励磁绕组以及由它们共同产生的磁场，该磁场也是随着电源电压而变化的，但变化范围较小，因此空载电流和空载损耗变化范围较小。感应调压器按正接法或反接法设计，应视具体情况而定。

单相感应调压器工作原理如图 1-38 所示。

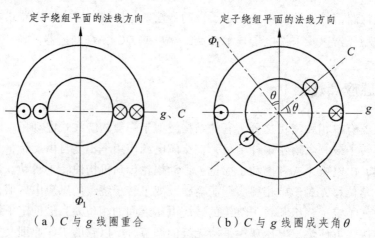

（a）C 与 g 线圈重合　　　（b）C 与 g 线圈成夹角 θ

图 1-38　单相感应调压器工作原理

当 C 的线圈平面和 g 的线圈平面重合时［见图 1-38（a）］，经过 C 的磁通量 Φ_1 最大，因此在 C 中产生的感应电势值最大，为 $E_{C\max}$。

当转子做角位移 θ 时，与 C 所相交的磁通量相应发生变化，E_C 的大小随之变化，其方向与 g 的感应电势 E_g 相同或相反（视如何连接及 θ 的大小决定）。而此时，感应电势随角位移的变化产生相位的变化。当空载时输出电压为

$$U_{20} \approx U_2 \pm E_{C\max}\cos\theta$$

式中，$E_{C\max}$ 正接法取 " + "，反接法取 " – "。

正接法时，当输出电压低于额定精度的下偏整定值时，转子被带动向着一个方向旋转，公共绕组和串联绕组之间的夹角减小，按照上述公式 $E_{C\max}\cos\theta$ 增大，使输出电压回复到额定值。相反地，当输入电压过高时，则增大公共绕组和串联绕组之间的夹角。反接法时正好与正接法相反。

当单相感应调压器负载运行时，负载电流在 C 中产生磁势。当 g 与 C 的轴线重合时，这个磁势将被 g 所产生的磁势相平衡，而当两绕组的轴线不重合时，这个磁势垂直于 g 的分量（横轴磁势分量），不能被 g 的磁势所平衡，就在铁心中产生很大的磁通并通过 C，使 C 的电抗增大而降低了输出电压，特性变坏，附加损耗增加。为了消除这一影响，在 g 的同侧必须设置一个自身短路而其轴线又与 g 的轴线相垂直的补偿绕组 B，用来补偿负载电流产生的磁势，以免负载运行时有较大的电压降落。此时横轴磁势分量所产生的磁通在 B 中产生感应电势，流过感应电流 I_B，I_B 在 B 中产生的磁势将平衡负载电流在 C 中产生的横轴磁势分量。

单相感应调压器的输入、输出线都装在机壳的接线端子上，输入为 AX，输出为 ax。

2. 三相感应调压器

由于大多数引入电源是三相电流，因此需要使用三相感应调压器，三相感应调压器通常采用自耦式连接方法，如图 1-39 所示。

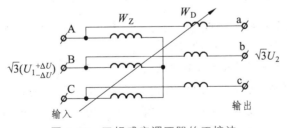

图 1-39　三相感应调压器的正接法

因为三相感应调压器在结构上是对称的，所以只需讨论其中一相的调压情况。图 1-40 所示为 A 相电路图，输入电压接入转子绕组 W_Z，定子绕组 W_D 与 W_Z 串联后输出。旋转磁场由 W_Z 产生。接通电源后，在 W_Z 中产生感应电势 E_1，W_D 中由于磁场的作用也产生了感应电势 E_2，E_1 和 E_2 的大小与各绕组的有效匝数成正比。

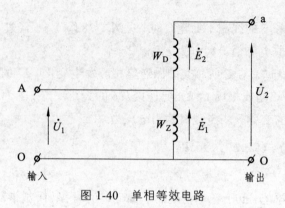

图 1-40 单相等效电路

当转子绕组平面和定子绕组平面相垂直时，两绕组的感应电势同时达到最大值。若将转子绕组逆着旋转磁场的转向由重合位置转动一个角度θ，则感应电势滞后于一个同样的角度θ，同样地，转子绕组顺着旋转磁场的转向由重合位置转动一个角度θ，则感应电势超前于一个同样的角度θ。三相感应调压器相位差角的形成如图 1-41 所示。

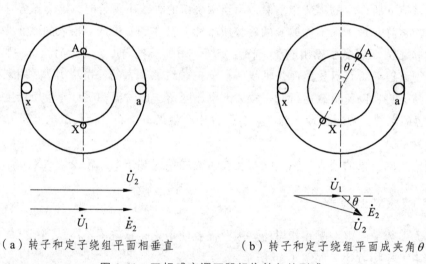

（a）转子和定子绕组平面相垂直　　　　（b）转子和定子绕组平面成夹角θ

图 1-41 三相感应调压器相位差角的形成

因此，输入电压变化时，可通过改变定、转子绕组间相对角位移θ的大小，使输出电压获得平滑无级的调节而达到稳压的目的。

正接法时，当输出电压低于额定精度的下偏整定值，转子将被驱动电机带动向着一个方向旋转，两绕组间的夹角减小，使输出电压回复到额定范围内；当输出电压高于额定精度的上偏整定值，转子将被驱动电机带动向着另一个方向旋转，两绕组间的夹角增大，使输出电压回复到额定范围内。反接法时正好与正接法相反。

三相感应调压器运行时，由于负载变化而引起的输出电压波动，也可通过两绕组间的夹角的改变来使输出电压回复到额定范围内。经三相感应调压器稳压后的输出电压与输入电压不再同相位，但保持了正弦波形，频率也未改变，这对使用没有影响。

三相感应调压器的输入、输出线均接在机壳接线盒内的接线板上，输入为 A、B、C，输出为 a、b、c。

3. 感应调压器的使用及维护

感应调压器的传动控制为电动、手动两用式，并有标明"升压""降压"传动方向的指示牌。当驱动电机发生故障时，手轮传动仍可进行调压。

电动、手动两用式传动装置由两对蜗轮蜗杆、离合器（平齿轮）、手轮、驱动电机、行程开关及限位器组成。第一对蜗轮蜗杆与驱动电机装在一起，用来降低转速及传动第二对蜗轮蜗杆。第二对蜗轮蜗杆与感应调压器转子装在一起，不调压时对转子起制动作用，调压时带动转子旋转。手轮传动则借平齿轮与长键导向第二对蜗杆连接。从手轮传动转为电动时，将平齿轮推入啮合机构；由电动转为手轮传动时，则将平齿轮向外拉出。

行程开关用作电气限位，即使感应调压器的输出电压在最高，最低极限时自动断开驱动电机电源，保护设备不受损坏。这时就无法再进行电动调整，必须用手轮摇回工作区域。限位器用作机械限位，限制转子在规定的机械角度内转动。

感应调压器转子轴端的蜗轮为扇形（一般为 180°），它与转子转轴大多采用保险销连接，当感应调压器过载或短路时，保险销被切断，使蜗轮蜗杆不致损坏。如果保险销被切断，感应调压器的转子失去制动而自转，限位器既可限制它的转动，防止转子绕组引出线被卷断，又可起缓冲作用，避免转子的猛力撞击。

使用感应调压器时，应注意以下事项：

（1）新安装或长期不用的感应调压器在投入运用前，应用 500 V 兆欧表测量绕组间和对地的绝缘电阻，在不低于 0.5 MΩ时方可使用，否则要进行干燥处理，方法如下：

① 用电热器或其他热源加热，但必须有良好的通风条件，使其不致过热，防止热源触及绕组和其他导电部分，绕组温度不超过 120 ℃。

② 在感应调压器的输入端接上调压设备，输出端短接，在输入端加上 10%左右的额定电压，使输出端短路电流稍低于额定电流，热烘驱除潮气。

（2）感应调压器的机座应接地良好，以保证安全。

（3）传动装置应保持灵活，转子在180°内转动，正反方向应注意均衡，当输出电压达最高或最低极限时，行程开关应保证切断驱动电机电源。

（4）感应调压器的负载不得超过额定值，如超过时间较长，易使感应调压器烧毁或缩短寿命。

（5）应保持感应调压器的清洁，不许水滴、油污及尘土落入感应调压器内部，定期停电拆下网罩除去调压器内积存的灰尘。感应调压器周围应留有适当空间，以便通风散热。

（6）经常检查感应调压器的轴承有无漏油及发热等情况，定期补充滑动轴承的润滑油，调换滚动轴承的润滑油。

（7）感应调压器的保险螺栓被切断后，应立即查明原因，再换上同样材料同样尺寸的保险螺栓，方可继续使用。

（8）不能与其他变压器、调压器并联运行。

（9）其余维修内容均同交流电动机和变压器。

1.4.2　自动补偿式交流稳压器

自动补偿式交流稳压器是在每相线中串入升、降压变压器，由智能单元在模块输出端采样输出电压，判断输出电压是否超出设定电压范围。如果输出电压低于设定电压，将适当的变压器同相开关打开，这样就可以在变压器的次级得到与输入电源同相位的补偿电压并叠加于相电压上，从而提升输出电压；如果输出电压高于设定电压，将适当的变压器反向开关打开，这样就可以在变压器的次级得到与输入电源相位相反的补偿电压并叠加于相电压上，从而降低输出电压。

1. 自动补偿式交流稳压器的结构

自动补偿式交流稳压器结构如图 1-42 所示，由输入滤波、补偿机构/自动旁路、控制电子开关、微电子控制器、输出反馈等部分组成。

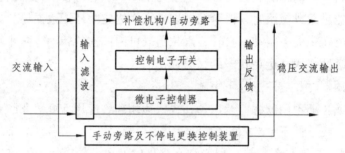

图 1-42　自动补偿式交流稳压器结构框图

输入滤波电路由电感和电容组成，用来滤除交流输入电源中的杂波干扰。

输出反馈电路接在交流稳压器的输出端，用来对输出电压进行采样，提供输出电压的变化信息。

补偿机构即线性变压器，它们是自动补偿式交流稳压器的调整元件，在电子开关的控制下对输入电压进行补偿，以稳定输出电压。自动旁路电路是在自动补偿式交流稳压器故障时，使交流输入电源直接向负载供电，做到不间断供电。手动旁路电路则可在维护自动补偿式交流稳压器时不间断供电。

控制电子开关即晶闸管，它们在控制器的控制下导通与截止，以使线性变压器处于升压、降压或直通状态，对输入电压进行补偿，达到稳压的目的。

微电子控制器接收输出反馈电路的采样信息，通过比较运算，发出控制命令，以控制各个晶闸管的导通与关断。

2. 自动补偿式交流稳压器的稳压原理

自动补偿式交流稳压器的核心部件就是由控制开关和线性变压器构成的主电路，如图 1-43 所示。

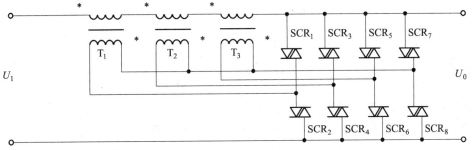

图 1-43　自动补偿式交流稳压器的主电路

它由线性变压器 T_1、T_2、T_3 与晶闸管 $SCR_1 \sim SCR_8$ 构成组合式全桥电路。控制电路控制晶闸管实现不同的组合导通，进而决定了各线性变压器的升压、降压、直通等不同状态和组合，可以构成 15 种不同的组合状态，用以在不同输入电压情况下实现输出电压的稳定。补偿变压器的数量和副边电压值决定了稳压器的稳压精度和稳定范围。根据需要，用控制电路控制各晶闸管的导通或截止，就能实现自动稳压。

自动补偿式交流稳压器采用 3 个变压器次级串联的方式，将 3 个变压器的次级电压串在输入电压与输出电压之间，通过改变变压器次级电压与输入电压之间的相位关系，使得变压器次级的电压与输入电压为相加或相减的关系，以使输出电压保持在（220 ± 46.2）V 的范围之内。3 个变压器的初级通过晶闸管组合全桥接在输出电压上。通过控制晶闸管的导通与关断，即可改变变压器次级电压的相位。3 个变压器的变化的关系为 $n_1 : n_2 : n_3 = 1 : 2 : 4$，例如 3%、6%、12%。通过调整各个变压器的升压、降压或直通等状态，使输出电压在规定的精度和范围内保持稳定。晶闸管导通与补偿电压的关系如表 1-8 所示。

表 1-8　导通与补偿电压的关系

晶体管导通排序				补偿电压（正常电压 220 V 乘以百分数即为补偿电压值）
1	3	5	8	+ 21%
2	3	5	8	+ 18%
1	4	5	8	+ 15%
2	4	5	8	+ 12%
1	3	6	8	+ 9%
2	3	6	8	+ 6%
1	4	6	8	+ 3%
2	4	6	8	0
1	3	5	7	0
2	3	5	7	− 3%
1	4	5	7	− 6%
2	4	5	7	− 9%
1	3	6	7	− 12%
2	3	6	7	− 15%
1	4	6	7	− 18%
2	4	6	7	− 21%

3. 自动补偿式交流稳压器的特点

（1）性能好、效率高。各项指标和效果均优于电源屏中常用的参数稳压器、感应调压器式交流稳压器。

（2）输入功率因数高。在输入电压和负载变化的整个范围内，稳压器本身不会产生非线性电流成分，为净化电网环境提供了可靠保证。

（3）输出负载适应能力强。对各种非线性（强容性、强感性、冲击性等）负载都能可靠无误地供电。

（4）动态性能好。对输入电压的突然变化，输出电压的调整时间为 80 ms。

（5）电路中不存在铁磁谐振非线性电路环节，因而无附加波形失真。

（6）当输入电源频率变化及输入电压或输出负载电流存在非线性成分时，受到的影响小于其他类型电源。

（7）无机械传动和触点磨损，可靠性高、噪声低。

（8）成本低。

1.4.3　稳压变压器

稳压变压器（Constant Voltage Transformers，CVT）属于铁磁谐振式交流稳压器，是一种基于铁磁谐振原理的交流稳压器，依靠铁磁谐振使输出线圈所在的铁心处于磁饱和状态而达到稳压的目的。稳压变压器具有较大的时间常数，因此对外来冲击干扰具有缓冲能力。它的主磁路是封闭的，所以漏泄较小，效率较高，对附近电子设备的干扰较小；它的结构简单、工作可靠、维护方便、经济耐用，是一种性能优越的稳压设备，广泛用于各种自动化系统中。在信号电源设备中，小站电源屏通常采用了稳压变压器。

1. 铁磁谐振

图 1-44（a）为稳压变压器的输出端，它接一个带铁心的电感线圈 L 和电容 C 的并联电路。

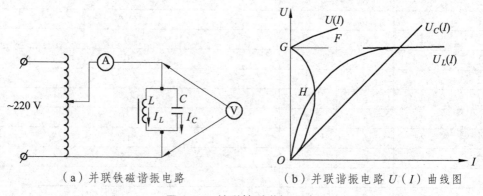

（a）并联铁磁谐振电路　　　　（b）并联谐振电路 $U(I)$ 曲线图

图 1-44　并联铁磁谐振电路

在电源频率一定的情况下，调节变压器的次级电压时，L 支路和 C 支路中的电压、电流将产生变化，如图 1-44（b）所示。在 L 支路中，当 $I_L = 0$ 时，$U_L = 0$，此后当 I_L 逐渐增大时，U_L 也随之升高，但是当电感线圈的铁心达到磁饱和状态后 I_L 再增大时，U_L 不再升高。而在 C 支路中，只要在电容器的耐压范围内，I_C 与 U_C 总是成正比地增大。

对整个电路来说，开始时 U、I 由零逐渐增加，如图 1-46（b）中的 OH 段曲线所示；但当 U 继续升高时，I 反而减小，如图 1-44（b）中的 HG 段曲线所示；当 U 调至 G 时，$I = 0$，即图 1-44（b）中的 G 点。此时 LC 并联电路的总电流为零，即处于该电路的阻抗达到最大值时的谐振状态，称为并联铁磁谐振。如果再继续调节电压，使 U 高于 U_G，此后电流即使有较大的变化，LC 并联电路两端的电压就几乎不再发生变化，如图 1-44（b）中的 GF 段。

由此可知，一旦电路谐振之后，线圈的铁心就处于深度饱和状态，对于外加电压的变动十分"迟钝"，利用这种"惰性"就可以进行稳压，制成铁磁谐振式交流稳压器。电感线圈 L 和电容 C 串联也同样能产生串联铁磁谐振。

2. 稳压变压器分析

1）稳压变压器结构

信号电源设备中的稳压变压器多采用外铁式结构，是用"日"字形铁心增加磁分路后构成的，具体结构如图 1-45 所示。磁分路将原有两个窗口再一分为二，使铁心整体形成"田"字形，通常上、下窗口容积之比约 1：4。

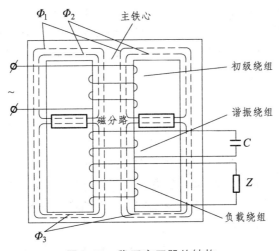

图 1-45　稳压变压器的结构

在中间的铁心（主铁心）上绕着初级绕组、谐振绕组和次级电压输出绕组（负载绕组）。初级绕组位于上部，接输入电压。谐振绕组和负载绕组位于下部，谐振绕组和电容器组成谐振电路，负载绕组和负载连接，供给输出电压。

在中间，即初级和次级（包括谐振绕组和负载绕组）间有磁分路，磁分路由硅钢片叠成，其截面积通常为主铁心的 0.6 ~ 0.8 倍，与主铁心内壁间保持 0.1 ~ 0.2 mm 的气隙。该磁分路用于分路过剩的磁通。这样，磁路就分为三个回路，一个连着初、次级绕组的 Φ_2，另一个只连着初级绕组的 Φ_1，还有一个只连着次级绕组的 Φ_3，后两个回路是互相隔离的。

在初级还绕有与负载绕组反向连接的补偿绕组，它的感应电压与输出电压反向叠加，以进一步提高稳压精度。当输入电压较高时，负载绕组两端的电压略有升高，补偿绕组两端的电压也有所升高，因它们反向串联，只要配合恰当，负载绕组两端升高的电压与补偿绕组两端升高的电压相抵消，使输出电压几乎不变。

2）稳压变压器特性

稳压变压器不同于一般的变压器，有其独特的工作特点，即它的初级工作在非饱和状态，而次级工作在饱和状态。次级之所以饱和，是因为谐振绕组与谐振电容器产生并联铁磁谐振所导致。磁分路为部分初级绕组产生的磁通提供了直接返回初级的通路，而不与次级相交链，同时也为部分次级磁通返回次级提供回路，而不与初级相交链。

稳压变压器与普通变压器一样具有初级和次级隔离、变压、多组输出等功能，可做成低压多组输出的形式来代替普通的电源变压器。而且，它具有普通变压器所没有的稳压功能。

由于稳压变压器的初级和次级由磁分路隔开，相互间有一定距离，其间的分布电容很小，从电源引入的干扰信号不易耦合到次级。谐振电容器对于干扰信号的旁路作用及饱和工作状态，则进一步抑制了干扰，因此，稳压变压器具有一定的抗干扰能力。

稳压变压器不足之处：

（1）输出负载性能较差。当负载由空载到满载变化时，输出电压变化在 3%左右。

（2）输出波形有较大失真。特别是输入电压偏高和轻载时，输出波形近似梯形波。

（3）输出电压对频率极敏感。当输入电源频率变化 1%时，输出变化 2%左右，这就限制了它在电网频率变化较大的场合下使用，解决的方法是采用电压反馈来控制频率变化使输出电压保持稳定。

（4）温升高，噪声大。

3. 参数稳压器

参数稳压器是一种新型的交流稳压器，它集隔离变压、稳压、抗干扰、净化功能于一体，具有稳压范围宽、精度高、响应速度快、抗干扰能力强、负载短路自动保护、高可靠、长寿命等一系列优点，尤其是能有效滤除电网及负载所产生的各种频率的正、负脉冲和浪涌电压，稳定输出正弦波。

参数稳压器的主要部件是参量变压器，它的结构如图 1-46 所示。磁路由两只 C 形铁心组成，其中一只转动了 90°。在两铁心上分别绕有初级绕组和次级绕组。

在参数稳压器中，初级绕组的电流对次级绕组的电感进行调制。这是因为铁磁材料在磁化时存在着饱和、磁滞现象，它的导磁系数取决于磁化程度和磁化过程，即随着磁化电流的不同而变化。它不是一个定值，而是磁路中磁通密度的函数。初级的一部分磁通通过次级铁心，使得次级绕组的电感不是一个定值，而随着初级绕组电流的大小而改变，成为非线性电感。

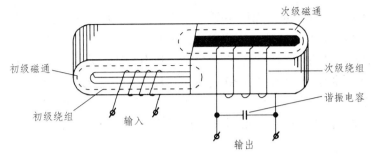

图 1-46　参数稳压器的结构

次级绕组的两端又接有电容器，它们构成谐振回路。当次级电感达到一定数值时，谐振回路即产生振荡，输出稳定的正弦波。

谐振回路产生振荡及负载均需要能量，这些能量是由初级绕组经参量耦合提供的。它与稳压变压器不同，两个绕组的磁路不是互相耦合，而是单独存在的。

实际的参数稳压器电路如图 1-47 所示。W_a、W_b 为初级绕组，W_c 为次级绕组，W_d 为补偿绕组。W_a 为 W_c 提供参量耦合的能量，W_b 为 W_d 提供磁耦合的能量。C_1 和 C_2 合起来为谐振电容，与 W_c 构成谐振回路。W_c 和 W_d 反向串联后输出。C_1 和 L_1 及 C_2 和 L_2 构成滤波电路，用来滤除谐波。

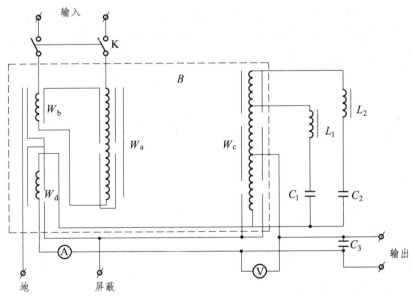

图 1-47　参数稳压器电路图

参数稳压器具有满载起振、软启动功能，限制了启动电流，减少对电源的冲击。

参数稳压器稳压范围特别宽，单相为 120～300 V，三相输入为 260～460 V，这是其他类型的交流稳压器所不及的，对干扰的抑制能力也是目前各类稳压器中最好的。

参数稳压器具有较强的过载能力，当负载短路或内部元件损坏时具有自动保护特性，此时谐振电路失谐，输出电压自动降至零。短路消除后它能自动恢复工作，总恢复时间为

10～90 ms。输入过电压时，参数稳压器即使面对两倍电源电压冲击，也不会出现过压输出。其功率因数高，机内无有源器件，故障率低，寿命长。

参数稳压器的缺点是温升较高、噪声较大、频率特性较差、初级空载电流较大。

使用参数稳压器时，屏蔽、铁心接地端子应连接后由专用地线（接地电阻小于 4 Ω）接地。当有负载地线时，接地端可连接于负载系统地线。当负载短路时，参数稳压器虽有自动保护功能，但仍须关机检查，消除短路后再开机。

【项目小结】

本项目主要介绍了信号设备供电需求，变压器、电动机与低压电器、交流稳压器的结构、原理以及维护注意事项。

变压器在信号设备中应用非常广泛，起到变压、调压、隔离、测量等作用。铁路信号系统中所用到的变压器有干式单相变压器和三相变压器，应正确使用变压器，保证变压器的正常运行。

电源屏中的低压电器有开关、按钮、断路器、隔离器、交流接触器，它们构成控制和保护电路。

交流电动机是将交流电能转换为机械能的设备，由定子和转子组成。在电源屏中用来驱动感应调压器，通过改变电动机三相交流输入相序，即可改变电动机旋转方向。

交流稳压器分为感应调压式、自动补偿式和铁磁谐振式。感应调压器式通过改变定、转子绕组夹角来稳压。自动补偿式稳压器由智能单元通过控制开关调整线性变压器升压、降压或直通等状态来稳压。铁磁谐振式交流稳压器利用铁磁谐振形成磁饱并进行铁磁谐振稳压。

复习思考题

1. 铁路信号设备对供电的基本要求是什么？
2. 变压器的作用是什么？变压器的分类有哪些？
3. 变压器由哪些部分组成？
4. 电压变化率指什么？
5. 变压器产生的损耗有哪两类？什么是变压器的效率？
6. 变压器的过流现象有哪些？变压器的过压现象是怎么产生的？
7. 为什么要采用电流互感器？
8. 使用电流互感器的时候要注意哪些？
9. 三相变压器有哪些特点？
10. 三相异步交流电动机的定子、转子各由哪些部分构成？
11. 三相异步交流电动机的旋转磁场是怎么产生的？旋转磁场与哪些因数有关？
12. 三相异步交流电动机的异步主要体现在什么地方？

13. 三相异步电动机直接启动会出现什么现象？

14. 要使三相异步电动机反转，该怎么做？

15. 三相异步电动机的制动方式有哪些？

16. 铁路信号电源设备常采用的交流稳压器有哪些？

17. 感应调压器与电动机有哪些区别？

18. 简述感应调压式稳压器的稳压原理。

19. 简述自动补偿式稳压器的稳压原理。

20. 简述稳压变压器的结构和工作原理。

21. 参数稳压器具有哪些特点？

22. 稳压变压器与普通变压器有何异同？

项目 2
开关电源

项目描述

　　本项目先介绍铁路信号智能电源屏所用的开关电源的结构及其特点，然后介绍开关电源所用的电力电子技术，包括功率因数校正、直流变换器、并联均流等相关技术的基本概念和基本工作原理，为学习信号智能电源屏打好基础。

　　对于电力电子技术，本专业只是应用，所以只介绍基本概念和基本工作原理，不做深入介绍。

教学目标

　　了解开关电源的组成及特点；理解功率因数校正、直流变换、并联均流等技术的基本概念和基本工作原理。

任务 2.1　开关电源认知

【工作任务】

认识开关电源，了解开关电源的结构及特点。

【知识链接】

　　开关电源（Switching Mode Power Supply），又称交换式电源、开关变换器，将输入交流电整流后，经功率变换电路把直流电源变换成高频的交流电源，再经高频整流成低电压的直流电源，供直流设备使用，也可以采用逆变技术后供交流设备使用。铁路信号智能电源屏在稳压方面大多采用高频开关型稳压电源（简称开关电源）。

开关电源是利用现代电力电子技术，控制开关管开通和关断的时间比率，维持稳定输出电压的一种电源。一般由脉冲宽度调制（PWM）控制 IC（Integrated Circuit，集成电路）和 MOSFET（Metal-Oxide-Semiconductor Field-Effect Transistor，金属-氧化物半导体场效应晶体管）构成。随着电力电子技术的发展和创新，开关电源技术也在不断地创新。目前，开关电源以小型、轻量和高效率的特点被广泛应用于几乎所有的电子设备，是当今电子信息产业飞速发展不可缺少的一种电源方式。

2.1.1 开关电源的组成

开关电源通常由主电路、控制电路和辅助电路三部分组成。

1. 主电路

主电路完成从交流输入到直流输出的全过程，由输入滤波电路、整流电路、功率因数校正电路、直流变换电路和输出滤波电路等部分组成，如图 2-1 所示。

输入滤波电路主要用来衰减电网中的高次谐波分量，同时也防止开关电源所产生的高次谐波分量进入电网，而影响其他用电设备，输入滤波电路通常采用 LC 低通滤波器。

整流电路将工频交流输入电变换为直流电，并向功率因数校正电路提供直流电源。一般采用单相或三相桥式整流电路。

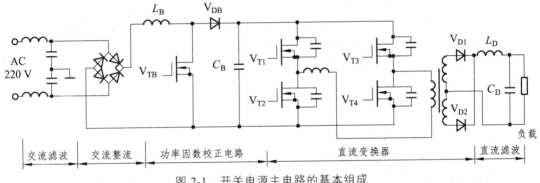

图 2-1 开关电源主电路的基本组成

功率因数校正电路的主要作用是通过升高整流电路输出的直流电压，使交流输入电源与交流输入电压的波形及相位基本相同，从而使功率因数接近 1，减小谐波电流对电网的污染和无功损耗。

直流变换电路有逆变和高频整流两部分，用来将功率因数校正电路输出的直流高压变换为用电设备的直流电压。常用的直流变换器分为 PWM 型变换器和谐振变换器两类。

输出滤波电路包括高频滤波和抗电磁干扰等电路，用来滤除直流变换器电路输出电压中的高频谐波分量，降低输出电压中的纹波电压，提供稳定可靠的直流电源，以满足用电设备的要求。输出滤波电路也采用 LC 低通滤波器。

2. 控制电路

控制电路从主电路输出端取样，与设定值进行比较，取出误差信号去控制主电路的相关部分，使输出电压稳定，同时根据反馈信号对整机进行监控和显示。控制电路包括检测放大电路、U/W（电压/脉宽）转换电路或 U/f（电压/频率）转换电路、时钟振荡器、驱动电路、保护电路等。

控制电路为开关管提供激励信号，能将主电路输出端电压的微小变化转换为脉宽或频率的变化，以调整电压。

3. 辅助电路

对开关电源中有源网络提供所要求的各种电源。

2.1.2　开关电源的特点

与传统的稳压电源相比，开关电源具有以下特点：

（1）体积小，重量轻。一般开关电源工作频率为 50 Hz ~ 100 kHz，也有高达 200 ~ 1 000 kHz 的，由于没有工频变压器，所以体积和重量只有线性电源的 20% ~ 30%。

（2）节能。开关电源的效率在 90% 以上。

（3）功率因数高。一般大于 0.92，有功率因数校正电路时接近于 1，对公共电网不会造成污染。

（4）可靠性高。模块可热备。

（5）便于集中监控。装有监控模块，可与计算机相结合，组成智能化电源系统。

（6）噪声小。当开关频率在 40 kHz 以上时，基本上无噪声。

（7）扩容容易，调试简单。

（8）维护方便，易于更换故障模块。

2.1.3　开关电源工作原理

开关电源有两种主要的工作方式：正激式变换和升压式变换。尽管它们各部分的布置差别很小，但是工作过程相差很大，在特定的应用场合下各有优点。

PWM 开关电源是让功率晶体管工作在导通和关断的状态，在这两种状态中，加在功率晶体管上的伏-安乘积是很小的（在导通时，电压低，电流大；关断时，电压高，电流小），功率器件上的伏安乘积就是功率半导体器件上所产生的损耗。与线性电源相比，PWM 开关电源更为有效的工作过程是通过"斩波"，即把输入的直流电压斩成幅值等于输入电压幅值的脉冲电压来实现的。脉冲的占空比由开关电源的控制器来调节，控制器的主要目的是保持输出电压稳定。一旦输入电压被斩成交流方波，其幅值就可以通过变压器来升高或降低。通过增加变压器的二次绕组数就可以增加输出的电压值。最后这些交流波形经过整流滤波后就得到直流输出电压。

控制器的主要目的是保持输出电压稳定，其工作过程与线性形式的控制器很类似。也就是说控制器的功能块、电压参考和误差放大器，可以设计成与线性调节器相同。它们的不同之处在于，误差放大器的输出（误差电压）在驱动功率管之前要经过一个电压/脉冲宽度转换单元。

开关电源有两种主要的工作方式：正激式变换和升压式变换。尽管它们各部分的布置差别很小，但是工作过程相差很大，在特定的应用场合下各有优点。

2.1.4　开关电源的优点

（1）功耗小，效率高。在开关电源电路中，晶体管在激励信号的激励下，交替地工作在导通-截止和截止-导通的开关状态，转换速度很快，频率一般为 50 kHz 左右，甚至有些可以做到几百或者近千赫兹，这使得开关晶体管的功耗很小，电源的效率可以大幅度地提高，其效率可达到 80%。

（2）体积小，重量轻。从开关电源的基本电路框图（见图 2-2）可以清楚地看到没有采用工频变压器。另外，由于调整管上的耗散功率大幅度降低，又省去了较大的散热片。基于这两方面原因，所以开关电源的体积小、重量轻。

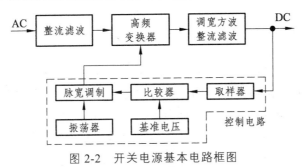

图 2-2　开关电源基本电路框图

（3）稳压范围宽。开关电源的输出电压是由激励信号的占空比来调节的，输入信号电压的变化可以通过调频或调宽来进行补偿。这样，在工频电网电压变化较大时，它仍能够保证有较稳定的输出电压。所以开关电源的稳压范围很宽，稳压效果很好。此外，改变占空比的方法有脉宽调制型和频率调制型两种。开关电源不仅具有稳压范围宽的优点，而且实现稳压的方法也较多，设计人员可以根据实际应用的要求，灵活地选用各种类型的开关电源。

（4）滤波的效率大幅提高，使滤波电容的容量和体积大大减小。开关电源的工作频率目前工作在 50 kHz，是线性稳压电源的 1 000 倍，这使整流后的滤波效率几乎也提高了 1 000 倍，即使采用半波整流后加电容滤波，效率也提高了 500 倍。在相同的纹波输出电压下，采用开关电源时，滤波电容的容量只是线性稳压电源中滤波电容的 1/1 000 ~ 1/500。电路形式灵活多样，有自激式和他激式，有调宽型和调频型，有单端式和双端式等，设计者可以发挥各种类型电路的特长，设计出能满足不同应用场合的开关电源。

2.1.5　开关稳压电源缺点

开关稳压电源的缺点是存在较为严重的开关干扰。开关稳压电源中，功率调整开关晶体管工作在开关状态，它产生的交流电压和电流通过电路中的其他元器件产生尖峰干扰和谐振干扰，这些干扰如果不采取一定的措施进行抑制、消除和屏蔽，就会严重地影响整机的正常工作。此外，由于开关稳压电源振荡器没有工频变压器的隔离，这些干扰就会串入工频电网，使附近的其他电子仪器、设备和家用电器受到严重干扰。

目前，由于国内微电子技术、阻容器件生产技术以及磁性材料技术与一些技术先进国家还有一定的差距，因而造价不能进一步降低，也影响到可靠性的进一步提高。所以在我国的电子仪器以及机电一体化仪器中，开关稳压电源还不能得到十分广泛的普及及使用。特别是对于无工频变压器开关稳压电源中的高压电解电容器、高反压大功率开关管、开关变压器的磁芯材料等，在我国还处于研究、开发阶段。

开关稳压电源虽然有了一定的发展，但在实际应用中也还存在一些问题，不能十分令人满意。这暴露出开关稳压电源的又一个缺点，那就是电路结构复杂，故障率高，维修麻烦。对此，如果设计者和制造者不予以充分重视，它将直接影响到开关稳压电源的推广应用。当今，开关稳压电源推广应用比较困难的主要原因就是它的制作技术难度大、维修麻烦和造价成本较高。

2.1.6　工作模式

顾名思义，开关电源就是利用电子开关器件（如晶体管、场效应管、可控硅闸流管等），通过控制电路，使电子开关器件不停地"接通"和"关断"，让电子开关器件对输入电压进行脉冲调制，从而实现 DC/AC、DC/DC 电压变换，输出电压可调和自动稳压。

开关电源一般有三种工作模式：频率、脉冲宽度固定模式；频率固定、脉冲宽度可变模式；频率、脉冲宽度可变模式。前一种工作模式多用于 DC/AC 逆变电源，或 DC/DC 电压变换；后两种工作模式多用于开关稳压电源。另外，开关电源输出电压也有三种工作方式：直接输出电压方式、平均值输出电压方式、幅值输出电压方式。同样，前一种工作方式多用于 DC/AC 逆变电源，或 DC/DC 电压变换；后两种工作方式多用于开关稳压电源。

根据开关器件在电路中连接的方式，目前比较广泛使用的开关电源，大体上可分为串联式开关电源、并联式开关电源、变压器式开关电源三大类。其中，变压器式开关电源（后面简称变压器开关电源）还可以进一步分成推挽式、半桥式、全桥式等多种；根据变压器的激励和输出电压的相位，又可以分成正激式、反激式、单激式和双激式等多种；如果从用途上来分，还可以分成更多种类。

2.1.7　输出计算

因开关电源工作效率高，一般可达到 80% 以上，故在其输出电流的选择上，应准确测量或计算用电设备的最大吸收电流，以使被选用的开关电源具有高的性价比，通常输出计算公式为：

$$I_s = KI_f$$

式中 I_s——开关电源的额定输出电流；

  I_f——用电设备的最大吸收电流；

  K——裕量系数，一般取 1.5~1.8。

任务 2.2 功率因数校正认知

【工作任务】

掌握功率因数校正的基本方法及工作原理。

【知识链接】

功率因数指的是有效功率与总耗电量（视在功率）之间的关系，也就是有效功率除以总耗电量（视在功率）的比值。基本上功率因素可以衡量电力被有效利用的程度，功率因素值越大，代表其电力利用率越高。

2.2.1 功率因数校正（PFC）

PFC 是 20 世纪 80 年代发展起来的一项新技术，PFC 电路的作用不仅仅是提高线路或系统的功率因数，更重要的是可以解决电磁干扰（EMI）和电磁兼容（EMC）问题。

功率因数（PF）定义为有功功率（P）视在功率（S）的比值，或者是电流、电压正弦波角位移的余弦值。功率因数值介于 0 到 1 之间，这是由于电路中感性效应和容性效应引起的。为了减少感性效应引起的功率因数值偏低的影响，需要增加电容来进行线路补偿。当电流和电压波形无相位差时，功率因数为 1（$\cos0 = 1$），此时负载是一个纯电阻电路，视在功率完全等于有功功率，没有无功功率。

有功功率（瓦特，W）是实际做功的功率，衡量能量转换的"速度"（如电能转换为电动机的动能）。由电厂发电机发出的总功率是视在功率（伏安，V·A），由于线路感性元件的特性导致产生了有功功率和无功功率（乏，var），如图 2-3 所示。

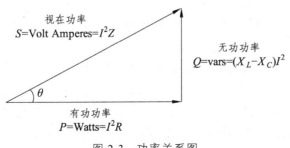

图 2-3 功率关系图

以上讨论的是当电流、电压波形均为正弦波时的功率因数，它和电流、电压波形的相位差有关。而实际发配电应用中，供电电压是正弦波形，而输入电流却并非是正弦波形，即电流波形出现谐波成分。此时功率因数并非由于电流、电压波形相位差引起的，而是由电流的波形失真导致的。算式（2-1）表明了这种失真对于功率因数的影响。

$$PF = \frac{I_{\text{rms}}(1)}{I_{\text{rms}}} \cos\theta \qquad\qquad (2\text{-}1)$$

式中：$I_{\text{rms}}(1)$ 指电流的基波分量；I_{rms} 指电流的有效值。由此可以看出，功率因数校正电路就是减少输入电流波形的失真，并保持电流波形与电压波形基本一致使负载更类似于一个纯电阻负载。当以上条件不满足时，功率因数很低，这不仅仅会降低电网系统的工作效率，也会对电网和其他连接到电网的设备产生谐波污染。功率因数越接近于 1，电流的谐波成分越少，电流基波分量才会包含更多的有功功率。

目前，多数电源适配器输入电路普遍都采用带有大容量滤波电容器的全桥整流变换电路，而没有加功率因数校正（PFC）电路。这种电路的缺点是：电源适配器输入级整流和大滤波电容产生的严重谐波电流危害电网正常工作，使输电线上的损耗增加，功率因数较低，浪费电能。加入 PFC 电路，可以通过适当的控制电路，不断调节输入电流波形，使其逼近正弦波，并与输入电网电压保持同相，因此，可使功率因数大大提高，减小了电网负荷，提高了输出功率，并明显降低了电源适配器对电网的污染。基本上功率因数可以衡量电力被有效利用的程度，当功率因数值越大，代表其电力利用率越高。

2.2.2　功率因数降低的原因

线路功率因数降低的原因有两个：一个是线路电压与电流之间的相位角 θ，另一个是电流或电压的波形失真。功率因数（PF）定义为有功功率（P）与视在功率（S）之比值，即 $PF = P/S$。对于线路电压和电流均为正弦波波形并且二者相位角为 θ 时，功率因数 PF 即为 $\cos\theta$。由于很多家用电器和电气设备是既有电阻又有电抗的阻抗负载，所以才会存在着电压与电流之间的相位角 θ。这类电感性负载的功率因数都较低（一般为 $0.5 \sim 0.6$），说明交流（AC）电源适配器设备的额定容量不能被充分利用，输出大量的无功功率，致使输电效率降低。为提高负载功率因数，往往采取补偿措施。最简单的方法是在电感性负载两端并联电容器，这种方法称为并联补偿。

PFC 方案完全不同于传统的"功率因数补偿"，它是针对非正弦电流波形而采取的提高线路功率因数，迫使 AC 线路电流追踪电压波形的瞬时变化轨迹，并使电流与电压保持同相位，使系统呈纯电阻性的技术措施。

长期以来，电源适配器都是采用桥式整流和大容量电容滤波电路来实现 AC/DC 转换的。由于滤波电容的充、放电作用，在其两端的直流电压出现略呈锯齿波的纹波。滤波电容上电压的最小值与其最大值（纹波峰值）相差不多。根据桥式整流二极管的单向导电性，只有在 AC 线路电压瞬时值高于滤波电容上的电压时，整流二极管才会因正向偏置而导通，而当 AC 输入电压瞬时值低于滤波电容上的电压时，整流二极管因反向偏置而截止。

也就是说，在 AC 线路电压的每个半周期内，只是在其峰值附近，二极管才会导通（导通角约为 70°）。虽然 AC 输入电压仍大体保持正弦波波形，但 AC 输入电流却呈高幅值的尖峰脉冲，如图 2-4 所示。这种严重失真的电流波形含有大量的谐波成分，引起线路功率因数严重下降。

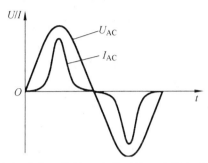

图 2-4　未加功率因数校正电路时输入电流与电压的波形

计算机开关电源是一种电容输入型电路，其电流和电压之间的相位差会造成交换功率的损失，此时便需要 PFC 电路提高功率因数。目前的 PFC 有两种：被动式 PFC（也称无源 PFC）和主动式 PFC（也称有源式 PFC）。

2.2.3　有源功率因数校正电路

1. 有源功率因数校正电路的基本组成

有源功率因数校正电路的组成如图 2-5 所示，主要由桥式整流器、高频电感、功率开关管、二极管、滤波电容和控制器组成。控制器主要由基准电源、低通滤波器、误差电压放大器、乘法器、电流检测与变换电路、电流放大器、锯齿波发生器、比较器和功率开关管驱动电路等部分组成。

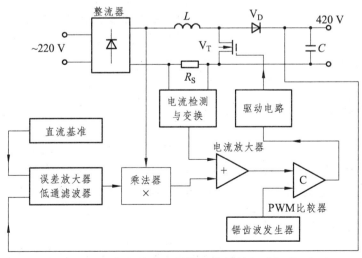

图 2-5　有源功率因数校正电路的组成框图

2. 有源功率因数校正电路的基本原理

功率因数校正电路的输出电压经低通滤波器滤波后，加入误差放大器，与直流基准电压比较，两者之差经放大后，送入乘法器。输入的电网电压经全波整流后，也加至乘法器。乘法器将输入电压信号和输出电压误差信号相乘后形成基准电流信号，送入电流放大器。

电流取样电阻 R_s 两端的电压与功率因数校正电路的输入电流成正比。R_s 两端的电压经电流检测与变换电路成为输入电流反馈信号加至电流放大器，与乘法器输出的基准电流信号相减，得到输入电流与输入电压的相位差，即输入电流误差信号。

输入电流误差信号经电流放大器放大后，与锯齿波发生器产生的锯齿波电压一起加至比较器。经比较后，形成脉宽调制（PWM）信号。该信号经驱动电路放大后，控制功率开关管 V_T（MOSFET）导通或关断，使输入电流跟踪基准电流的变化。V_T 导通后，高频电感 L 中的电流 i_L（即功率因数校正电路的输入电流）线性上升。当 i_L 的波形与整流后的输入电压波形相交时，通过控制器使 V_T 关断。V_T 关断后，L 两端的自感电势使二极管 V_D 导通，L 通过 V_D 对电容器 C 放电，电感中的电流 i_L 线性下降。当降至零后，控制器使 V_T 再次导通，重复上述过程。

有源功率因数校正电路的关键是输入电流检测与控制。功率因数校正电路的输入电压波形和输入电流波形如图 2-6 所示。

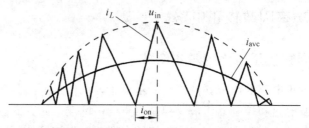

图 2-6　功率因数校正电路的输入电压和电流波形图

由图 2-6 可见，输入电流平均值 i_{ave} 的波形始终跟随着输入电压 u_{in} 的波形，保证了输入电流为正弦波且与输入电压同相位，从而使功率因数接近于 1。在该电路中，由于基准电流信号同时受输入交流电压和输出直流电压控制，除能完成功率因数校正外，还可实现输出电压的稳定。

2.2.4　有源功率因数校正电路分类

常用有源功率因数校正电路分为连续电流模式控制型与非连续电流模式控制型两类。其中，连续电流模式控制型主要有升压型（Boost）、降压型（Buck）、升降压型（Buck-Boost）之分；非连续电流模式控制型有正激型（Forward）、反激型（Flyback）之分。

1. 升压型 PFC 电路

升压型 PFC 主电路如图 2-7 所示。其工作过程如下：当开关管 Q 导通时，电流 I_L 流过

电感线圈 L，在电感线圈未饱和前，电流线性增加，电能以磁能的形式储存在电感线圈中，此时，电容 C 放电为负载提供能量；当 Q 截止时，L 两端产生自感电动势 V_L，以保持电流方向不变。这样，V_L 与电源 V_{IN} 串联向电容和负载供电。

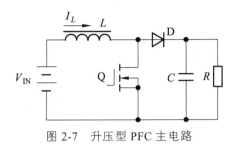

图 2-7　升压型 PFC 主电路

这种电路的优点是：（1）输入电流完全连续，并且在整个输入电压的正弦周期内都可以调制，因此可获得很高的功率因数；（2）电感电流即为输入电流，容易调节；（3）开关管栅极驱动信号地与输出共地，驱动简单；（4）输入电流连续，开关管的电流峰值较小，对输入电压变化适应性强，适用于电网电压变化特别大的场合。主要缺点是输出电压比较高，且不能利用开关管实现输出短路保护。

2. 降压型 PFC 电路

降压型 PFC 电路如图 2-8 所示。其工作过程如下：当开关管 Q 导通时，电流 I_L 流过电感线圈，在电感线圈未饱和前，电流 I_L 线性增加；当开关管 Q 关断时，L 两端产生自感电动势，向电容和负载供电。由于变换器输出电压小于电源电压，故称为降压变换器。

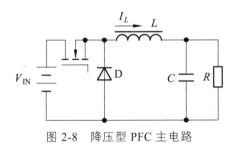

图 2-8　降压型 PFC 主电路

这种电路的主要优点是：开关管所受的最大电压为输入电压的最大值，因此开关管的电压应力较小；当后级短路时，可以利用开关管实现输出短路保护。

该电路的主要缺点是：由于只有在输入电压高于输出电压时，该电路才能工作，所以在每个正弦周期中，该电路有一时间段因输入电压低而不能正常工作，输出电压较低，在相同功率等级时，后级 DC/DC 变换器电流应力较大；开关管门极驱动信号地与输出地不同，驱动较复杂，加之输入电流断续，功率因数不可能提高很多，因此很少被采用。

3. 升降压型 PFC 电路

升降压型 PFC 电路如图 2-9 所示。其工作过程如下：当开关管 Q 导通时，电流 I_{IN} 流过电感线圈，L 储能，此时电容 C 放电为负载提供能量；当 Q 断开时，I_L 有减小趋势，L 中产生的自感电动势使二极管 D 正偏导通，L 释放其储存的能量，向电容 C 和负载供电。

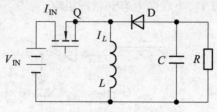

图 2-9　升降压型 PFC 主电路

　　该电路的优点是既可对输入电压升压又可以降压，因此在整个输入正弦周期都可以连续工作；该电路输出电压选择范围较大，可根据不同要求设计；利用开关管可实现输出短路保护。

　　该电路的主要缺点有：开关管所受的电压为输入电压与输出电压之和，因此开关管的电压应力较大；由于在每个开关周期中，只有在开关管导通时才有输入电流，因此峰值电流较大；开关管门极驱动信号地与输出地不同，驱动比较复杂；输出电压极性与输入电压极性相反，后级逆变电路较难设计，因此也采用得较少。

4. 正激型 PFC 电路

　　正激型 PFC 电路如图 2-10 所示。当开关管 Q 导通时，二极管 D_1 正偏导通，电网向负载提供能量，输出电感 L 储能；当 Q 关断时，L 中储存的能量通过续流二极管 D_2 向负载释放。

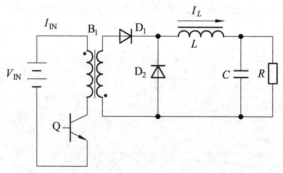

图 2-10　正激型 PFC 主电路

　　这种电路的优点是功率级电路简单，缺点是要增加一个磁复位回路来释放正激期间电感中的储能。

5. 反激型 PFC 电路

　　反激型 PFC 电路如图 2-11 所示。当开关管 Q 导通时，输入电压加到高频变压器 B_1 的原边绕组上，由于 B_1 副边整流二极管 D_1 反接，副边绕组中没有电流流过，此时，电容 C 放电向负载提供能量。当开关管 Q 关断时，绕组上的电压极性反向，二极管 D_1 正偏导通，储存在变压器中的能量通过二极管 D_1 向负载释放。

　　这种电路的优点是功率级电路简单，且具有过载保护功能。

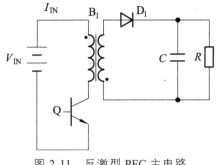

图 2-11　反激型 PFC 主电路

任务 2.3　直流变换器认知

【工作任务】

了解直流变换器的种类及工作原理。

【知识链接】

直流变换器（DC/DC 变换器）是开关电源的核心，它包括高频变换、隔离、高频整流和平滑滤波。高频变换利用电子开关原理，把工频整流电路或功率因数校正电路输出的直流电压变换成高频交流电，再经高频整流和平滑滤波，变换成用电设备所需的直流电压，并在此过程中稳定了输出电压。

因输入/输出电压关系、变压器的工作状态和电路结构等不同，直流变换器可分为不同类型。直流变换器根据工作原理分为 PWM 型变换器和谐振型变换器；根据电路结构分为单端直流变换器、推挽式变换器和桥式变换器。单端直流变换器又分为单端反激式和单端正激式；桥式变换器又分为半桥式和全桥式。

2.3.1　PWM 型直流变换器

PWM 型直流变换器利用 PWM（脉宽调制）技术控制开关管的占空比，调节输出电压使之稳定，并获得所需的直流电压值。

1. PWM 型直流变换器的基本电路

1）单端直流变换器

（1）单端反激式直流变换器。

单端反激式直流变换器如图 2-12 所示。它由晶体管 V_T、变压器 T、整流管 V_D、滤波

电容 C_o 和负载电阻 R_L 组成。在该电路中，晶体管导通时，整流管 V_D 截止，所以称为反激式变换器。

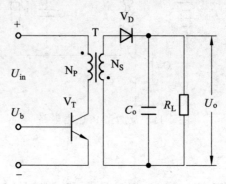

图 2-12　单端反激式直流变换器

V_T 作为功率开关管，其基极电位受 PWM 控制电路控制。在开关管导通时间内，电场能量变为磁场能量储存在变压器次级电感中，此时负载电流由电容器 C_o 供给。在开关管截止时间内，变压器次级电感储存的能量通过整流管传至负载泄放。

其中输出电压为

$$U_o = (U_{in/n}) \times [\delta/(1-\delta)]$$

式中　U_{in}——输入电压；

n——变压器的变化，$n = N_P/N_s$；

δ——开关管的占空比，$\delta = t_{on}/T$，即导通时间 t_{on} 与周期 T 的比值。

可见，通过改变开关管的占空比，可以调节输出电压的数值，并使之稳定。

（2）单端正激式直流变换器。

单端正激式直流变换器基本电路如图 2-13 所示。在开关管 V_T 导通时，电源电压加至 N_P 两端，V_{D1} 与 V_T 同时导通，故称为正激式变换器。此时电源输出的能量部分储存在变压器中，大部分通过变压器和 V_{D1} 传输至负载。

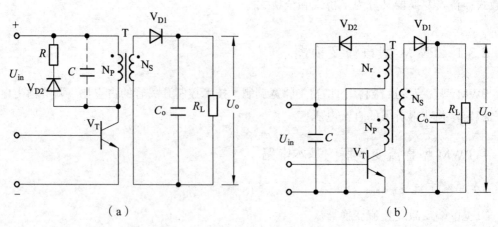

（a）　　　　　　　　　　　　　（b）

图 2-13　单端正激式直流变换器

开关管 V_T 截止时，初级绕组 N_P 中的储能只能通过线圈分布电容释放，因此 N_P 两端电压很高，该电压与电源电压叠加后加至 V_T 两端。为避免 V_T 承受过高电压而损坏，可在 N_P 两端并联 V_{D2} 和 R 串联电路，如图 2-13（a）所示。当 V_T 截止时，V_{D2} 导通，电感储能通过该串联电路释放。此外，也可在 N_P 两端并联电容器 C，来释放电感储能。最常用的电感储能释放回路如图 2-13（b）所示。当 V_T 截止时，V_{D2} 导通，电感储能通过 V_{D2} 传送给电容器 C。

单端正激式直流变换器输出电压为：$U_o = U_{in}/\delta$。

在单端正激变换器基本电路中，开关管承受的电压较高，为此采用双管单端正激变换器，如图 2-14 所示。

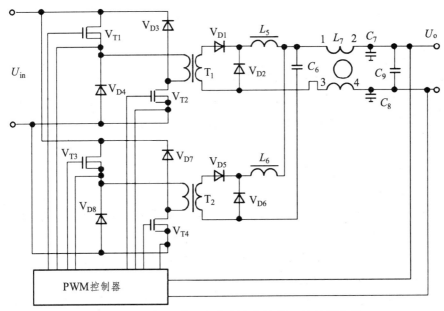

图 2-14 双管单端正激式直流变换器及其并联电路

在该电路中，开关管 V_{T1}、V_{T2} 同时导通和截止。V_{T1}、V_{T2} 导通时，电源电压 U_{in} 加至变压器 T_1 初级，变压器次级整流管 V_{D1} 导通，电源输入能量通过电感 L_5 传至负载。V_{T1}、V_{T2} 截止时，电感 L_5 中的储能通过续流二极管 V_{D2} 和负载释放，变压器中的储能通过 V_{D3}、V_{D4} 回到输入电源，从而降低了开关管所承受的电压。

为了提高单端变换器的输出功率，双管单端正激变换器可以并联。这样，既可扩大变换器的输出功率，还可提高开关电源的可靠性。但要求两并联电路的元器件参数必须一致且要求控制电路非常可靠。

双路单端正激变换器如图 2-15 所示，由两路单端正激变换器组成。电容器 C_1、C_2 将输入直流电压分为两部分，分别为两路单端正激变换器供电。每路变换器的电源电压约为 $U_{in}/2$，可降低开关管所承受的电压。两变压器 T_1、T_2 的次级电压分别经 V_{D3}、V_{D4} 整流后并联起来，加到滤波器输入端。这样，可改善滤波效果，减小滤波电感的体积重量。在该电路的开关管导通和关断期间，电容器 C_3、C_4 的电压均等于 U_{in}，因此开关管的基-射极电压被箝位在 U_{in}，有效地限制了尖峰电压。

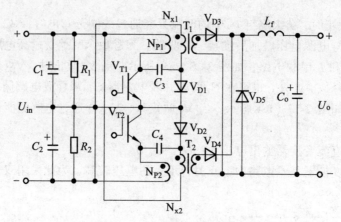

图 2-15 双路单端正激变换器

2）推挽式直流变换器

推挽式直流变换器基本电路如图 2-16 所示，由开关管 V_{T1}、V_{T2}、变压器 T 等组成。方波电压 U_{b1} 和 U_{b2} 交替加到 V_{T1} 和 V_{T2} 的基极，使 V_{T1} 和 V_{T2} 交替导通和截止，并且每只开关管都是半周期导通、半周期截止。两变压器次级电压经 V_{D1}、V_{D2} 整流后，加到负载两端。

该电路的输出电压为

$$U_o = U_{in} / (n\delta)$$

式中，占空比 $\delta = t_{on} / (T/2)$，这是由于推挽式变换器的输出采用全波整流电路，故应取 $T/2$。

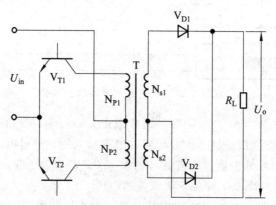

图 2-16 推挽式直流变换器基本电路

3）桥式直流变换器

（1）全桥直流变换器。

全桥直流变换器基本电路如图 2-17 所示。方波驱动信号交替加至开关管 V_{T1}、V_{T2} 或 V_{T3}、V_{T4} 的基极，在前半周期内，V_{T1}、V_{T2} 导通，U_{in} 电流从正端流出，经 V_{T1}、N_P 和 V_{T2} 返回 U_{in} 的负端。在后半周期内，V_{T3}、V_{T4} 导通，电流流过 V_{T4}、N_P 和 V_{T3}。由于前半周和后半周内电流流过初级绕组的方向不同，所以变压器次级得到交流方波电压，经整流后变为直流电压。

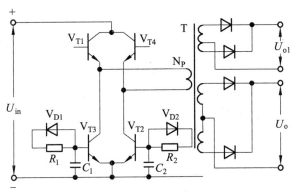

图 2-17 全桥直流变换器基本电路

该电路中，两管导通时另两管承受的电压等于电源 U_{in}，四管都截止时，每管承受的电压只有 $U_{in}/2$，因此输入直流电压较高的大功率直流变换器通常都采用该电路。在桥式（或推挽）直流变换器中，外加驱动电压是相位差为 180° 的方波电压时，当开关管失去基极电压后在一段时间（称为存贮时间）内仍保持导通；加入基极电压后，也需一段时间（称为开通时间）才能饱和导通。由于晶体管的存贮时间长于开通时间，所以在存贮时间后期，V_{T1} 与 V_{T3}（或 V_{T2} 与 V_{T4}）将同时导通，有可能损坏晶体管。

为避免此种情况，最简单的方法是使原截止的晶体管延迟导通，原导通的晶体管加速关断。为此，在晶体管基极和发射极之间接入电容器 C_1，并将电阻 R_1 与二极管 V_{D1} 并联后串入晶体管基极电路。这样，基极输入信号正跳变时，V_{D1} 反偏，R_1C_1 构成积分电路。由于积分电路的延时作用，基极电压的上升沿后移。输入信号负跳变时，V_{D1} 正偏，R_1 被短路，C_1 迅速放电并从晶体管基极抽出较大电流，加速晶体管的截止。

（2）半桥式直流变换器。

半桥式直流变换器基本电路如图 2-18 所示，用两只电容器 C_1、C_2 代替全桥式变换器中的两只晶体管。两电容容量相等，故两端电压相等，即 $U_{C_1} = U_{C_2} = U_{in}/2$。开关管 V_{T1} 导通时，C_1 通过 V_{T1} 和初级绕组 N_P 放电，N_P 两端电压约等于 U_{C_1}。若 C_1 容量足够大，在 C_1 放电期间，N_P 端电压接近于 $U_{in}/2$。与此同时，U_{in} 通过 V_{T1} 和 N_P 对 C_2 充电。当 V_{T1} 截止、V_{T2} 导通时，C_2 放电，C_1 充电，N_P 端电压仍接近于 $U_{in}/2$，但极性相反。可见，变压器次级电压只是桥式或推挽式电路的一半。当要求的直流输出功率相等时，半桥式电路中变压器初级绕组电流是全桥式和推挽式电路的两倍。因此，半桥式电路的输出功率一般较全桥式、推挽式电路小。

半桥式变换器比全桥式变换器少用两只开关管，因而驱动电路比较简单。

全桥式和半桥式变换器的可靠性较低，原因有：在不可预见的干扰下，桥臂上、下两只开关管会产生直通短路而损坏；当某一开关管的驱动

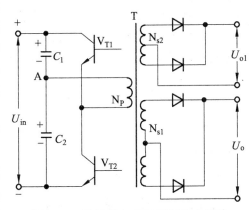

图 2-18 半桥式直流变换器基本电路

脉冲丢失时，变压器初级将饱和；两路驱动脉冲宽度不一致时，也会导致变压器初级饱和，这些都将导致开关管损坏。而正激变换器可完全避免这些影响，因而可靠性极高，越来越多地被采用。

2.3.2 谐振型直流变换器

PWM 型直流变换器存在的主要问题是：

（1）频率升高后开关损耗增加、效率降低。PWM 型直流变换器的开关管在开通和关断过程中，不仅承受一定电压，而且承受一定的电流，因此将产生一定的功耗。随着开关频率的升高，开关管的开关损耗明显上升。因此其工作频率通常限制在 100 kHz。

（2）频率升高后，变换器电路中的寄生电感和寄生电容将产生很大的尖峰电压和浪涌电压，有可能损坏开关管，也使开关噪声增加。为消除浪涌电压和尖峰电流，必须在开关管两端或变换器初级接入 RC 吸收回路，该回路消耗量小，所以降低了变换器的效率。

解决这些问题的最有效办法是利用软启动技术，即采用谐振开关降低开通过程中的电压变化率和电流变化率。开关管开通时，使两端电压先降至零，电流再开始上升；开关管关断时，使电流先降至零，两端电压再上升，即为零电压开通和零电流关断。这样就避免了开通和关断过程中开关管同时承受电压和电流，大幅度减小开关损耗，使开关频率高达 1 MHz、2 MHz 甚至 10 MHz，变换器中的变压器和滤波元件的体积就可大大减小。同时，可消除变换器中的浪涌电压和尖峰电流，大大削弱射频干扰和静电干扰。

2.3.3 并联均流

1. 并联电流系统的基本要求

为满足用电设备对容量的要求，开关电源系统通常由多个开关整流模块并联而成。这就要求每个开关整流模块内部应加入负载均流电路，以保证电源系统正常工作时各模块输出电流基本平衡。否则会造成有的模块严重过载，而有的空载，大大降低电源系统的可靠性。为提高电源系统的可靠性，必须采用冗余供电系统，以保证任一整流模块故障时，电源系统仍供出足够的容量。在并联电源系统中，每个模块的输出电流都必须自动控制，以便根据用电设备容量的变化，自动调整各个模块的输出电流。

2. 并联均流的基本方法

并联均流的基本方法有输出电压调整法、主从电源模块控制法、平均电流自动均流法和最大电流自动均流法等。

1）输出电压调整法

输出电压调整电路如图 2-19 所示。在并联电源系统中，调整某台电源模块的输出阻抗，即可实现负载均流。在工作过程中，某台电源模块输出电流增大时，电流取样电阻 R_S 两端的压降升高，电流放大器输出电压升高，该电压与电源模块输出反馈电压叠加后，加到电压放大器的反相输入端，与同相输入端的基准电压相比较，电压放大器输出的误差电压降低，从而使该电源模块的输出电压降低，而其他电源模块的输出电流增加，达到均流的目的。

这种方法的缺点是，负载电流较小时均流效果不理想。负载电流增大后，均流作用有所改善，但各电源模块的输出电流仍不平衡。而且为了实现较好的均流效果，每台电源模块都必须单独调整。此外，额定功率不同的电源模块自动均流比较困难。采用这种方法后，电源模块的负载调整率也将下降。

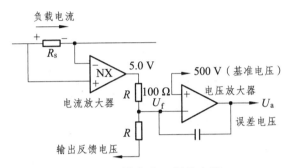

图 2-19　输出电压调整电路

2）主从电源模块控制法

在电流型开关电源中，误差电压与负载电流成正比，所以利用主从电源模块控制法很容易实现负载均流。主从电源模块控制电路如图 2-20 所示。主控模块误差放大器的两输入端分别加入并联电源系统的输出反馈电压和基准电压。由于采用电流型开关电源，主控模块的输出反馈电压与该模块的输出电流成正比，因此误差放大器输出电压也与负载电流成正比。主控模块内的误差放大器控制并联电源系统的输出电压。由于各受控电源模块内误差放大器的输入电压完全相同，所以只要各并联模块的电路参数基本相同，它们的输出电流就基本平衡。

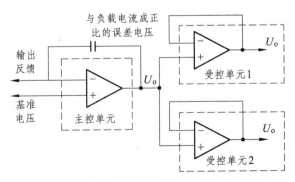

图 2-20　主从电源模块控制电路

但采用这种均流方法时，一旦主控模块发生故障，整个并联电源系统就不能正常运行。

3）平均电流自动均流法

平均电流自动均流控制电路如图 2-21 所示。均流总线连接所有电源模块，每台电源模块的输出电流都通过电流监控器转换为控制电压 U_C，并经过电阻 R 加到均流总线上。均流总线上的电压 U_{BUS} 与各 U_C 之差加到调整放大器的输入端。

某电源模块的输出电流变化时其 U_C 也变化，调整放大器的输出电压随之变化，使该电源模块的基准电压发生变化，从而调整该模块的输出电流，实现负载均流。

这种均流方法精度较高，但当模块的输出电流达到限流值后，总线电压较高，将使开关电源模块的输出电压降至最低值。若均流总线短路或总线上其他模块故障，都会使电源模块的输出电压过低。

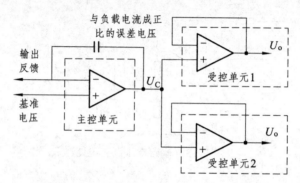

图 2-21　平均电流自动均流控制电路

4）最大电流自动均流法

最大电流自动均流控制电路如图 2-22 所示。输出电流最大的电源模块的电流与其他模块的电流比较，其差值经调整放大器放大后，调整模块内的基准电压，以保证负载电流均匀分配。它与平均电流自动均流控制电路的差别只是用二极管 V_D 代替电阻 R，而且只允许输出电流最大的模块的电流取样电压加到均流总线上。其他模块的电流取样电阻电压低于均流总线上的电压，V_D 不导通。

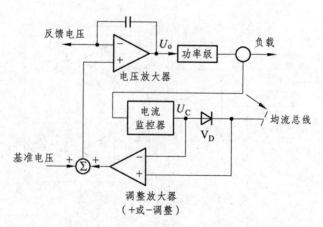

图 2-22　最大电流自动均流控制电路

这种方法可使从属模块具有良好的均流作用，但由于 V_D 的影响，主模块的负载电流将产生一定的误差。

2.3.4 直流变换器在信号电源的应用

1. 在不停电电源（UPS）中的应用

在不停电电源系统中，有一个充电单元给蓄电池充电，在充电单元异常掉电时，控制器通过检测电压和电流立即做出反应，用蓄电池通过放电单元来提供负载能量，并在一定时间段内保证直流总线电压的恒定，使外界的变化不会影响到对直流负载的连续供电。而这个系统中的充放电单元就可以用双向 DC/DC 变换器来代替。直流变换器在 UPS 中的应用原理如图 2-23 所示。

说明：双向直流变换器是实现直流电能双向流动的装置，具备升降压双向变换功能。

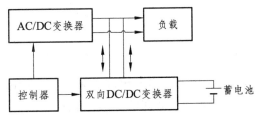

图 2-23　直流变换器在 UPS 中的应用原理图

在 USP 中采用双向 DC/DC 变换器可以起到以下的作用：

（1）中间变换、升降压，方便选配蓄电池。

（2）将电池充放电工作隔离开。

（3）优化充放电过程，提高充放电过程和蓄电池使用寿命。

（4）允许蓄电池和直流母线相互隔离，保证安全。

2. 在分布式电站方面的应用

分布式发电系统包括多种新型发电单元，许多发电单元输出为直流电源（燃料电池、太阳能等），同时分布式发电系统内部能量是多路径流动，具备双向功率流动的典型特征，双向 DC/DC 变换器可以在分布式发电系统发挥重要作用。

任务 2.4　开关电源维护

【工作任务】

掌握开关电源的维护与注意事项。

2.4.1 接 地

开关电源比线性电源会产生更多的干扰，对共模干扰敏感的用电设备，应采取接地和屏蔽措施，按 ICE1000、EN61000、FCC 等 EMC（电磁兼容）限制，开关电源均采取 EMC 电磁兼容措施，因此开关电源一般应带有 EMC 滤波器。如利德华福技术的 HA 系列开关电源，将其 FG 端子接大地或接用户机壳，方能满足上述电磁兼容的要求。

2.4.2 接线方法

L：接 220 V 交流火线；

N：接 220 V 交流零线；

FG：接大地；

G：直流输出的地；

+5 V：输出 +5 V 点的端口；

ADJ：在一定范围内调整输出电压，开关电源上输出的额定电压本来出厂时是固定的，也就是标称额定输出电压，设置此电位器可以让用户根据实际使用情况在一个较小的范围内调节输出电压，一般情况下是不需要调整的。

2.4.3 保护电路

开关电源在设计中必须具有过流、过热、短路等保护功能，故在设计时应首选保护功能齐备的开关电源模块，并且其保护电路的技术参数应与用电设备的工作特性相匹配，以避免损坏用电设备或开关电源。

2.4.4 注意事项

1. 选择开关电源时的注意事项

（1）选用合适的输入电压规格。

（2）选择合适的功率。为了延长电源的使用寿命，可选用比使用功率多30%输出功率额定的机种。

（3）考虑负载特性。如果负载是电动机、灯泡或电容性负载，当开机瞬间时电流较大，应选用合适电源以免过载。另外，负载是电动机时应考虑停机时电压倒灌。

（4）考虑电源的工作环境温度，有无额外的辅助散热设备，在过高的环境温度下电源须减额输出。

（5）根据应用所需选择各项功能：

保护功能：过电压保护（OVP）、过温度保护（OTP）、过负载保护（OLP）等。

应用功能：信号功能（供电正常、供电失效）、遥控功能、遥测功能、并联功能等。

特殊功能：功率因数矫正（PFC）、不断电（UPS）等。

（6）选择电源应符合安规及具有电磁兼容（EMC）认证。

2. 使用开关电源的注意事项

（1）使用电源前，先确定输入输出电压规格与所用电源的标称值是否相符。

（2）通电之前，检查输入输出的引线是否连接正确，以免损坏用户设备。

（3）检查安装是否牢固，安装螺丝与电源板器件有无接触，测量外壳与输入、输出的绝缘电阻，以免触电。

（4）为保证使用的安全性和减少干扰，请确保接地端可靠接地。

（5）多路输出的电源一般分主、辅输出，主输出特性优于辅输出，一般情况下输出电流大的为主输出。为保证输出负载调整率和输出动态等指标，一般要求每路至少带 10%的负载。若用辅路输出，主路一定加适当的假负载。具体参见相应型号的规格书。

（6）电源频繁开关将会影响其寿命。

（7）工作环境及带载程度也会影响其寿命。

2.4.5 常见故障

1. 保险丝熔断

一般情况下，保险丝熔断说明电源的内部线路有问题。由于电源工作在高电压、大电流的状态下，电网电压的波动、浪涌都会引起电源内电流瞬间增大而使保险丝熔断。重点应检查电源输入端的整流二极管，高压滤波电解电容，逆变功率开关管等，检查一下这些元器件有无击穿、开路、损坏等。如果确实是保险丝熔断，应该首先查看电路板上的各个元件，看这些元件的外表有没有被烧糊，有没有电解液溢出，如果没有发现上述情况，则用万用表测量开关管有无击穿短路。需要特别注意的是：切不可在查出某元件损坏时，更换后直接开机，这样很有可能由于其他高压元件仍有故障又将更换的元件损坏，一定要对上述电路的所有高压元件进行全面检查测量后，才能彻底排除保险丝熔断的故障。

2. 无直流电压输出或电压输出不稳定

如果保险丝是完好的，在有负载情况下，各级直流电压无输出，这种情况主要是以下原因造成的：电源中出现开路、短路现象，过压、过流保护电路出现故障，辅助电源故障，振荡电路没有工作，电源负载过重，高频整流滤波电路中整流二极管被击穿，滤波电容漏电等。在用万用表测量次级元件时，排除了高频整流二极管击穿、负载短路的情况后，如果这时输出为零，则可以肯定是电源的控制电路出了故障。若有部分电压输出说明前级电路工作正常，故障出在高频整流滤波电路中。高频滤波电路主要由整流二极管及低压滤波电容组成，提供直流电压输出，其中整流二极管击穿会使该电路无电压输出，滤波电容漏电会造成输出电压不稳等故障。用万用表静态测量对应元件即可检查出其损坏的元件。

3. 电源负载能力差

电源负载能力差是一个常见的故障，一般都是出现在老式或工作时间长的电源中，主要原因是各元器件老化，开关管的工作不稳定，没有及时进行散热等。应重点检查稳压二极管是否发热漏电，整流二极管、高压滤波电容是否损坏等。

2.4.6 维修技巧

开关电源的维修可分为两步进行：

1. 断电检测

看：打开电源的外壳，检查保险丝是否熔断，再观察电源的内部情况，如果发现电源的 PCB 板上有烧焦处或元件破裂，则应重点检查此处元件及相关电路元件。

闻：闻一下电源内部是否有异味，检查是否有烧焦的元器件。

问：问一下电源损坏的经过，是否有对电源进行违规操作。

量：没通电前，用万用表量一下高压电容两端的电压。如果是开关电源不起振或开关管开路引起的故障，则大多数情况下高压滤波电容两端的电压未泄放掉，应注意安全。用万用表测量 AC 电源线两端的正反向电阻及电容器充电情况，电阻值不应过低，否则电源内部可能存在短路。电容器应能充放电。断开负载，分别测量各组输出端的对地电阻，正常时，表针应有电容器充放电摆动，最后指示的值应为该路的泄放电阻的阻值。

2. 加电检测

通电后观察电源是否有烧保险及个别元件冒烟等现象，若有要及时切断供电进行检修。

测量高压滤波电容两端有无 300 V 输出，若无应重点检查整流二极管、滤波电容等。

测量高频变压器次级线圈有无输出，若无应重点检查开关管是否损坏、是否起振，保护电路是否动作等，若有则应重点检查各输出侧的整流二极管、滤波电容、三通稳压管等。

如果电源刚启动就停止，则该电源可能处于保护状态下，可直接测量 PWM 芯片保护输入脚的电压，如果电压超出规定值，则说明电源处于保护状态下，应重点检查产生保护的原因。

【项目小结】

铁路信号智能电源屏大多采用开关电源，开关电源经整流、逆变、整流的过程，将输入交流电源变成稳定的直流电源，在电能变换过程中，采用了逆变、脉宽调制、功率因数校正、软启动、直流变换器、并联均流等电力电子技术。

功率因数校正技术将畸变电流校正为正弦电流，并使之与电压同相位，从而使功率因数接近于 1。它对减小谐波电流对电网的污染、降低能源消耗具有重大意义。

直流变换技术是开关电源的核心技术，包括高频变换、隔离、高频整流和平滑滤波，把直流电压变换为高频交流电，再经高频整流和平滑滤波，变换成用电设备所需的直流电压，在此过程中稳定了输出电压。

复习思考题

1. 开关电源的作用是什么？
2. 开关电源由哪几部分构成？
3. 开关电源有哪些特点？
4. 什么是功率因素校正？
5. 功率因数校正的目的是什么？
6. 功率因数校正方法有哪两类，各有什么特点？
7. 直流变换器的作用是什么？
8. 常见的 PWM 型直流变换器的类型有哪些？
9. PWM 型直流变换器存在的问题有哪些？解决问题的方法是什么？
10. 什么叫并联均流技术？

项目描述

　　本项目先介绍了信号电源屏技术，使读者全面了解信号电源屏各项技术条件，接下来详细介绍了继电联锁用大站电源屏、计算机联锁电源屏、25 Hz 轨道电源屏、交流转辙机电源屏、驼峰电源屏的组成及工作原理，最后介绍了信号电源屏的检修与维护。在铁路信号技术快速发展的今天，信号智能电源屏即将取代非智能电源屏，但考虑到非智能电源屏仍有一定数量的使用，故保留本项目。通过学习本项目，掌握信号电源屏的工作原理和维护方法。

教学目标

　　熟练掌握继电联锁用大站电源屏、计算机联锁电源屏、25 Hz 轨道电源屏、交流转辙机电源屏、驼峰电源屏的组成及工作原理；具备分析信号电源屏电路的能力；初步掌握信号电源屏的测试和故障处理方法。

任务 3.1　信号电源屏技术条件认知

【工作任务】

了解信号电源屏有关技术条件。

【知识链接】

　　信号电源屏是电气集中联锁、自动闭塞、驼峰信号设备等的供电装置。它将变压器、稳压器、整流器等组合起来，由工厂生产，以简化施工和维修。电源屏必须保证不间断地供电，并且不受电网电压波动和负载变化的影响，还要保证供电安全。

3.1.1 信号电源屏的技术要求

1. 输入电源

电源屏应有两路独立的交流电源供电，两路输入电源允许偏差范围，单相电压为 AC 220^{+33}_{-44} V，三相电压为 AC 380^{+57}_{-76} V，频率为 50 ± 0.5 Hz，三相电压不平衡度≤5%，电压波形失真度≤5%。

2. 输入电源供电方式及转换时间

1）供电方式

（1）一主一备供电方式。

可靠性较高的输入电源为主电源，另一路为备用电源。正常时由主电源向电源屏供电，当主电源断电时，备用电源自动投入运行。两路电源应能自动或手动相互转换。

（2）两路同时供电方式。

两路电源同时向电源屏供电，当任一路电源断电时，另一路自动承担全部负荷供电。

2）转换时间

无论何种供电方式，两路电源的切换时间（包括自动或手动）不大于 0.15 s。

3. 电气参数

1）额定工作电压

电源屏常用的额定工作电压优选值为：

输入回路：AC 220 V，380 V；

输出回路：AC 6 V，12 V，24 V，36 V，48 V，110 V，127 V，180 V，220 V，380 V；DC 6 V，12 V，24 V，36 V，48 V，60 V，110 V，220 V。

2）额定功率

电源屏常用的额定功率优选值为：2.5 kV·A，5 kV·A，10 kV·A，15 kV·A，20 kV·A，25 kV·A，30 kV·A，50 kV·A，60 kV·A。

3）额定工作制

正常情况下，继电器电源、信号机点灯电源、轨道电路电源、道岔表示电源、稳定备用电源、不稳定备用电源为不间断工作制；电动转辙机电源为短时工作制；闪光电源为周期工作制。

4. 悬浮供电及隔离供电

电源屏的交流、直流输出电源应采用对地绝缘的悬浮供电，输出电源端子对地绝缘电阻应符合要求。

电源屏的各种采用隔离供电的方式，并应根据系统要求合理分束，分别提供各路供电电源。

5. 闪光电源

电源屏的输出闪光电源，其通断比约为 1：1，闪光电源其闪光频率作室内表示使用时，宜采用 90 ~ 120 次/min；作室外表示使用时，宜采用 50 ~ 70 次/min。

6. 三相电源供电及相序检测

电源屏供给各种负荷的容量应合理分配，当输入为三相交流电源时，各相的负荷应力求平衡。

当车站装有三相交流转辙机时，电源屏的三相交流输出电源供电，必须设置相序检测装置，在三相断相或错相时发出报警信号。

7. 不间断供电

对于有不间断供电要求的场合，应设置不间断供电电源，电源屏的不间断供电功能应符合 GB/T 14715 的规定。

8. 过流、短路保护

电源屏的各供电回路电源、各功能模块必须具有过流及短路保护功能。

（1）当采用断路器作为过流保护时，断路器应符合 GB/T 14048.2 的规定。

（2）过流保护器件应能满足额定电流下长时间正常工作的要求。

（3）当负荷发生短路故障时，保护器件应立即切断电源供电。

（4）电源屏的短路保护器件之间应具有保护选择性，即在任一个输出回路短路时应利用安装在该故障回路的开关器件使其消除，而不影响其他回路正常供电。

9. 雷电防护

（1）电源屏应考虑对雷电感应过电压的防护措施（不考虑直接雷击电源屏的防护）。

（2）电源屏的雷电防护应满足以下要求：

① 电源屏防雷元器件的选择应考虑将雷电感应过电压限制到电源屏的冲击耐压水平以下。

② 防雷元器件不应影响被防护电源屏的正常工作。

③ 采用多级防护时，多级防护元件要合理配置。

④ 被保护电源屏与防护元件间的连线应尽量短，防护电路的配线与其他配线应分开，其他设备不应借用防雷元件的端子。

（3）电源屏防雷系统应统筹考虑，雷电防护器件可设在电源屏外。

10. 保护接地

（1）电源屏的变压器铁心电流互感器的二次回路、电机以及其他金属外壳部件应在电气上相互连接，并连接至保护接地端子。

（2）电源屏的保护电路可由单独设置的保护导体或可导电的结构件构成，接地端子与各保护接地的接触电阻值应≤0.1 Ω。

（3）所有电路元件的金属外壳须用金属螺钉与已经接地的金属构件良好搭接。

（4）保护导体应能承受设备的运输、安装时所受的机械应力，在短路故障时所产生的机械应力和热应力，其接地连续性不能破坏。

（5）保护接地端子应设置在便于接线之处，不得兼作他用，而且当外壳或任何可拆卸的部件移去时仍应保持电器与保护接地导体之间的连接，保护接地端子螺钉应不小于 M6，保护接地端子不允许连接到三相电源的中性线上。

11. 温　升

电源屏的绝缘、元器件、端子、操作手柄的温升不应超过规定的限值。

12. 介电性能

（1）绝缘电阻。

在温度为 15～35 ℃，相对湿度为 45%～80%的气候条件下，电源屏输入、输出端对地的正常绝缘电阻应不小于 25 MΩ。

经过交变湿热试验后，其潮湿绝缘电阻值不小于 1 MΩ。

（2）电源屏额定冲击耐受电压应按规定执行。

（3）工频耐压试验电压应按规定的要求进行。

13. 噪　声

在额定输入电压及额定负载的条件下，电源屏的整机噪声不超过 65 dB。

14. 指示灯、指示仪表、报警

1）指示灯

（1）电源屏应设置清晰可见的指示灯，包括两路电源有电表示、两路电源中工作电源表示、主屏工作表示和备用屏有电表示（采用主备屏工作方式的电源屏）、各种输出电源正常工作状态指示、输出电源故障指示。

（2）指示灯应安装在电源屏前面板或模块前面板显著位置。

（3）指示灯的颜色规定为：白色——输入回路工作、工作状态指示、输出回路工作；红色——输入有电、电源故障。

2）指示仪表

电源屏应设置两路电源输入电压、整机输入电流、各主要回路输出电压电流的指示仪表，仪表应安装在电源屏前面板显著位置。仪表精度不低于 2.5 级。

3）报 警

电源屏应设灯光、音响报警。对于两路输入电源转换报警是向控制台提供主副电工作状态。对输出电源故障、三相电源断相、三相电源错序（有相序要求的输出回路）、稳压（调压）装置故障设音响报警。

15. 智能化监测

智能化电源屏应具备：电源屏实时测试数据，故障信息处理、事故追忆、声光报警及紧急呼叫，电源屏输入、输出电压变化的日、月、年曲线，日常报表管理及历史数据保存，监测系统的远程组网及故障诊断，模块工作状态等基本监测功能。

16. 寿命和可靠性

电源屏内的关键部件，如接触器、继电器、断路器、开关等，其机械寿命和电寿命应符合 GB/T 14048 中相应产品标准的规定，变压器的电寿命应为 15 年。

UPS 的 MTBF（平均无故障时间）为 3 000 h，高频开关电源的 MTBF 为 65 000 h。

17. 冗余及维护

电源屏各供电电源必须设有备用，当任一供电回路出现故障或进行维修时，应能转换至备用供电回路继续保持供电，可采用如下备用方式：

1）1＋1 主备方式

每一供电电源均设有一条备用回路。

2）$n＋1$ 主备方式

n 个供电回路共用一条备用回路。

电源屏应便于维护，能在线维修及更换故障部件。

3.1.2 信号电源屏的发展

信号电源屏最初于 20 世纪 60 年代后期出现在我国铁路系统，几经改进，逐渐完善，而且不断得到发展。

信号电源屏主要是随着交流稳压器的发展而发展的。早期的电源屏曾采用过饱和电抗器、自耦变压器式稳压器等交流稳压设备，它们或因稳压性能较差，或因可靠性不高，于 20 世纪 70 年代改用感应调压器进行交流稳压，20 世纪 90 年代又采用了参数稳压器、无触点补偿式稳压器，在稳压性能方面进一步提升。

信号电源屏内采用的控制电路由最初的铁磁三倍频率器改用晶体管分立元件组成的差动放大电路，而后又改用由集成运算放大器组成的比较放大电路。由 CJlO 型交流接触器改为交流电源转换接触器、西门子或施耐德接触器，中间继电器改为电源屏用信号继电器。20 世纪 90 年代还用断路器代替熔断器，用隔离开关代替闸刀开关，大大提高了可靠性。电源屏在结构、工艺方面也不断改进。

最重大的发展是，从 2000 年开始出现了智能型电源屏。它采用微型计算机技术，完成对电源系统的自动监测，并可远程监控；引入高频电力电子技术，对各种输入、输出单元和交、直流电源进行模块化，提高了供电质量和可靠性，实现了无维修化，使信号电源技术有了突破性的发展，以满足不断发展的信号设备的供电需要。

3.1.3　信号电源屏的分类

按用途分，信号电源屏可分为继电集中联锁电源屏、计算机联锁电源屏、驼峰电源屏、区间电源屏、25 Hz 轨道电源屏、三相交流转辙机电源屏等。

继电联锁电源屏是 6502 电气集中联锁的供电装置，主要供给继电集中联锁所需各种交直流电源。按容量分为 2.5 kV·A 小站电源屏、5 kV·A 中站电源屏、10 kV·A 中站电源屏、15 kV·A 大站电源屏和 30 kV·A 大站电源屏。

计算机联锁电源屏是为满足计算机联锁对电源的较高要求而设计的供电装置，它的电路结构基本上与继电集中联锁用电源屏相同，只是增加了计算机所用电源。计算机联锁电源屏按容量分为 5 kV·A、10 kV·A、15 kV·A、20 kV·A 和 30 kV·A 五种。

驼峰电源屏是驼峰信号设备的供电装置，在驼峰调车场，继电器和转辙机电源有其特殊要求，在两路引入电源转换时不允许断电，应保证转辙机正常转换，因而必须设置直流备用电源，且能浮充供电，驼峰电源屏视所采用的转辙机类型不同，分为电动型和电空型两种。按容量分为 15 kV·A、30 kV·A 两种。

区间电源屏是多信息移频自动闭塞供电装置，现自动闭塞均采用集中设置方式，由区间电源屏供给本站管辖范围内区间各信号点的信号机点灯电源和移频轨道电路电源。

三相交流转辙机电源屏是专供提速区段交流转辙机用的电源屏，S700K、ZYJ7 型转辙机均采用 380 V 交流电源，由该电源屏供电。按容量又分为 5 kV·A、10 kV·A、15 kV·A、30 kV·A 四种。

25 Hz 轨道电源屏是专供电气化区段 25 Hz 相敏轨道电路用的电源屏，它提供 25 Hz 的轨道电源和局部电源。按变频原理，25 Hz 轨道电源屏分为铁磁变频式和电子变频式。按容量，分为小站（800 V·A）、中站（1 600 V·A）、中站（2 000 V·A）、大站（4 000 V·A）四种，分别适用于不超过 20、40、60 和 120 个轨道区段的车站。

各型电源屏（除三相交流转辙机、25 Hz 轨道电源屏）的最主要区别是采用不同的交流稳压器。采用的交流稳压器不同，具体电路就有很大的区别。用于电源屏中的交流稳压器，有属于第一类交流稳压器的感应调压器、自动补偿式稳压器，它们都需要控制电路，而感应调压器还需要驱动电动机；有属于第二类交流稳压器的稳压变压器和参数稳压器，它们都是基于铁磁谐振原理构成的交流稳压器，不需要控制电路，相对而言，结构比较简单。

任务 3.2 继电联锁大站电源屏认知

【工作任务】

掌握继电联锁大站电源屏的基本组成和基本工作原理。

【知识链接】

继电联锁信号电源屏是继电集中联锁的供电装置。按所采用的交流稳压器，继电联锁信号电源屏分为感应调压式、参数稳压式和无触点补偿式三种类型。按容量分为 2.5 kV·A 小站电源屏、5 kV·A 中站电源屏、10 kV·A 中站电源屏、15 kV·A 大站电源屏和 30 kV·A 大站电源屏等类型。

15 kV·A 大站电源屏分为感应调压式和无触点补偿式，30 kV·A 大站电源屏为感应调压式。现以感压调压式 15 kV·A 大站电源屏为例予以介绍。

感应调压式 15 kV·A 大站电源屏是在 DDY 型大站电源屏的基础上改进而成的。根据维修经验，针对使用中所存在的问题进行了较多改进，对电路做了简化，给使用维修带来很大的方便。

感应调压式 15 kV·A 大站电源屏由六面屏组成，各屏简况如表 3-1 所示。

表 3-1 15 kV·A 大站电源屏组成列表

顺序	名 称	型 号	数量	图 号	附 注
1	转换电源屏	PH1	1	X4692	手动
2	交流调压屏	PDT-20Y	1	JX0001-A	
3	交流电源屏	PJ-15	2	X4689	一面主用、一面备用
4	直流电源屏	PZ-15	2	X4690	一面主用、一面备用

感应调压式 15 kV·A 大站电源屏的供电示意图如图 3-1 所示。两路交流电源引入转换屏，在转换屏内进行切换，然后引至调压屏稳压。经稳压的交流电源送入交流屏、直流屏。交流屏提供信号点灯、轨道电路、道岔表示和控制台表示灯电源，直流屏提供继电器和电动转辙机动作电源。两面交流屏、直流屏的转换以及调压屏的切除是在转换屏中手动进行的。

感应调压式 15 kV·A 大站电源屏各供电回路容量如表 3-2 所示。

感应调压式 15 kV·A 大站电源屏输入容量为 15 kV·A，这是由感应调压器的容量所决定的。各输出回路容量之和加上屏内电器用电及供电回路的各种损耗，容量超过了 15 kV·A。这是因为电动转辙机电源标称功率为 6.6 kV·A，系该供电回路变压器及整流电路的容许功率，使用中的电动转辙机均为短时间工作，电流在 2~3 s 内通过，故未将该电源列入总输出容量之内。

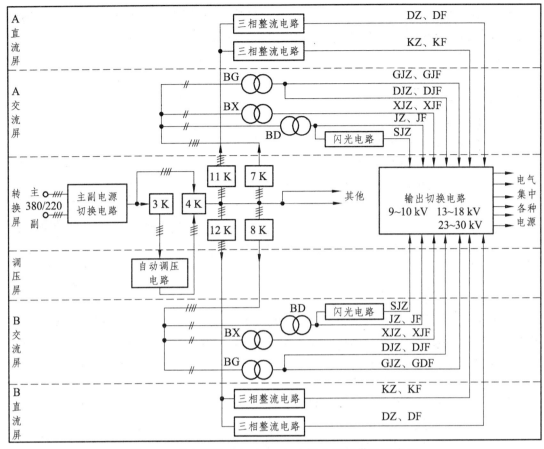

图 3-1 感应调压式 15 kV·A 大站电源屏供电示意图

表 3-2 感应调压式 15 kV·A 大站电源屏供电容量表

回路别		输出容量			
		供电电压/V	最大输出电流/A	功率/kV·A	变压器容量/kV·A
感应调压器输出回路		三相 AC 380	31	20	
输出回路	信号点灯电源	AC 220、180	5×4		2.5
	轨道电路电源 Ⅰ、Ⅱ	AC 220、127	20		5
	轨道电路电源 Ⅲ、Ⅳ	AC 220	20（220 V）、5（127 V）		
	道岔表示电源	AC 220	4		
	表示灯电源	AC 24、19.6	50		
	其中闪光电源	AC 24、19.6		100 V·A	
	继电器电源	DC 24、26、28	40		
	电动转辙机电源	DC 220、210、230、240	30		
	闭塞电源	DC 24、30、48、60	1×4		0.35

感应调压式 15 kV·A 大站电源屏除保留两只交流接触器用作两路电源转换外，均采用电源屏用信号继电器。在电源输入、输出端用防雷组合防雷。

3.2.1　转换电源屏

PH1 型转换电源屏的作用有：

（1）进行两路电源的转换。

（2）交流屏、直流屏主备用屏的手动转换，可做到备用屏完全断电。

（3）调压屏故障或需检修时可手动切除，并做到调压屏完全断电。

（4）输入、输出电源汇接。

转换电源屏电路包括两路电源切换电路、两面交流屏转换电路、两面直流屏转换电路与甩开调压屏电路，其电路原理图请扫描二维码获取。

PH1 型大站转换
电源屏电路图

1. 两路电源切换电路

单相交流电有相位不同的情况，三相交流电还有相序不同的情况，故两路电源不宜采用并联供电的方式，而只能采用切换的方式，即一路电源供电，另一路电源备用。

由 I 路电源还是 II 路电源供电，取决于交流接触器 1XLC 还是 2XLC 励磁。开机时，若先合开关 1HK，则 1XLC 励磁，其励磁电路为：

1D-1（ I 路电源 A 相）—1K$_{1\text{-}2}$—1XLC$_{A1}$—A$_2$—1TA$_{1\text{-}2}$—1HK$_{1\text{-}2}$—2XLC$_{11\text{-}13}$—2DXJ$_{32\text{-}31}$—1DXJ$_{32\text{-}31}$—7D-1（ I 路电源零线）

1XLC 励磁吸合后，其 L1-T1、L2-T2、L3-T3 三组主触头闭合，由 I 路电源供电。1BD 并联在 1XLC 线圈上，此时，1BD 点亮，表示 I 路电源供电。

当 I 路电源停电时，1XLC 失磁，其 11-13 常闭辅助触头闭合，接通 2XLC 励磁电路，过程为：1D-4（ II 路电源 A 相）—2K$_{1\text{-}2}$—2XLC$_{A1\text{-}A2}$—2TA$_{1\text{-}2}$—2HK$_{1\text{-}2}$—1XLC$_{11\text{-}13}$—4DXJ$_{32\text{-}31}$—3DXJ$_{32\text{-}31}$—7D-2（ II 路电源零线），即自动改由 II 路电源供电。此时，2BD 点亮，表示 II 路电源供电。

在这种情况下，若 2HK 未合拢，在断开状态，则 1XLC 已失磁，2XLC 又不能励磁，造成供电中断。必须牢记，在开机时，1HK、2HK 要依次闭合。

若 I 路电源或 II 路电源的 A 相断电，可通过 1XLC 或 2XLC 的失磁转换至另 I 路电源供电，但 B 相或 C 相断电则无法转换，影响电源屏的正常供电。为满足输入电源中任一相断电能可靠地转换至另一路电源供电，增设了断相继电器。1DXJ 接在 I 路电源的 B 相和零线，2DXJ 接在 I 路电源的 C 相和零线；3DXJ 接在 II 路电源的 B 相和零线，4DXJ 接在 II 路电源的 C 相和零线。当有一相电源停电时，该 DXJ 落下，即转换至另一路电源供电。

红灯 1HD、2HD 电路分别由 1DXJ、2DXJ、3DXJ、4DXJ 的 51—52 接点接通，红灯点亮表示该路电源有电，同时还应检查是否断相。

两路电源的手动转换通过按压按钮 1TA、2TA 进行。由 I 路电源转换至 II 路电源供电，按下 1TA；而由 II 路电源转换至 I 路电源供电，按下 2TA。

两路电源转换时，3FMQ 鸣响，通过扳动钮子开关 2NZ 切断报警。

需注意的是，在两路电源进行自动或手动转换时，前提是另一路电源必须有电。

为使车站值班人员了解供电情况，设有供电监督电路。在Ⅰ路电源供电时，由 1XLC 的 21-22 常开辅助触头点亮控制台上的主电源表示灯（L）。在Ⅱ路电源供电时，由 2XLC 的 21-22 常开辅助触头点亮控制台上的副电源表示灯（B）。在两路电源转换过程中，设于控制台内的电铃鸣响。车站值班人员听到铃响引起注意后，可操纵控制台上的主副电源按钮 ZFDA，使电铃停止鸣响。Ⅰ路电源供电时，主副电源继电器 ZFDJ（设在 6502 电气集中的电源组合内）落下，电铃电路不通。当Ⅰ路电源转换至Ⅱ路电源供电时，电铃电路经 ZFDA 的后接点 11-13 和 2XLC 的常开触头 21-22 接通，电铃鸣响。此时车站值班人员可按下 ZFDA，使 ZFDJ 吸起，切断电铃电路，使电铃停止鸣响。而当Ⅱ路电源转至Ⅰ路电源供电时，电铃电路经 ZFDJ 的第一组前接点和 1XLC 的常开触头 21-22 接通，电铃鸣响。这时，只要拉出 ZFDA，便 ZFDJ 落下，电铃即停止鸣响。

DB 为点灯变压器，将 220 V 降为 6.3 V，向屏面上的电源表示灯供电。

万能转换开关 WHK 和电压表 V 配合使用，可分别测量两路电源的各线电压。

2. 两面交流屏转换电路

两面交流屏的转换采用故障报警、手动转换的方式。7K 为 A 交流屏输入隔离开关，8K 为 B 交流屏输入隔离开关，10K 为 A 交流屏表示灯电源的输出隔离开关，9K 为 B 交流屏表示灯电源的输出开关。表示灯电源设两个开关，是为了保证转换时不断电。13K～16K 为交流屏的信号点灯电源的输出隔离开关，17K 为交流屏的道岔表示电源的输出隔离开关，18K 为交流屏的轨道电路电源Ⅰ、Ⅱ输出隔离开关，23K 为交流屏的轨道电路电源Ⅲ、Ⅳ输出隔离开关。

继电器 AJZJ、BJZJ 分别用来监视 A、B 交流屏的工作。某一交流屏工作时，其对应监视继电器吸起。停电关机时，该继电器落下。

A 交流屏工作时，3HK 置于 1-2、4-5 接通位置。当任一种交流电源故障，设在交流屏该电源的监视继电器落下，用其后接点点亮故障表示灯 AJHD，并使 1FMQ 鸣响。待信号值班人员确认故障后，将 3HK 扳至 1-3、4-6 接通位置，AJHD 熄灭，1FMQ 停止鸣响，并为下一次转换准备好条件。此时应先将 B 交流屏输入开关 8K 闭合，1FMQ 再次鸣响，表示两交流屏都在工作。依次倒接发生故障的电源的输出开关和其他各电源输出开关，最后拉断 A 交流屏输入开关 7K，1FMQ 停止鸣响，表示转换完毕。由 B 交流屏转至 A 交流屏的转换原理同上述。

轨道电路电源自开关 18K、23K 引出后，分成四束向外供电，设监视继电器 1GDJ～4GDJ、每束一个。因交流屏轨道电路电源继电器的励磁需检查它们的吸起条件，故在 5D-12、5D-13 间串接 1GDJ～4GDJ 的 21-22 前接点，5D-14、5D-15 间串接 1GDJ～4GDJ 的 31-32 前接点。

轨道电路电源监视继电器 1GDJ～4GDJ 的第一组前接点分别接至 6502 电气集中上、下行咽喉的轨道停电继电器 GDJ 电路中，以防止在轨道电路电源停电恢复时进路错误解锁。

3. 两面直流屏转换电路

两面直流屏的转换也采用故障报警、手动转换的方式。

11K 为 A 直流屏输入隔离开关，12K 为 B 直流屏输入隔离开关。

24K 为 A 直流屏继电器电源输出隔离开关，25K 为 B 直流屏继电器电源输出隔离开关。继电器电源设两个开关，是为了保证转换时不断电。26K 为直流屏电动转辙机电源输出隔离开关，它的 1-2、3-4 接通为 A 直流屏输出，1′-2′、3′-4′接通为 B 直流屏输出。27K ~ 30K 分别为直流屏闭塞电源 I ~ IV 的输出隔离开关。

继电器 AZZJ 和 BZZJ 分别用来监视 A、B 直流屏的工作。某一直流屏工作时，其监视继电器吸起。停电关机时，该继电器落下。

A 直流屏工作时，4HK 应置于 1-2、4-5 接点接通位置。当任一种直流电源故障，设在直流屏中的该电源的监视继电器落下，用其后接点点亮故障表示灯 AZHD，并使 2FMQ 鸣响。待信号值班人员确认故障后，将 4HK 扳至 1-3、4-6 接点接通位置，且 AZHD 熄灭，2FMQ 停止鸣响，并为下一次转换做好准备。此时应先将 B 直流屏输入开关 12K 闭合，2FMQ 再次鸣响，表示两面直流屏都在工作。依次倒接发生故障的电源输出开关和其他电源的输出开关，最后拉断 A 直流屏输入开关 11K，2FMQ 停止鸣响，转换完毕。由 B 直流屏转换至 A 直流屏电动转辙机电源自开关 16K 引出后，在其输出端的 3D-11 和 3D-12 间串接控制台上的测量电动转辙机动作电流的电流表。

4. 甩开调压屏电路

隔离开关 3K、4K 用来切除调压屏。当调压屏发生故障或需要停电检修时，可将 4K 扳至 1-2、3-4、5-6 接通位置，由外电网直接供电，此时断开 3K，能做到调压屏完全断电。在 1′-2′、3′-4′、5′-6′接通位置时，不能断开 3K，否则将造成供电中断。在调压屏投入使用时，则应先合 3K，再将 2K 扳至 1′-2′、3′-4′、5′-6′接通位置。

通过端子 5D-26 ~ 5D-29 引出的条件是为接通交流屏的信号调压继电器和表示灯调压继电器电路用的。

从端子 3D-16 和 7D-7 引出的为未经稳压的备用电源，从端子 3D-10 和 7D-3 引出的为经稳压的备用电源。

3.2.2　交流电源屏

PJ-15 型交流电源屏供给电气集中所需的各种交流电源。经调压屏稳压后的交流电源由转换屏引至本屏，在屏内进行隔离、变压及做成闪光电源，分别向信号机、轨道电路、道岔表示继电器和控制台表示灯供电。一套设备有两面交流屏，一面使用，另一面备用。交流屏的电路图请扫描二维码获取。

PJ-15 型大站交流电源屏电路图

1. 信号点灯电源

为减小电缆分布电容的影响，信号点灯电源由两台干式变压器 BX1、BX2 隔离。BX1、

BX2 副边各有两个线圈，这样就隔离成四束供电。每个线圈副边各有 AC 220 V、AC 180 V 两个抽头，经信号点灯电源调压继电器 1XTJ 和 2XTJ 接点向外供电。白天，1XTJ、2XTJ 落下，供 AC 220 V，经 1XTJ 第三组后接点点亮控制台上的"白天"绿灯。夜间，当车站值班人员按下信号调压按钮 XTA 时，1XTJ、2XTJ 吸起，断开 AC 220 V 电源，转为 AC 180 V 供电，并经 1XTJ 第三组前接点点亮"夜间"黄灯。由 AC 180 V 恢复到 AC 220 V 供电时，只要拉出 XTA 即可。为保证只有使用屏的 IXTJ、2XTJ 动作，它们的励磁电路中检查了设在转换屏中的交流屏监视继电器的前接点。

2. 轨道电路电源

由变压器 BG1 和 BG2 隔离，将 AC 220 V 交流电源引出，在转换屏中分成四束向外供电，其中 BG1 的输出分成轨道电路电源 I 和轨道电路电源 II，BG2 的输出分成轨道电路电源 III 和轨道电路电源 IV。

3. 道岔表示电源

由 BG 副边引出，通过断路器 12K 供电。

4. 控制台表示灯电源

AC 220 V 电源经变压器 BD 隔离、降压后提供 AC 24 V 和 AC 19.6 V 两种电压，由车站值班人员在控制台上通过表示灯调压按钮 BTA 选用。白天，表示灯调压继电器 BTJ 落下，提供 AC 24 V 电源。夜间，按下 BTA，使 BTJ 吸起，提供 AC 19.6 V 电源。由 AC 19.6 V 恢复为 AC 24 V 供电，只要拉出 BTA 即可。

闪光电源采用 SGBH-1 新型闪光板盒，其原理框图如图 3-2 所示。由振荡器产生振荡频率，再通过驱动器控制双向电子开关，即将交流或直流供电变成闪光电源输出，闪光频率为 0.5 ~ 1 Hz。该闪光板盒设有过流保护电路，为自恢复型，当输出过载消除时，闪光板能自动恢复工作。

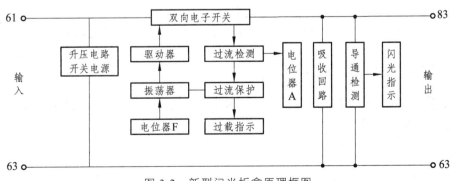

图 3-2 新型闪光板盒原理框图

该闪光板盒的供电电压，交流供电 4 ~ 15 V，直流供电 4 ~ 15 V；输入端子为高端 61、低端 63，输出端子为高端 83、低端 63；当采用直流供电时，应将电源正极接 61 脚，负极接 63 脚；负载正极接 83 脚，负极接 63 脚；额定电流大于 10 A；过载保护电流大于 10.5 A；导通压降小于 0.8 V（负载电流 10 A 时）。

闪光板上设置两个 LED 指示灯：供电及过载保护指示灯和闪光状态指示灯。正常工作时，供电及过载保护指示灯为绿色常亮；过载时，为绿色闪亮。闪光状态指示灯与负载的闪光频率同步，交流供电时，此灯为橙色；直流供电时，此灯为红色。

闪光板上设置两只调整电位器。其中，"电位器 F"调整闪光频率，"电位器 A"调整过载保护电流。出厂时已将闪光频率调整在 90 次/min，调整"电位器 F"可以改变闪光频率，顺时针调整，频率提高；逆时针调整，频率降低。

变压器 BD 副边还有 22 V 和 30 V 抽头。

继电器 BSJ、1XHJ～4XHJ、1GDJ、2GDJ、DBJ 并接在各种电源的输出端，分别用来监视各电源的工作情况。通常它们都吸起，用它们的前接点分别点亮 BBD、XBD、1GBD、2GBD 和 DBD，表示工作正常。当某种电源故障时，相应的监视继电器落下，通过其后接点在转换屏中报警，以通知进行人工转换。其中交流屏中 1GDJ 的吸起还需检查转换屏中轨道电路各线束的监视继电器 1GDJ、2GDJ 在吸起状态。

交流电压表 V1～V4 分别用来测量信号点灯电源的各线束的输出电压。V5 用来测量控制台表示灯电源的输出电压。V6、V8 分别用来测量轨道电路电源Ⅰ、Ⅱ和轨道电路电源Ⅲ、Ⅳ的输出电压。V7 用来测量轨道电路电码化电源的输出电压。

交流电流表 A1～A4 和电流互感器 1LH～4LH 配合分别用来测量信号点灯电源的各线束的输出电流。A5、A7 和电流互感器 5LH、7LH 配合分别用来测量轨道电路电源Ⅰ、Ⅱ和轨道电路电源Ⅲ、Ⅳ的输出电流。A5 和电流互感器 6LH 配合用来测量道岔表示电源的输出电流。

3.2.3 直流电源屏

PZ-15 型直流电源屏供出 24 V 和 220 V 直流电源，分别作为继电器和直流电动转辙机的动作电源，还供出两束闭塞电源和两束方向电源，根据需要可供出 24 V、36 V、48 V 或 60 V。一套设备中有两面直流屏，一面使用，另一面备用，可通过转换屏人工转换。直流电源屏的电路图请扫描二维码获取。

PZ-15 型大站直流电源屏电路图

1. 继电器动作电源电路

继电器动作电源由 24 V 整流器供给。24 V 整流电路包括三相全波整流电路和过流防护电路、过压防护电路。

1）三相全波整流电路

三相全波整流电路的特点是：

（1）整流变压器利用率高，在一个周期内变压器线圈的正反两个方向都有电流流过。

（2）输出电压脉动小。

（3）直流输出电压较高。

（4）整流二极管承受的最大反向电压较低。

它的缺点是：导电时有两个整流元件串联在电路中，内压降及功率损耗较大。

三相全波整流电路如图 3-3（a）所示，由六个整流二极管组成。图 3-3（b）所示为整流变压器副边各相电压的波形，它们按正弦规律变化，彼此间的相位差为 120°。线电压也按正弦规律变化，超前相应的相电压 30°，如图 3-3（c）所示。

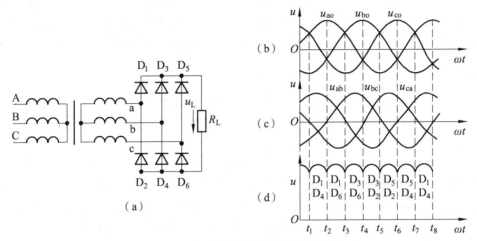

图 3-3　三相全波整流电路及电压波形

三相全波整流电路的导电原则是，由电压最高的一相出发，经过有关的整流元件和负载，回到电压最低的一相中。

如图 3-3（d）所示的 $t_1 \sim t_2$ 时间内，a 相电压最高，b 相最低，电流就从 a 相出发，经过整流元件 D_1、负载 R_L、整流元件 D_4，回到 b 相，构成一个回路。因整流元件的电阻很小，变压器副边线圈的电阻也很小，所以 ab 间的线电压几乎全加在负载 R_L 上。

在 $t_2 \sim t_3$ 时间内，a 相电压仍最高，而 c 相电压变得最低，所以电流就从 a 相出发，经过 D_1、R_L、D_6 回到 c 相而构成回路。此时 ac 间的线电压（$U_{ac} = -U_{ca}$）加在 R_L 上。

在 $t_3 \sim t_4$ 时间内，D_3、D_6 导通，电流从 b 相到 c 相，R_L 上的电压为 U_{bc}。

在 $t_4 \sim t_5$ 时间内，D_3、D_2 导通，电流从 b 相到 a 相，R_L 上的电压为 $-U_{ab}$。

在 $t_5 \sim t_6$ 时间内，D_5、D_2 导通，电流从 c 相到 a 相，R_L 上的电压为 U_{ca}。

在 $t_6 \sim t_7$ 时间内，D_5、D_4 导通，电流从 c 相到 b 相，R_L 上的电压为 $-U_{bc}$。

此后不断重复上述过程，在负载 R_L 上就得到较平直的电压，其瞬时值即为各瞬间的线电压。由计算和实际测量可知，负载上电压的平均值比变压器副边的相电压有效值提高了 2.34 倍，即 $U_L = 2.34U_{相}$。

三相全波整流电路的输出电压比较平直，脉动小（脉动系数仅为 0.057，而单相半波整流电路为 1.57，单相全波整流电路为 0.67），一般不需附设滤波装置。

每隔 1/6 周期，三相电压的高低对比就发生一次变化，整流二极管的导电顺序亦要变动一次，每次只变动导通两个管子中的一个。也就是说，每个二极管在一个周期中只有 1/3 时间是导通的。因此，流过每个二极管的平均电流只是负载电流的 1/3，即 $I_o = 1/3 I_L$。

线电压为最大值时，各二极管所承受的最高反向电压，为相电压最大值的 $\sqrt{3}$ 倍，也就是输出电压平均值的 1.05 倍。

2）过流防护电路

在整流电路发生过载、负载短路或元件短路的情况下，流过整流元件的电流往往超过额定值很多倍，就有可能会损坏整流元件，因此必须采取过流防护措施。本屏采用断路器来进行过流防护。输入断路器 1ZK 用来防护元件短路的情况，输出断路器 3ZK 用来防护过载和负载短路的情况。过流时，断路器分断，断开电源，从而使整流电路得到保护。

3）过压防护电路

接通或断开整流电路、断路器分断以及电源侧侵入的浪涌电压等，都会造成过电压，将超过额定值许多倍。过电压会击穿整流元件，为此在整流电路输出端并联了由 C_1 和 R_1 串联而成的浪涌吸收器，来进行过压防护。

直流电压表 V_1 和直流电流表 A_1 用来测量输出电压和电流。和 A_1 并联的是分流器 1FL。在测量较大的直流电流时，用分流器来扩大电流表的量限。因分流器分流，流过电流表的电流只是被测电流的一部分，其量限就得以扩大。分流器与电流表应精密配合使用，不得随便更换分流器，接线要紧固，接线电阻不能过大，以保证测量的准确性。

三相全波整流电路额定输出电压为 24 V，改变整流变压器 JDB 原边抽头可获得 26 V、28 V 输出电压，但由于工艺上的原因，需在变压器原边（高压侧）倒接连接片，需调整输出电压时应停电，以保证安全。当调压屏故障或检修时，24 V 直流输出会因外电网电压波动而变动，这时可适当改换抽头连接，或者手调感应调压器予以解决。

24 V 整流器是低电压大电流设备，接触不良会引起线路压降过大而影响使用，因此必须注意端子及连接片的紧固。

继电器电源监视继电路 JDJ（JWXC—1700 型）并联在输出端，用来监视继电器电源的工作情况。工作正常时，JDJ 吸起，用其第三组前接点接点点亮表示灯 1BD。发生故障时，JDJ 落下，通过其后接点在转换屏中报警，以通知信号值班人员进行手动转换。

2. 直流电动转辙机动作电源电路

直流电动转辙机动作电源电路由 220 V 整流器供给。

220 V 整流器亦引入三相四线 380/220 V 交流电，经三相全波整流，输出 220 V 直流电作为电动转辙机电源，最大输出电流 30 A。

220 V 整流器的电路结构和工作原理与 24 V 整流器完全一样，只是所用器材因电压电流不同而有容量、规格的差异。

改变整流变压器 DZB 的不同抽头，可获得 210 V、230 V 和 240 V 电压。虽然是在副边倒接，但电压较高，仍需注意。

3. 闭塞电源电路

闭塞电源由变压器 ZFB 隔离、变压，其副边有四个线圈，其中线圈 Ⅱ 的输出经过整流器 4GZ 供出闭塞电源Ⅰ，线圈Ⅲ的输出经过整流器 5GZ 供出闭塞电源Ⅱ，线圈Ⅳ的输出经过整流器 6GZ 供出上行方向电源，线圈Ⅳ的输出经过整流器 7GZ 供出下行方向电源。各个线圈都有 24 V、36 V、48 V、60 V 的不同抽头，可根据需要选用。在各电源的输出端分别并联监视继电器 Z_1J、Z_2J、SFJ、XFJ。SFJ 电路串有电位器 W_1，XFJ 电路串有电位器 W_2，是为了调整它们的动作值。

通过电压表 V_3 和万能转换开关 WHK 可测量各闭塞电源和方向电源的输出电压。

DB 为点灯变压器，向各表示灯提供电源。表示灯 1BD ~ 6BD 分别由继电器 JDJ、DZJ、Z_1J、Z_2J、SFJ、XFJ 的前接点点亮，表示供电正常。

3.2.4　交流调压屏

PDJ-20Y 型交流调压屏用来稳定由转换屏引来的三相交流电源，使电气集中设备不受电源电压波动的影响。调压方式是以电动机带动三相感应调压器进行平滑调整，工作安全可靠，也可进行手轮调压。调压范围为（380/220）（1 + 15%或 – 20%）V，稳压精度为 ± 3%，额定功率 15 kV・A。

交流调压屏由调整系统、驱动系统和控制系统组成，其电路框图如图 3-4 所示，其电路结构图请扫描二维码获取。

PDJ-20Y 型交流调压屏电路结构图

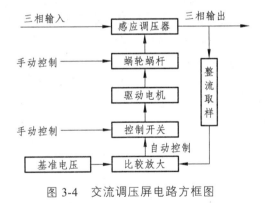

图 3-4　交流调压屏电路方框图

1. 调整系统

三相感应调压器按照驱动电机的带动进行电压调整，即完成升压或降压任务，以稳定输出电压。本屏的三相感应调压器采用反接法。

2. 驱动系统

驱动系统包括驱动电机及其控制电路，其作用是在控制系统的控制下驱动三相感应调压器进行电压调整。为防止因惯性而产生过调，还设有直流制动电路。为防止因三相电源缺相而烧坏电机，设有缺相防护电路。

1）驱动电机控制电路

驱动电机采用 AO_2-6324 型三相异步电动机，由升压动作继电器 SYDJ 和降压动作继电器 JYDJ 控制其正转和反转。由于电动机的工作电流较大，要满足一定灵敏度的要求，故采用多级继电器控制的方式。

正常情况下，升压继电器 SYJ、降压继电器 JYJ 均失磁，SYDJ、JYDJ 也都失磁，电动机不转，感应调压器不调压。

当输出电压低于 380（1 − 3%）V 时，由控制电路使 SYJ 励磁，通过其第一组前接点使 SYDJ 励磁。SYDJ 励磁后，用其第一、第二、第三组前接点接通驱动电机的定子电路，相序为 A-B-C，电动机按逆时针方向转动，带动感应调压器向升压方向旋转，直到输出电压升至额定值。在升压过程中，SYJ 的第四组前接点接通升压表示灯 SHD 电路。

当输出电压高于 380（1 + 3%）V 时，由控制电路使 JYJ 励磁，通过其第一组前接点使 JYDJ 励磁。JYDJ 励磁后，用其第一、第二、第三组前接点接通驱动电机的定子电路，相序为 C-B-A，电动机按顺时针方向转动，带动感应调压器向降压方向旋转，直到输出电压降至额定值。在降压过程中，JYJ 的第四组前接点接通降压表示灯 JLD 电路。

为使调压动作准确，SYDJ 和 JYDJ 的励磁电路分别检查对方是否在失磁状态。

2）断相防护电路

为防止三相交流电源断相后，电动机缺相运行而被烧毁，增设了断相保护和报警电路，断相保护采用中性点位移电路。在正常情况下，中性点 $C_8 \sim C_{10}$ 三个电容器的公共点的电位近于零，整流器 3GZ 没有输入电压，断相继电器 DXJ（JWJXC-100 型）落下。当三相中任一相断电时，中性点对地电位不再为零，3GZ 有输入电压，DXJ 吸起，用其第一、第二组后接点断开电动机的电源，从而保护了电动机。并用 DXJ 的第四组后接点断开 SYDJ 和 JYDJ 的励磁电路，从根本上断开向电动机供电的电源。DXJ 的第三组前接点接通蜂鸣器 FMQ 电路，使之鸣响报警。电位器 3W 串联在 DXJ 中，用来调整中性点位移电路的工作值，以使在三相交流电源略有不平衡时不致使断相继电器吸起而产生误转换。

3）制动电路

当 SYDJ 和 JYDJ 中有一个励磁时，制动继电器 ZDJ 就励磁，但制动电路并未接通，因此 SYDJ 和 JYDJ 的第六组后接点断开了该电路。只有在调压完毕，SYDJ 和 JYDJ 失磁后，它们的第六组后接点接通，直流电源才加到电动机上产生制动作用。这是为了使电动机在调压完毕断开交流电源的情况下立即停转，防止因惯性而产生过调现象所采取的能耗制动措施。调压完毕后，SYDJ 和 JYDJ 失磁，其第四组前接点断开，ZDJ 电路被断开，但因 ZDJ 上并有 12C、4W 组成的缓放电路，它不立即落下，直流励磁电流就在这段缓放时间内起作用。ZDJ 经缓放后落下，制动电路也就断开了。调节 4W 可调整 ZDJ 的缓放时间，即制动时间。

11C、2R 组成浪涌吸收器，用以进行过压防护，因整流桥 6GZ 的负载是电动机定子绕组，呈感性，在接通和断开电路时将产生较大的反向电势，该电压如直接加在整流器上会击穿整流元件，故必须予以防护。

电阻 3R 用来限制制动电路中的电流。

BT 是制动变压器,其次级 II 1-II 2 绕组接 6GZ,提供直流制动电源;III 1-III 2 绕组接 5GZ,为 ZDJ 和断相报警用的 FMQ 提供直流电源。它还有中间抽头 III 3,III 1-III 3 绕组为表示灯 JLD、SHD 提供 6.3 V 电源。

3. 控制系统

控制系统包括比较放大电路和控制继电器电路。控制方式有自动和手动两种。

1)比较放大电路

比较放大电路可采用由运算放大器组成的电压比较电路。

自动控制电路包括由变压器 1SB ~ 3SB,整流器 4GZ,运算放大器 F_1、F_2 等组成的电压比较电路和由三极管 BG1、BG2,继电器 JG、JD（JZX-24 V-660Ω）等组成的执行电路。

经 1SB ~ 3SB 变压、4GZ 整流后的 28 V 电压,由电阻 R_{17} 降压,在稳压管 WY_2、WY_3 两端得到稳定的 22 V 电压,再经 C_3 滤波为平滑的直流电压,作为控制电路的工作电源。

F_1、F_2 采用的是 F007B 线性集成电路,称运算放大器,可组成多种电路。它有 5 个端子,其中 3 为同相输入端,2 为反相输入端,6 为输出端,7、4 为正、负电源端。其工作电压范围为 + 9 ~ ± 15 V。

对于 F_1,R_5、R_7 为输入电阻,R_1 为输出限流电阻,R_3 为反馈电阻。运算放大器的输出通过反馈电阻接至同相输入端,此正反馈加速了比较电压的翻转过程,并使之获得滞回特性。由 R_9、R_{11}、WG 提供取样电压,送入 F_1 的反相输入端 2,由 WY_1 提供基准电压,送入同相输入端 3。这种电路具有两个门限电压:上门限电压 U_{MH} 和下门限电压 U_{ML}。当电压增高及降低时,电路具有不同的电压转折点,两者之差即为门限宽度。该特性满足调压的要求,使开始调压到停止调压之间有一差值,称为回差值,并可根据需要通过改变反馈电阻或输入电阻得到不同的回差值。

当输入电压由低增高到上门限电压 U_{MH} 时,其输出将从低电位跃变到高电位;当输入电压由高降低到下门限电压 U_{ML} 时,其输出由高电位跃变到低电位。即具有上滞回特性,用于降压控制,如图 3-5 所示。

将万能转换开关 2WHK 置于自动位置,即接通自动控制电路的电源。电压正常不需调压时,调整 WG,使 F_1 不导通,其输出低电位,BG_1 不导通,JG 不吸起。

当外电网电压升高时,输出电压相应升高,由 R_9、WG、R_{11} 提供的取样电压也升高,但相对于参考点的电位反而降低,低于基准电压,为一负信号。该负信号输入 F_1 的反相输入端,F_1 导通,其输出端获得高电位。此高电位加到 BG 基极,使之导通,于是 JG 吸起。JG 吸起后,使 JYJ 吸起、JYDJ 吸起,驱动电机即带动 GTY 向降压方向旋转。当电压调至额定值时,取样电压和基准电压相等,无信号输入 F_2,F_2 截止,输出低电位,BG_1 截止,JG 落下,即停止调压。

当输出电压降低时,取样电压虽降低,但相对于参考点的电位反而升高,为一正信号,加至 F_1 的反相输入端,它不导通,输出低电位,BG 不导通,JG 不吸起。

对于 F_2，R_6、R_8 为输入电阻，R_2 为输出电阻，R_4 为反馈电阻。R_{10}、WD、R_{15} 为取样电路所提供的取样电压，送至 F_2 的同相输入端3。WY_1 提供的基准电压送至反相输入端2。该电路亦有两个门限电压：上门限电压 U_{MH} 和下门限电压 U_{ML}。当输入电压由低增高到上门限电压 U_{MH} 时，其输出从高电位跃变到低电位；当输入电压由高降低至下门限电压 U_{ML} 时，其输出从低电位跃变到高电位。即具有下滞回特性，如图 3-6 所示。此下滞回特性用于升压控制。

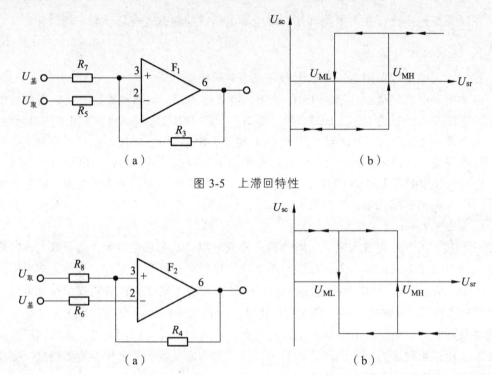

图 3-5　上滞回特性

图 3-6　下滞回特性

电压在额定值不需调压时，调节 WD，使 F_2 不导通，JD 不吸起。

当输出电压降低时，WD 取样电压降低，但该点电位相对于参考点反而升高，高于基准电压，为一正信号，加至 F_2 的同相输入端3，使 F_2 导通。此时 F_2 输出高电位，加至 BGZ 基极，BG_2 导通，JD 吸起。JD 吸起后，SYJ 吸起，SYDJ 吸起，驱动电机带动 GTY 向升压方向旋转。电压调至额定值时，取样电压与基准电压相等，无信号输入 F_2，F_2 截止，输出低电位，BG_2 截止，JD 落下，停止调压。

当输出电压升高时，因取样电压升高，为负信号，加至 F_2 的同相输入端2，F_2 不导通，输出低电位，BG_2 不导通，JD 不吸起。

感应调压器的调压灵敏度一般为 AC 380（1±3%）V（即 369～391 V）。调压灵敏度是指调压器开始自动调压时的输出电压变化范围。如当电压低于 AC 369 V 或高于 AC 391 V 时，调压器就开始自动升压或自动降压，即上、下滞回电路的门限宽度各为 11 V。稳压精度则是指当调压器自动调压结束时的输出电压范围。一般来说，调压灵敏度不宜过高，以免调压器频繁动作影响正常使用，降低机件寿命。在调节灵敏度的同时，稳压精度也会受到影响。在实际应用中，调压灵敏度是主要的，当调压灵敏度满足需要时，稳压精度一般也能满足需要。

如想改变门限宽度，可通过改变反馈电阻的阻值来实现，但会同时影响上、下限电位。当门限宽度调整理想后，再调节 WD 和 WG 的阻值可获得满意的结果。

D_1、D_2 为保护二极管，并联在 JG 和 JD 继电器两端，为它们的反电势提供通路，使 BG_1、BG_2 不受影响。

电容器 C_1、C_2 用来滤除直流电压中的交流成分。

2）控制继电器电路

控制继电器电路由 SYJ、JYJ、SYDJ、JYDJ、保护板盒 HBH、控制开关 2WHK、升压按钮 1KA、降压按钮 2KA 和感应调压器所附行程开关 3KA、4KA 等组成。

（1）自动控制。

将 2WHK 置于"自动"位置，其 1～4 接点接通电压比较电路，使之工作；5～8 接点接通 SYJ 和 JYJ 的电源。

正常情况下，JG、JD 都落下，SYJ、JYJ、SYDJ、JYDJ 都失磁，电动机不转，感应调压器不调压。

当输出电压低于额定值时，由于 JD 吸起，使 SYJ 励磁，电路为：

电源 C 相—2WHK$_{5-8}$—JG$_{9-1}$—JD$_{12-8}$—HBH$_{41-42}$—JYJ$_{51-53}$—SYJ$_{1-2}$—4KA$_{1-2}$—3KA$_{1-2}$—电源零线。

当输出电压高于额定值时，由于 JG 吸起，使 JYJ 励磁，电路为：

电源 C 相—2WHK$_{5-8}$—JG$_{1-9}$—JD$_{8-12}$—SYJ$_{51-53}$—JYJ$_{1-2}$—4KA$_{1-2}$—3KA$_{1-2}$—电源零线。

（2）手动控制。

手动调压时，将 2WHK 扳向"手动"位置，其 2-4、6-8 接点断开，自动控制电路停止工作，5-7 接点闭合，为手动控制电路准备好条件。

电压低于额定值时，按下升压按钮 1KA，接通 SYJ 励磁电路为：

电源 C 相—2WHK$_{6-7}$—2KA$_{2-1}$—1KA$_{4-3}$—HBH$_{41-42}$—JYJ$_{51-53}$—SYJ$_{1-2}$—4KA$_{1-2}$—3KA$_{1-2}$—电源零线。

调至额定值时，松开 1KA，SYJ 落下，停止调压。

电压高于额定值时，按下降压按钮 2KA，接通 JYJ 励磁电路为：

电源 C 相—2WHK$_{6-7}$—1KA$_{2-1}$—2KA$_{3-4}$—SYJ$_{51-53}$—JYJ$_{1-2}$—4KA$_{1-2}$—3KA$_{1-2}$—电源零线。

调至额定值时，松开 2KA，JYJ 落下，停止调压。

在 SYJ 和 JYJ 电路中，分别检查了对方的后接点，手动调压时还分别检查了 2KA 的 1-2 接点和 1KA 的 1-2 接点，是为了保证调压的准确性。3KA、4KA 是行程开关，分别在电压调至上、下限时自动断开，予以保护。此后要用手轮摇回工作区域，或进行相反的手动调压至工作区域后，才能进行自动或手动调压。SYJ 电路中还接有 HBH 的 41-42 接点，当电压调至 HBH 的整定值时，断开 SYJ 电路，使电压不致过高。

电压表 V 和万能转换开关 1WHK 配合使用，测量各相的输出电压。电流表 A 和万能转换开关 3WHK 配合使用，测量各相的输出电流。

TB/T 1528.3—2018《铁路信号电源系统设备第 3 部分：普速铁路信号电源屏》。

任务 3.3　计算机联锁电源屏认知

掌握计算机联锁电源屏的基本组成和基本工作原理。

计算机联锁电源屏是专门为计算机联锁设备设计的专用供电设备，按其采用的交流稳压类型不同，分为采用感应调压器和采用自动补偿式交流稳压器两类。按容量大小，分为 5 kV·A、10 kV·A、15 kV·A、20 kV·A、30 kV·A 五种。

3.3.1　采用感应调压器的计算机联锁电源屏

采用感应调压器的计算机联锁电源屏除了 30 kV·A 容量的，其余均由三面屏成。即一面三相调压电源屏，一面计算机联锁 A 输出屏，一面计算机联锁 B 输出屏。30 kV·A 的电源屏则由一面三相稳压电源电压、两面计算机联锁大站交流屏、两面计算机联锁大站直流屏共五面屏组成。计算机联锁电源屏与继电联锁电源屏的电路结构和工作原理相同，只是增加了微机电源和应急盘电源，取消了控制台表示灯电源。

采用感应调压器的计算机联锁电源屏型号如表 3-3 所示。

表 3-3　采用感应调压器的计算机联锁电源屏型号

容　　量	5 kV·A	10 kV·A	15 kV·A	20 kV·A	30 kV·A
三相调压电源屏	PDT-10-4Y	PDT-10-4Y	PDT-15-4Y	PDT-20-4Y	PDT-30-4Y
计算机联锁 A 输出屏	PSW-5-4A	PSW-10-A	PSW-15-A	PSW-20-4A	PWJ_1（交流屏两面）
计算机联锁 B 输出屏	PSW-5-4B	PSW-10-B	PSW-15-B	PSW-20-4B	PWZ_1（直流屏两面）

1. 三相调压电源屏

三相调压电源屏采用三相感应调压器作为交流稳压设备，各种型号的三相调压电路原理相同，只是所用感应调压器容量不同，5 kV·A 调压电源屏采用 10 kV·A 的感应调压器，其他型号的调压电源屏采用同容量的感应调压器。

现以 30 kV·A 三相电压电源屏为例，介绍其电路结构和工作原理。

30 kV·A 调压电源屏是为电气集中设计的三相交流调压电源屏。本屏可输入两路 AC 380 V/220 V 的电源，其中一路供电，另一路备用，两路电源的主备用状态，可自动手动转换。对输入电源可进行自动、手动调整，获得稳定的电源。本屏输出的两路经稳压的 AC 380 V/220 V 电源，分别向 A 交流电源屏/A 直流电源屏（主用）和 B 交流电源屏/B 直流电屏（备用）供电。

1）技术条件

（1）额定功率 30 kV·A。

（2）额定电流 45 A。

（3）额定电压 AC 380 V/220 V，50 Hz。

（4）手动调压范围 AC 304 V/176 V ~ 437 V/253 V。

（5）自动调压精度 AC 380 V/220 V ± 30%。

（6）根据用电情况，对两路输入电源用手动的方法，可选择其中的任一路供电，另一路备用；当供电电源停电或其中任一相断电时，能自动转换到备用电源供电，转换过程中断电时间不大于 0.15 s。

（7）屏面设 8 个指示灯。两路输入电源分别设红色指示灯和白色指示灯。红灯亮表示该路电源有电，并且三相电无断相。白灯亮表示该路电源供电。为 A 交/直流电源屏和 B 交/直流电源屏分别设置红色指示灯和白色指示灯，红灯亮表示该屏发生故障。设升压红色指示灯和降压绿色指示灯，调压器工作时，红色指示灯亮表示正在升压，绿色指示灯亮表示正在降压。

（8）屏面上设三块电压表，V_1、V_2 分别指示两路输入电源的电压，V_3 指示调压后的电压，扳动万能转换开关 1WK ~ 3WK，可依次指示各线电压和相电压。设一个电流表，扳动万能转换开关 4WK，指示三相负载电流。

2）电路原理

三相 30 kV·A 调压电源屏电路分为两路电源转换电路、交流稳压电路，其电路图请扫描二维码获取。

PDT-30-4Y 型计算机联锁三相调压电源屏电路图

（1）两路电源切换电路。

外电网输入的 I 路电源和 II 路电源接至屏内，1BD、2BD 点亮，表示 I 路电源和 II 路电源已经通电，可以供电。

如选 I 路电源供电，先闭合开关 1DK，交流接触器 1JQ 吸合，其三组常开触头 L_1-T_1、L_2-T_2、L_3-T_3 接通，由 I 路电源供电，此时 1LD 点亮，表示 I 路电源在供电。这时应闭合 2DK，使 II 路电源处于备用状态。如需改为 II 路电源供电，只要按下 I 路电源的停止按钮 1TA，1JQ 释放，其 L_1-T_1、L_2-T_2、L_3-T_3 断开，指示灯 1LD 灭，表示 I 路电源停止供电。同时 1JQ 的常闭触头 21-22 接通，使接触器 2JQ 吸起，其常开触头 L_1-T_1、L_2-T_2、L_3-T_3 接通，指示灯 2LD 亮，表示 II 路电源供电。

如果先选用 II 路电源供电，其动作程序和上述类似。

为保证电源断相时可靠转换，设有中性点位移电路。以 I 路电源为例，正常情况下，中性点，即三个电容器 1C、2C、3C 的公共点的电位近于零，整流桥 1GZ 无输出，继电器

1J 不动作。当三相电源中任何一相断相时，中性点对地产生电压，1J 吸起，其后接点 21-23 断开，1BD 熄灭；11-13 断开，1JQ 释放，1JQ 的常开触头 L_1-T_1、L_2-T_2、L_3-T_3 断开，1LD 熄灭，I 路电源停止供电。与此同时，1JQ 的常闭触头 21-22 接通，使 2JQ 吸合，2JQ 的常开触头 L_1-T_1、L_2-T_2、L_3-T_3 接通，2LD 点亮，由 II 路电源供电，实现了两路电源的自动转换。通过 1J 的前接点 51-52，使电铃 DL 鸣响，通知信号值班人员排除断相故障。

若某路电源停电，则使该路电源的 JQ 释放，另一路电源的 JQ 吸合，改由另一路电源供电。JQ 吸合时，也使 DL 鸣响，通过扳动钮子开关 1NK，使之停止鸣响。

（2）稳压电路。

两路输入电源经转换电路选择后，将供电电源送至隔离开关 2K。闭合 2K，电源进入稳压电路。

稳压电路由调整系统、驱动系统和控制系统三部分组成。

① 调整系统。

调整系统即三相感应调压器 TY，它按照驱动系统的驱动，进行升压或降压，完成稳压的任务。

② 驱动系统。

驱动系统由驱动电动机及变速箱组成，它按控制系统的控制，驱动 TY 进行升压或降压。

电动机 D 由继电器 7J、8J 控制。电压正常时，7J、8J 都不吸起，电动机不转。需降压时，7J 吸起，通过其前接点 31-32、41-42、51-52 将三相电源加至 D 定子绕组，相序为 U-V-W，D 顺时针旋转，带动三相感应调压器 TY 向降压方向转动。需升压时，8J 吸起，通过其前接点 31-32、41-42、51-52 将三相电源加至 D 的定子绕组，相序为 W-V-U，D 逆时针旋转，带动 TY 向升压方向转动。

继电器 4J 是为电动机 D 制动而设置的，以防止电动机因惯性而过调。

当 7J 或 8J 吸起时，4J 就吸起，为制动做好准备。此时，制动电路由于 7J 或 8J 的后接点 11-13 断开而不接通。调压完毕后，7J 或 8J 落下，其后接点 11-13 接通，而 4J 在缓放，整流桥 6GZ 输出的直流电压加至电动机 D 的 W 和 U 绕组，施行能耗制动。待 4J 经缓放后落下，其 11-12 断开，制动电路停止工作。

1R、10C 并联在 4J 的 11-12 接点上，是用来消除该接点上的火花而设置的。2R、11C 并联在整流桥 6GZ 的输出端，其作用是吸收浪涌电压，防止电动机产生的高电压击穿整流元件。3R 用来限制制动电流。4W、12C 并联在 4J 的两端，以构成 4J 的缓放。通过调节 4W 可调节 4J 的缓放时间，以调节制动时间。

为防止三相电源断相引起电动机缺相运行而烧坏电动机，设有断相保护电路。断相保护电路采用的是中性点位移电路。当电源断相时，7C ~ 9C 的公共点电位不再为零，经 3GZ 整流，使 3J 吸起。3J 吸起后，用其后接点 41-43 断开 7J、8J 的电路，使 7J、8J 不能吸起；用其后接点 11-13、21-23 断开电动机 D 驱动电路，电动机得到保护；其前接点 31-32 接通，使蜂鸣器 FM 鸣响，予以报警。

③ 控制系统。

控制系统包括电压比较器电路和调压控制电路。

调压方式有自动、手动两种，由转换开关 4HK 控制。将 4HK 扳至"自动"位置，电压比较器工作，可实现自动调压。将 4HK 扳至"手动"位置，则由人工按压升压按钮 1KA 或降压按钮 2KA 进行手动调压。

电压比较器电路同继电集中大站电源屏的电压比较器电路。

调压控制电路由 5J、6J、7J、8J 等继电器电路组成。自动调压时，若 JG 吸起，接通 5J 励磁电路，5J 吸起后使 7J 吸起，7J 吸起后接通电动机 D 电路，带动感应调压器 TY 向降压方向转动直至额定值。若 JD 吸起，接通 6J 励磁电路，6J 吸起后使 8J 吸起，8J 吸起后接通电动机电路，带动感应调压器 TY 向升压方向转动，直至额定值。手动调压时，转换开关 4HK 置"手动"位置，降压时按压 1KA，使 5J 吸起，接通降压电路；升压时，按压 2KA，使 6J 吸起，接通升压电路。在 5J、6J 电路中分别接有 6J、5J 的后接点 41-43，起互切作用。在它们的电路串入行程开关 3KA、4KA 的常闭接点，当电压升至上限值或降至下限值时，断开 5J、6J 电路使之不再升压或降压，以免过调。为防止电压升得过高损坏设备，电路中设置了过电压保护 HBH，当输出电压超过额定值 10%（420 V）时，HBH 吸起，用其常闭接点 41-42 断开 6J 电路，使电压不能继续升高。

在 7J、8J 电路中也分别接有 8J、7J 的后接点 21-23，起互切作用。

经稳压的电源通过隔离开关 1K 的 2′-1′、4′-3′、6′-5′送至隔离开关 3K、4K，向 A/B 交流屏、直流屏供电。若调压稳压电路需检修或发生故障时，则将 1K 扳至 1-2、3-4、5-6 接通位置，由外电网未经稳压直接供电，此时可扳断 2K，使稳压部分完全断电，从电网中撤出，稳压部分需投入运用时，应先闭合 2K，再将 1K 扳至 2′-1′、4′-3′、6′-5′接通位置，改由稳压电路供电。

（3）输出电源屏故障报警和人工倒屏电路。

经稳压的电源由隔离开关 3K、4K 控制，向 A 交流屏、A 直流屏或 B 交流屏、B 直流屏供电。若闭合 3K，则接通 A 交流屏、A 直流屏电源，此时 9J 吸起。若闭合 4K，则接通 B 交流屏、B 直流屏电源，此时 10J 吸起。若同时闭合 3K、4K，则 9J、10J 都吸起，使电铃 DL 鸣响，表示两屏同时工作，要求断开其中一屏电源，确保备用输出电源屏处于断电备用状态。本屏与两面输出电源屏的有关元器件组成输出电源故障报警和人工倒屏电路。在输出电源屏中，各种电源的输出端都设有隔离开关和监视继电器，把 A 交流屏、A 直流屏的各监视继电器的两组后接点并联后分别接至本屏的端子 2D-1、2D-5，2D-3、3D-5，把 B 交流屏、B 直流屏的各监视继电器的两组后接点并联后分别接至本屏的端子 2D-2、2D-3、2D-4，3D-5。如使用 A 电源屏时，B 电源屏为备用。此时 3HK 应扳至"A 屏"位置，使其接点 1-2、5-6 接通，为报警做好准备。A 屏中各种输出电源均正常工作时，其监视断电器吸起，后接点全部断开，报警电路不工作。当 A 屏中某路输出电源故障时，其监视继电器落下，后接点接通，1HD 红灯点亮，DL 鸣响。待值班人员确认故障后，扳动 3HK 至"B 屏"位置，其接点 1-2、5-6 断开，1HD 灭，DL 停止鸣响。人工倒屏时，先闭合 4K，使 B 屏工作，并对 B 屏中各路输出电源进行检查，确认 B 屏的各路输出电源正常后，先断开 A 屏的各输出电源隔离开关，再闭合 B 屏各输出电源隔离开关。确认 B 屏向各负载供电后，再断开 3K。在两屏同时接通电源时，DL 再次鸣响，3K 断开后 DL 停止鸣响。此时 B 屏供电、A 屏备用。B 屏故障时报警及人工倒屏原理同 A 屏。

在两路输入电源输入端，设置新型 ZFD 系列防雷组合单元。

为保证可靠，屏中均采用新型器件，开关采用隔离开关，其中 1K 为 2SA3-GO 型，2K ~ 4K 为 SA3-GO 型。过流防护除电压比较器输入端因容量较小采用熔断器外，均采用 SFl-G3 型断路器。转换开关 1HK ~ 4HK 采用 LA18-22 型旋钮式按钮。万能转换开关 1WK ~ 4WK 采用 3LB3230 型。两路输入电源转换采用 3TF47 型交流接触器，其他继电器均为安全型。电流互感器为 BH-0.66-30-Ⅲ-50/5 型。

万能转换开关 1WK 和电压表 V$_1$ 配套使用，测量 Ⅰ 路电源的各输出电压。2WK 和 V$_2$ 配套使用，测量 Ⅱ 路电源的各输入电压。3WK 和 V$_3$ 配套使用，测量稳压电路的各输出电压。电流互感器 1LH ~ 3LH、4WK、电流表 A 配套使用，测量稳压电路的输出电流。

电铃 DL 也可用 BJlll-12 V 倒车喇叭代替，蜂鸣器 FM 也可用 BJ211-24 V 倒车喇叭代替。

交流接触器 1JQ、2JQ 的常开触头 43-44 经端子 2D-9、2D-10、2D-11 引出作为供电监督电路的条件，以了解是哪一路电源供电。继电器 9J、10J 的前接点 11-12 经端子 2D-6、2D-7、2D-8 引出也作为供电监督电路的条件，以了解是 A 屏工作还是 B 屏工作。

2. 计算机联锁交流电源屏

计算机联锁大站交流电源屏从调压电源屏引入经稳压的交流电源，根据联锁设备的用电要求，进行隔离、变压，向各需要交流电源的设备（信号机、轨道电路、道岔表示继电器、微型计算机、调度监督等）供电。

1）技术条件

（1）信号点灯电源，供交流 220 V（白天）、180 V（夜间）两种电压，分三束输出，电流分别为 10 A、5 A、10 A。

（2）轨道电路电源，供交流 220 V 电压，分四束输出，输出电流分别为 8 A、8 A、7 A、7 A。

（3）道岔表示电源，供交流 220 V 电压，输出电流 2 A。

（4）微机电源，供交流 220 V 电压，输出电流 13.6 A。

（5）监督电源，供交流 220 V 电压，输出电流 6.8 A。

（6）局部电源，供交流 110 V 电压，输出电流 2×2 A。

（7）稳压备用电源，供交流 220 V 电压，输出 A 电流 5 A。

（8）各种输出电源各设一个白色指示灯，主用屏工作正常时白灯点亮，发生故障时熄灭。

（9）屏面上设有两块交流电压表 V$_1$、V$_2$ 和两块交流电流表 A$_1$、A$_2$ 与万能转换开关 lWK 配套使用，分别指示三束信号点灯、稳压备用、轨道电路、道岔表示、微型计算机、监督电源的输出电压。V$_3$ 和旋钮式按钮 1HK 配套使用，分别指示局部 Ⅰ 和局部 Ⅱ 电源电压。A₃ 和 2WK 配套使用，分别指示三束信号点灯、稳压备用电源的工作电流。A₄ 和 3HK 配套使用，分别指示轨道电路、道岔表示、微型计算机和调度监督电源的工作电流。

2）电路原理

计算机联锁交流电源屏电路图请扫描二维码获取。

计算机联锁交流
电源屏电路图

调压电源屏输出的三相交流电源引至本屏，经各变压器隔离，在变压器输入、输出侧均设有断路器，进行过流保护。在各电源输出端并联监视继电器，用以监视供电是否正常。将各监视继电器的前接点接通各种电源的白色指示灯，表示供电正常。如某电源发生故障，则其监视继电器落下，指示灯灭。将各监视继电器的两组后接点并联后接至调压电源屏，构成输出电源屏故障报警电路。各电源输出端设隔离开关，用以人工倒屏。

信号变压器 XB Ⅱ 次侧有三个绕组，分成三束供电。三个 Ⅱ 次侧绕组均有中间抽头电器 5XJ、6XJ 接点转换，可输出 220 V 和 180 V 不同等级的电压。白天，控制台上的信号调压控制开关在定位，5XJ、6XJ 不动作，通过它们的后接点供 220 V 电压，同时，通过 5XJ 后接点 31-33 点亮控制台上的绿灯。夜间，车站值班员将控制台上的信号调压控制开关扳向反位，5XJ、6XJ 吸起，其后接点断开，前接点闭合，供电电压改为 180 V，控制台上的绿灯灭，

黄灯通过 5XJ 的前接点 31-32 点亮。天亮后，车站值班员将控制开关扳回定位，5XJ、6XJ 落下，供电电压恢复为 220 V，此时黄灯灭，绿灯亮。

轨道电路电源和道岔表示电源共用轨道变压器 GB，轨道电路电源自 GB 的次级绕组 Ⅱ₁-Ⅱ₂ 供出，分成四束，每束设输出断路器和监视继电器。道岔表示电源由 GB 的次级绕组 Ⅲ₁-Ⅲ₂ 供出。

微型计算机电源和调度监督电源共用变压器 WB。局部 Ⅰ、局部 Ⅱ 电源共用一个变压器 UB。备用电源由变压器 BB 隔离供电。

变压器 B 的 Ⅱ 次侧有两个绕组，其中 Ⅱ₁-Ⅱ₂ 输出经整流后给 5XJ、6XJ 供电，Ⅲ₁-Ⅲ₂ 绕组为各指示灯供电。

电压表 V₁ 与万能转换开关 1WK 配合，测量除局部电源以外的各输出电压。V₂ 与旋钮式按钮 1HK 配合，测量局部 Ⅰ、局部 Ⅱ 输出电压。

电流表 A₁ 和万能转换开关 2WK、电流互感器 1LH ~ 4LH 配合，测量三束信号点灯电源和备用电源的输出电流。A₂ 和 3WK 及 5LH ~ 8LH 配合，测量轨道电路、道岔表示、微型计算机和调度监督电源的输出电流。因 5LH ~ 8LH 变流比不同，分别为 30/5、5/5、20/5、10/5，A₂ 按 10/5 刻度，故轨道电路电流应将读数 ×3，道岔表示电流应将读数 ÷2，微型计算机电源应将读数值 ×2，方为实际值。

屏中断路器、隔离开关、电流互感器均与调压屏一样，采用新型器材。

屏中设有 7 个 ZFD 系列防雷组合单元 1 ~ 7FL。在主用交流屏中，1 ~ 7FL 接在三束信号点灯、稳压备用、微型计算机、调度监督和局部 Ⅰ 电源的输出端。在备用交流屏中，1FL ~ 5FL、7FL 接在四束轨道电路、道岔表示和局部 Ⅱ 电源的输出端。主、备用交流屏除此 7 个防雷组合单元的接线不同外，其余电路完全一样。

3. 计算机联锁直流屏

本屏的输入从调压电源屏引入，根据计算机联锁设备的用电要求，进行隔离、变压、整流，

再向需要直流电源的设备（电动转辙机、直流轨道电路、继电器、灯丝报警电路、场间联系电路和熔丝报警电路）供电。

1）技术条件

（1）电动转辙机电源，供直流 220 V 电压，输出电流 30 A。
（2）轨道电路电源，供直流 24 V 电压，输出电流 40 A。
（3）继电器电源，供直流 24 V 电压，输出电流 10 A。
（4）灯丝报警电源，供直流 24 V、36 V、48 V 电压（根据需要选用），输出电流 1 A。
（5）场间联系电源，供直流 24 V、36 V、48 V 电压（根据需要选用），输出电流 1 A。
（6）熔丝报警电源，供直流 24 V、36 V、48 V 电压（根据需要选用），输出电流 1 A。
（7）屏面上设 6 种输出电源的白色指示灯，主用电源屏工作正常时，白灯点亮，发生故障时白灯熄灭。
（8）电动转辙机、轨道电路、继电器电源分别设直流电压表 V_1、V_2、V_3 和直流电流表 A_1、A_2、A_3，指示其输出电压和工作电流。直流电压表 V4 和万能转换开关 1WK 配合使用，指示灯丝报警、场间联系、熔丝报警电源的输出电压。

2）电路原理

计算机联锁直流电源屏电路图请扫描二维码获取。

调压屏输出的三相交流电源引至本屏，经变压器隔离、整流器整流，供出直流电压。在各变压器的输入侧和整流器的输出侧，均设有输入断路器和输出断路器，以进行过流防护。各电源的输出端设有监视继电器，该电源工作正常时，监视继电器吸起，用它们的前接点分别点亮屏面中的工作指示灯。某电源故障时，指示灯灭。将各监视继电器的两组后接点并联起来，接至调压屏，作为故障报警条件。各电源输出端设有隔离开关，用作人工倒屏。

计算机联锁直流
电源屏电路图

转辙机电源由三相变压器 ZB 隔离变压，三相全波整流电路 1GZ 整流，输出为直流 220 V 电压，通过 ZB 的 Ⅱ 次侧连接不同端子，可获得 + 10%、+ 5%和-5%的调节。

轨道电源由三相变压器 CB 隔离、变压，三相全波整流电路 2GZ 整流，输出直流 24 V 电压，通过 CB 的 Ⅰ 次侧的不同端子连接，可调节输出电压。

继电器电源由继电器电源变压器 JB 隔离、变压，单相整流桥 3GZ 整流，获得直流 24 V 电压。电容器 2C 并联在整流器输出端，可起到平滑滤波作用，并在两路电源转换瞬间对继电器供电。电阻 2R 用以改善继电器电源的输出特性。

灯丝报警电源、场间联系电源、熔丝报警电源共用变压器 BB，它们的电路结构相同，分别从 BB 的 Ⅱ绕组、Ⅲ绕组、Ⅳ绕组供电。根据需要，调节它们的输出端端子连接，可获得 24 V、36 V、48 V 不同的电压等级，经单相全波整流电路整流。监视继电器 1BJ～3BJ 分别串联电位器 $W_1～W_3$，是因为输出不同的电压时需调整电位器阻值，使继电器仍保持

原工作值。

两面直流屏中有 6 个 ZFD 系列防雷组合单元 1FL ~ 6FL。在主用直流屏中，1FL ~ 3FL 接在转

辙机电源、轨道电源、继电器电源输出端，在备用直流屏中，4FL ~ 6FL 接在灯丝报警电源、场间联系电源和熔丝报警电源输出端。主、备用直流屏除三个防雷组合单元的接线不同外，其余电路完全一样。

4. 计算机联锁输出电源屏

计算机联锁输出电源屏有 5 kV·A、10 kV·A、15 kV·A、20 kV·A 四种不同的规格。它们的电路结构相同，只是容量不同。若使用计算机联锁输电屏，就不使用计算机联锁交流电源屏和直流电源屏。

两面计算机联锁输出屏分别称 A 屏和 B 屏，其中一面使用，一面备用，两面可互为主备用。它们和相应容量的三相调压电源屏组成一套电源屏组，作为采用计算机联锁的车站的专用供电设备。

计算机联锁输出屏的输入电源从调压电源屏引入，根据计算机联锁信号设备的用电要求，进行隔离、变压或整流，向多种用电设施供电。

现以 15 kV·A 计算机联锁输出屏为例，介绍其电路原理。

1）技术条件

（1）信号点灯电源供交流 220 V（白天）、180 V（夜间）两种电压，输出电流 4×5 A。

（2）轨道电路电源供交流 220 V 电压，输出电流 4×5 A。

（3）道岔表示电源供交流 220 V 电压，输出电流 4 A。

（4）电动转辙机电源供直流 220 V 电压，输出电流 30 A。

（5）微机电源供交流 220 V 电压，输出电流 10 A。

（6）电码化电源供交流 127 V 电压，输出电流 5 A。

（7）继电器电源供直流 24 V 电压，输出电流 20 A。

（8）应急盘电源供交流 220 V 电压，输出电流 4 A。

（9）屏面为八种电源各设一个绿色指示灯。绿灯亮，表示工作正常；绿灯灭，表示故障。

（10）屏内设交流电压表 V_1，扳动万能转换开关 1WK，可分别指示四束信号点灯、轨道电路、微机电源的电压；设交流电流表 A_1，扳动万能转换开关 2WK，可分别指示四束信号点灯电源的工作电流；设交流电流表 A_2，扳动万能转换开关 3WK，可分别指示轨道电路、道岔表示、电码化、微机电源的工作电流；设直流电压表 V_2、直流电流表 A_3，对电动转辙机电源进行监视；设直流电压表 V_3、直流电流表 A_5，对继电器电源进行监视；设交流电压表 V_4，对电码化电源进行监视。

2）电路原理

计算机联锁输出电源屏电路图请扫描二维码获取。

电动转辙机电源由变压器 ZB 变压，三相全波整流 1GZ 整流，输出直流 220 V 电源。

计算机联锁输出
电源屏电路图

信号点灯电源由变压器 XB 变压，其副边有 4 个绕组分成四束，由 5XJ、6XJ 接点进行 220 V 和 180 V 两种电压的转换。5XJ、6XJ 受控制台上的信号调压按钮控制，5XJ 还用其前、后接点分别点亮控制台上的黄灯和绿灯。

轨道电路电源、道岔表示电源、电码化电源、应急盘电源由变压器 GB 变压，其中轨道电路电源分成四束向外供电。

计算机联锁所用微机电源由变压器 WB 变压，供 AC220 V 电源。

继电器电源由变压器 JB 变压，单相全波整流电路 2GZ 整流，向外供电 24 V 直流电源。

输出电源屏中装有五个 ZFD 系列防雷单元 1FL～5FL。在 A 屏中，1FL～5FL 接在四束信号点灯电源和电动转辙机电源的输出端；在 B 屏中，1FL～5FL 接在四束轨道电路电源和道岔表示电源的输出端。A、B 输出电源屏除了五个防雷组合电源的接线不同之外，其余的电路完全一样。

各路电源的输出端设置人工倒屏用的隔离开关和故障报警用的监视继电器。如果各输出电源工作正常，则监视继电器吸起，其前接点接通屏面上绿灯点亮。若电源发生故障，则监视继电器落下，前接点断开，屏面上绿灯灭，后接点接通，使故障报警电路工作。故障报警工作原理和人工倒屏顺序见本节调压电源屏。

3.3.2 采用自动补偿式交流稳压器的计算机联锁电源屏

采用自动补偿式交流稳压器（无触点稳压器）的计算机联锁电源屏，除了三相稳压电源屏外，其他各屏即前述的计算机联锁输出屏、计算机联锁交流屏与计算机联锁直流屏。各种规格的计算机联锁电源屏的型号如表 3-4 所示。

表 3-4　采用自动补偿式交流稳压器的计算机联锁电源屏的型号

容　　量	5 kV·A	10 kV·A	15 kV·A	20 kV·A	30 kV·A
三相稳压屏	PW1-10	PW1-10	PW1-15	PW1-20	PW1-30
计算机联锁 A 输出屏	PSW-5-4A	PSW-10-A	PSW-15-A	PSW-20-4A	PWJ1（交流屏两面）
计算机联锁 B 输出屏	PSW-5-4B	PSW-10-B	PSW-15-B	PSW-20-4B	PWZ1（直流屏两面）

三相稳压电源屏采用无触点稳压器进行稳压。本屏输入两路三相 380 V/220 V 电源，可选择任一路供电，另一路备用。将供电的电源送到稳压器进行稳压，稳压器的电源分成两路，向 A、B 输出电源屏（或交流屏、直流屏）供电。现以 15 kV·A 稳压电源屏为例，介绍其电路原理。

1. 条件技术

（1）额定功率 15 kV·A。

（2）输入电压：三相 380 V/220 V（−20%～＋15%），（50±1）Hz。

（3）输出电压：三相 380 V/220 V（1±3%）。

（4）额定电流：22.5 A。

（5）用人工方法可做到：开机时选择任意一路电源供电，另一路备用；能对两路电源进行手动转换。当供电电源停电或其中任意一相断路时，能自动转换到备用电源供电。手动转换或自动转换的断电时间不大于 0.15 s。

（6）屏中设七个指示灯。两路电源分别设红色指示灯 1HL、3HL 和白色指示灯 2HL、4HL，红灯点亮表示该路电源有电，并且三相电无断相，白灯点亮表示该路电源供电。白色指示灯 5HL 点亮表示无触点稳压器工作正常，5HL 灭表示稳压器故障。红色指示灯 6HL 点亮表示 A 输出电源屏故障，7HL 点亮表示 B 输出电源屏故障。

（7）屏内设交流电压表 PV_1、PV_2、PV_3。PV_1 指示Ⅰ路输入电源的电压，扳动万能转换开关 1SA 可依次指示各线电压和相电压；PV_2 指示Ⅱ路输入电源的电压，扳动万能转换开关 2SA 可依次指示各线电压和相电压；PV_3 指示供电电源的电压，扳动万能转换开关 3SA 可依次指示各线电压和相电压。交流电流表 PA 指示供电电源的电流，扳动万能转换开关 4SA 可依次指示各相电流。

2．电路原理

三相稳压电源屏电路图请扫描二维码获取。

三相稳压电源屏
电路图

1）两路电源转换

在两路电源的输入端分别设置由安全型继电器 1KA、2KA，交流接触器 1KM，安全电器 3KA、4KA 与交流接触器 2KM 组成的断相保护电路。

在 1KM 控制电路中接入 1KA、2KA 的前接点，1KA 监视 A 相电路，2KA 监视 B 相电路，1KM 监视 C 相电路，只要有一相电源断电时，1KM 即失磁。2KM 的工作原理同 1KM。

两路三相电源通过 1QF、2QF 引入本屏。如果由Ⅰ路电源供电，先闭合断路器 1QF，交流接触器 1KM 励磁，随之闭合 2QF，使Ⅱ路电源处于备用状态。反之，若先闭合 2QF，则Ⅱ路电源供电，Ⅰ路电源备用。

两路电源转换是通过 1KA、2KA、1KM 和 3KA、4KA、2KM 实现的。当Ⅰ路电源发生故障，1KA 或 2KA 或 1KM 释放，1KM 常闭接点 21-22 接通，2KM 励磁，即由Ⅰ路自动转换到Ⅱ路电源供电。同理，Ⅱ路电源供电时发生故障，是通过 3KA、4KA、2KM 释放，1KM 的励磁实现的。

通过按钮 1SB 或 2SB，可进行两路电源的手动转换。当Ⅰ路电源供电时，按下 1SB，1KM 释放，其常闭接点 21-22 接通，2KM 励磁，改由Ⅱ路电源供电。同理，按下 2SB，2KM 释放，1KM 励磁，改由Ⅰ路电源供电。

屏内设两路电源转换报警电路。Ⅰ路电源供电时，将转换开关 7SA 的手柄扳向上方，接点 1-2 接通，1-3 断开。Ⅰ路电源故障自动转换到Ⅱ路电源供电时，1KM 的常闭触头 31-32 闭合，电铃 1HA 鸣响。信号值班员确认后，将 7SA 扳向下方，电铃停止鸣响。

电源转向Ⅰ路电源时，将 7SA 扳向上方，电路动作同上。两路电源进行人工转换时，报警与之相同。

2）稳压电路

屏内设一套三相无触点稳压器 EW。EW 开机前，将旋钮式按钮 5SA 的手柄扳向左方，断开其 3-4 接点，再闭合断路器 3QF，供电电源即送入 EW。如果 EM 工作正常，EW 常开接点 11-12 接通，3KW 励磁，再将隔离开关 1QS 的手柄扳向上方，经 EW 稳压后的电源向负载供电。此时，将转换开关 8SA 的手柄扳向上方，使电铃 1HA 不鸣响，再将 5SA 的手柄扳向上方，使其 3-4 接点接通。

如果 EW 发生故障，其常开接点 11-12 断开，3KM 释放，断开 EW 的输出电源，3KM 的常闭接点 21-22 接通，4KM 励磁，由外电网自动直接向负载供电，3KM 的常闭接点 31-32 接通 1HA 电路，使之鸣响。信号值班员确认后，将转换开关 8SA 扳向下方，1HA 停止鸣响。此后，把 1QS 的手柄扳向下方，断开外电网自动直接供电电路，接通外电网手动供电电路。断开 3QF，将 5SA 的手柄扳向左方，4KM 释放，可对 EW 进行检修。EW 重新接入后，将 1QS 的手柄扳向上方，断开外电网直接供电电路，恢复由 EW 供电。

3）输出电源屏故障报警及人工倒屏电路

本屏与 A、B 输出电源屏的相关元器件组成输出电源屏故障报警及人工倒屏电路，隔离开关 2QS、3QS 的输出端分别设置监督继电器 5KA、6KA，以及报警红灯 6HL、7HL，电铃 1HA，转换开关 6SA。输出电源屏的监督继电器的两组常闭接点分别并联后，通过 2XT-11 ~ 2XT-14 与本屏的端子 2XT-1 ~ 2XT-5、3XT-3 或 3XT-4 相连接，组成故障报警电路。

如果使用的是 A 输出电源屏，B 输出电源屏备用，闭合隔离开关 2QS，向 A 输出电源屏供电，继电器 5KA 励磁，其常开接点 31-32 接通，把 6SA 扳至"A 屏"位置，其 31-32 接点接通，报警电路处于预警状态。当 A 屏中各输出电源工作都正常时，其各监督继电器的常闭接点全部断开，报警电路不工作。当 A 屏中某路输出电源发生故障时，其监督继电器落下，常闭接点接通，报警电路工作，6HL 红灯点亮，1HA 电铃鸣响。信号值班人员确认后，把 6SA 扳向"B 屏"位置，其接点 1-2、5-6 断开，6HL 熄灭，1HA 停止鸣响，此时，6SA 的接点 3-4、7-8 接通，使 B 屏故障报警电路处于预警状态。信号值班人员先闭合 3QS，使 B 屏工作，检查其各路输出电源，待它们工作正常后，闭合 B 屏中各输出电源的隔离开关，断开 A 屏中各输出电源的隔离开关，确认 B 屏的各负载供电后，再断开 2QS，此时，即由 B 屏供电，A 屏备用。

B 屏故障报警及人工倒屏的原理与上述相同。

为确保备用输出电源屏处于断电备用状态，当 2QS、3QS 都闭合时，通过 5KA、6KA 的常开接点 41-42 接通 1HA 电路，使电铃鸣响。

【相关规范与标准】

《信号电源屏系列标准》第 4 部分：计算机联锁信号电源屏相关要求。
TB/T 1528.3—2018《铁路信号电源系统设备第 3 部分：普速铁路信号电源屏》。
TB/T 1528.4—2018《铁路信号电源系统设备第 4 部分：高速铁路信号电源屏》。

任务 3.4 交流转辙机电源屏认知

【工作任务】

掌握交流转辙机电源屏的基本组成和基本工作原理。

【知识链接】

为满足列车提速的要求，我国铁路近年来大量铺设提速道岔，较多地使用 S700K 型电动转辙机和 ZYJ7 型电动液压转辙机，它们采用的是三相异步电动机，需要三相交流电源。

交流转辙机电源屏为交流转辙机提供交流电源。按不同容量分为 PZJT1-5、PZJT1-10、PZJT1-15、PZJT1-30 四种型号，容量分别为 5 kV·A、10 kV·A、15 kV·A、30 kV·A，以满足不同规模车站的需要。

各种型号的交流转辙机电源屏电路结构和工作原理基本相同，现以 PZJT1-15 型为例予以介绍。其电路图请扫描二维码获取。

3.4.1 输入电源引入

输入电源引入有两种方式，可根据现场实际情况选择一种。

PZJT1-15 型三相交流转撤机电源屏电路图

1. 两路三相电源引入本屏

两路三相 380 V/200 V 外电网电源直接引入本电源屏，分别接至端子 1D-1、1D-2、1D-3、零线 1D-7 和 1D-4、1D-5、1D-6、零线 1D-8 上。闭合隔离开关 1DK，组合开关 1HK 或 2DK、2HK，可从两路电源中选出一路供电，另一路备用。

通过按压按钮 1TA 或 2TA，可进行两路电源的人工转换。

如给本屏设置稳压电源，则将稳压电源的输入端接通端子 1D-13、1D-14、1D-15、零线 1D-9 上，稳压电源的输出端接至端子 1D-10、1D-11、1D-12、零线 1D-9 上。如不给本屏设置稳压电源，则将端子 1D-10、1D-11、1D-12 与 1D-13、1D-14 与 1D-15 连接。

2. 不使用本屏的两路电源输入电路

如果不使用本屏的两路电源输入电路，可将其他电源屏经切换的三相 380 V/220 V 电源引入本屏，接至端子 1D-10、1D-11、1D-12、零线 1D-9 上，作为供电电源。

3.4.2 三相变压器电路

屏内设 1B、2B 两台三相变压器。每个变压器有 360 V、380 V、400 V、420 V 四种输出电压可供选择，由万能转换开关 5WK、6WK 分别控制 1B、2B 的输出电压。当 5WK、6WK 的手柄扳至 "1" "2" "3" "4" 位置时，输出电压分别是 360 V、380 V、400 V、420 V。

通过万能转换开关 7WK 选择使用 1B 还是 2B。使用 1B 时，将 7WK 的手柄扳至 "1" 位置，使用 2B 时，将 7WK 的手柄扳至 "2" 位。

3.4.3　三相电源相序保护器电路

屏内设三个 XBQ-1 型三相电源相序保护器 1XQ ~ 3XQ，分别设于两路电源的输入端和本屏电源的输出端。XBQ-1 型三相电源相序保护器对三相电源的相序、缺相具有监控、判断、报警输出功能。当三相电源出现断相或错相时，相序保护器能及时通过指示灯表示，并通过继电器输出报警信号。当故障排除后，相序保护器恢复原正常监控状态。其原理框图如图 3-7 所示，断相输出电路接继电器 J1，错相输出电路接继电器 J2，J1 和 J2 各有两组接点可供输出。输入电压范围，三相 300 ~ 450 V（50 Hz ± 2 Hz），三相不平衡度≤13%。每相设一个缺相指示灯，总共设一个错相指示灯。正常工作状态下，四个指示灯均亮（对应的继电器均呈吸起状态）。出现缺相或错相时，对应的指示灯熄灭，同时对应的继电器呈落下状态并输出报警信号。

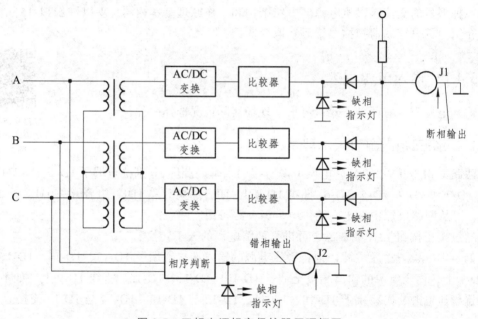

图 3-7　三相电源相序保护器原理框图

每相设一个 AC/DC 变换电路，当本相有电时，AC/DC 变换电路有输出，经比较器，点亮本相的缺相指示灯（红色）。三相均有电时，J1 吸起。有一相断电时，AC/DC 变换电路无输出，本相的缺相指示灯熄灭，断相输出电路无输出，J1 落下。

错相监控由相序判断电路完成。相序正确时，相序判断电路有输出，通过错相电路使 J2 吸起，并点亮错相指示灯（绿色）；错相时，相序判断电路无输出，错相指示灯或缺相指示灯熄灭，J2 落下。

相序保护器初始接线时，接入三相电源，如发现绿色错相指示灯不亮，则表示初始接线相序不符，应将任意两相接线颠倒重接，当绿色指示灯亮时，表示初始接线相序已正确。

无论哪种接法，一旦发生缺相情况，会使得相序判断失去意义，此时应先处理解决缺相故障，缺相故障排除后，相序判断功能自然恢复正常。

如相序保护器应用在（初级是星形接法的）三相变压器电路前端，应特别注意：三相变压器初级公共端"0"不能和供电输入端"零"相接。

1XQ、2XQ 的主接点 3、4、11 分别接通 I、II 路输入电源接触器 1JQ、2JQ 的主触头 L1、L2、L3 上。输入电源正常时，XQ 工作，四个指示灯都点亮，其用于监督错相的常开接点 31-32、用于监督缺相的常开接点 41-42 接通，接触器 JQ 工作。电源故障时，31-32 或 41-42 断开，JQ 不工作。

若 I 路电源供电，先闭合 1DK、1HK，该路电源正常，1JQ 工作，其主触头 L1-T1、L2-T2、L3-T3 接通，经端子 1D-13、1D-14、1D-15 供电，再闭合 2DK、2HK，为 II 路电源供电做好准备。此时，若 I 路电源故障，1XQ 释放，接点 31-32 或 41-42 断开，1JQ 释放，其主触头断开，I 路电源停止供电，1JQ 的常闭触头 21-22 接通，使 2JQ 工作，改由 II 路电源供电。

II 路电源供电发生故障时，自动转换过程同上述。

3XQ 的主接点 3、4、11 接在本电源屏的输出端子 1D-16、1D-17、1D-18 上。输出电源正常时，3XQ 工作，4 个指示灯全亮；输出电源故障时，3XQ 释放，使报警系统工作。

3.4.4 报警电路

报警电路由报警电源变压器 3B、红灯 1HD 和蜂鸣器 FM 等组成。当外电网直接引至本屏两路电源输入电路时，3B 的输入端子 1D-28 与 1D-13 连接。当不使用本屏的两路电源输入电路时，1D-28 与 1D-10 连接。1XQ ~ 3XQ 中有一个释放，其接点 51-53 或 61-63 接通，点亮 1HD，使 FM 鸣响，予以报警。此时，信号维修人员可从 1XQ ~ 3XQ 的指示灯判断故障。1XQ 上的指示灯灭，说明 I 路电源有故障；2XQ 上的指示灯灭，说明 II 路电源有故障；3XQ 上的指示灯灭，说明输出电源有故障。XQ 的绿灯灭，说明相序不对；红灯灭，说明缺相，且哪一相的红灯灭说明缺的是这一相。据此，可进一步查找故障。

3XQ 的常闭接点 31-33、41-43 引至端子 1D-19、1D-20，作为电源屏外报警电路的启动条件。

电压表 V₁、V₂、V₃ 分别指示 I、II 路输入电压和输出电压，通过万能转换开关 1WK ~ 3WK，可分别指示上述三种电源的三相线电压和相电压。电流表 A 指示输出电流，通过 4WK，可分别指示输出电源的三相电流。

指示灯 1BD、2BD 分别表示 I、II 路电源有电，1LD、2LD 分别表示 I、II 路电源供电，3LD ~ 5LD 分别表示三相输出电源供电。

【相关规范与标准】

《信号电源屏系列标准》第 1 部分：总则相关要求。

TB/T 1528.3—2018《铁路信号电源系统设备第 3 部分：普速铁路信号电源屏》。

TB/T 1528.4—2018《铁路信号电源系统设备第 4 部分：高速铁路信号电源屏》。

任务 3.5　25 Hz 轨道电源屏认知

【工作任务】

掌握 25 Hz 轨道电源屏的基本组成和基本工作原理。

【知识链接】

25 Hz 轨道电源屏是交流电气化区段 25 Hz 相敏轨道电路的供电设备，它供给 25 Hz 相敏轨道电路的轨道电源和局部电源。

3.5.1　25 Hz 轨道电源屏认知

25 Hz 轨道电源屏利用参数激励振荡原理，将 50 Hz 交流电变频为 25 Hz 交流电，作为电气化区段 "25 Hz 相敏轨道电路" 的电源。

由 50 Hz 变为 25 Hz，是通过变频器来完成的。25 Hz 轨道电源屏按容量不同，分为小、中、大、特大站四种，可根据轨道电路的区段数，选用合适的电源屏。为了配合 97 型 25 Hz 相敏轨道电路，又研发了新型 25 Hz 轨道电源屏，变频器的容量改为 400 V·A、800 V·A 和 1 200 V·A。新型 25 Hz 轨道电源屏的基本情况如表 3-5 所示。

表 3-5　新型 25 Hz 轨道电源屏基本情况简表

名　称	型　号	变频器数量			每套容量 V·A	整机容量 V·A	适用范围（轨道区段）	附注
		400 V·A	800 V·A	1 200 V·A				
小站轨道电源屏	PXT-800/25	2			800	800	20	主、备各一屏
中站轨道电源屏	PZT-1600/25		2		1 600	1 600	40	主、备各一屏
中站轨道电源屏	PZT-2000/25		1	1	2 000	2 000	60	主、备各一屏
大站轨道电源屏	PZT-4000/25AY		2	2	2 000	4 000	120	两屏一套，共四屏

各种类型的 25 Hz 轨道电源屏的电路原理基本相同，现以 25 Hz 中站轨道电源屏进行介绍。25 Hz 中站轨道电源屏有 1 600 V·A 和 2 000 V·A 两种规格。1 600 V·A 的中站轨道电源屏，其轨道电源由 800 V·A 变频器供电，局部电源由 800 V·A 变频器供电，总输出功率为 1 600 V·A。2 000 V·A 的中站轨道电源屏，其轨道电源由 1 200 V·A 变频器供电，局部电源由 800 V·A 变频器供电，总输出功率为 2 000 V·A。中站轨道电源屏一屏主用，另一屏备用，主、备屏之间采用手动转换方式，通过隔离开关完成。

3.5.2　25 Hz 轨道电源屏电路

25 Hz 轨道电源屏电路由变频电路、输出相位保证电路和短路切除电路组成，请扫描二维码获取。

25 Hz 轨道电源屏电路图

1. 变频电路

1TBP 为轨道变频器，2TBP 为局部变频器，1C 和 2C 分别与两个变频器的谐振线圈组成谐振电路。轨道变频器输出 220 V 轨道电源，局部变频器输出 110 V 局部电源，局部电源超前轨道电源 90°。

2．输出相位正确保证电路

25 Hz 相敏轨道电路的轨道继电器是交流二元继电器，它只有在局部线圈电压超前轨道线圈电压 90°时才能吸起。因此，供轨道继电器电源的两台变频器必须满足这个要求，即它们的输出电压必须有 90°的相位差，而且供局部回路的变频器的输出电压必须超前供轨道回路的变频器的输出电压。

为保证两台变频器的输出电压相差 90°，需要将它们的输入电源相差 180°，即将其中一台变频器的输入电源反接。

两台变频机中，究竟哪一台超前，要根据它们接通电源瞬间的相位而定。为使局部变频器 2TBP 的输出电压超前轨道变频器 1TBP 输出电压 90°，设由相位检查继电器 XJJ 和转极继电器 ZJ 组成的输出相位保证电路。

由 2TBP 和 1TBP 分别供给 XJJ 的局部线圈（1-2）110 V 电源和轨道线圈（3-4）220 V 电源，ZJ 线圈通过 XJJ 的 41-43 后接点接在 24 V 直流电源上。当 XJJ 的局部线圈电压超前轨道线圈电压 90°时，XJJ 吸起，说明输出电压的相位正确。此时 ZJ 失磁，1TBP 的次级经 ZJ 的后接头 11-13、21-23 输出。

当两变频器的输出电压相位不正确时，XJJ 不动作处于落下状态，使 ZJ 吸起，用其前接点改变 1TBP 向外供电的相位，即 1TBP 次级经 ZJ 前接点 11-12、21-22 输出，就保证了向外供出的局部电压超前轨道电压。

3.5.3　短路切除电路

铁磁变频器具有过载或短路停振、短路故障消除后自动起振的特点，为缩小短路停振的影响范围，将轨道电路分为四个线束供电。每个线束上分别设由轨道电源控制继电器 GKJ 和负载检查继电器 FJJ 组成的短路切除电路。

1TBP 起振后，25 Hz、220 V 电压经电阻 1R 降压后通过 1FJJ 的后接点 41-43 接至 1FJJ 的 7-8，使之吸起。其后接点 41-43 断开，前接点 41-42 接通，将电阻 5R 接入 1FJJ 的励磁电路，使它的线圈电压降至 6～8 V。当由于外部原因使 1TBP 短路时，因串入 5R 而使 1FJJ

可靠落下。在 1FJJ 的 7-8 两端经其后接点 31-33 并联电阻 9R，是为了避免因 1FJJ 的接点被卡而烧坏线圈。在 1FJJ 的 2-3 并联电容器 3C，是为了使 1FJJ 缓吸缓放。

在 1GKJ 励磁电路中检查了 1FJJ 的前接点。1FJJ 吸起时，其前接点 11-12 接通，1GKJ 吸起，用前接点 11-12、21-22 接通负载电路，向外供出 25 Hz 220 V 电源。

当负载短路时变频器自动停振，使 1FJJ 断电，1GKJ 随之断电，用其前接点 11-12、21-22 切除故障线束。故障线束切除后，变频器自动起振。同时通过 1GKJ 的后接点 11-13、21-23 将故障线束的负载与 1FJJ 线圈并联，因该负载是低阻抗的，就使得 1FJJ 线圈上的电压降低而不能吸起，保证了 1TBP 不再向故障线束供电，从而能正常向另一线束供电。短路故障消除后，1FJJ 吸起使 1GKJ 吸起，1TBP 恢复向该线束供电。

同样，2GKJ ～ 4GKJ 和 2FJJ ～ 4FJJ 也对其他三个线束进行防护。

1GKJ ～ 4GKJ、ZJ 由外接 24 V 直流电源供电。

主、备用变频器通过隔离开关 1QS 转换，备用变频器输出时，由隔离开关 2QS ～ 6QS 转换至同一端子输出。

交流电压表 V_1 用来测量输入电压。交流电压表 V_2 和万能转换开关 WHK 配合，以测量轨道电源输出电压和两束局部电源输出电压。交流电流表 A_1 用来测量轨道电源输出电流。交流电流表 A_2、A_3 分别用来测量两束局部电源的输出电流。

轨道电源的每线束分别设有表示灯 1BD ～ 4BD，局部电源的每线束分别设有表示灯 5BD、6BD，正常时它们都点亮，某线束发生故障时相应的表示灯熄灭。

在电源输入端和轨道电源输出端的各线束分别设防雷组合 1FL ～ 4FL。

【相关规范与标准】

《信号电源屏系列标准》第 7 部分：25 Hz 轨道电源屏相关要求。

TB/T 1528.3—2018《铁路信号电源系统设备第 3 部分：普速铁路信号电源屏》。

任务 3.6 驼峰电源屏认知

【工作任务】

掌握驼峰电源屏的基本组成和基本工作原理。

【知识链接】

驼峰电源屏是驼峰信号设备专用的供电装置，是在大站电源屏的基础上根据驼峰信号设备的供电要求设计的。有电动型和电空型两种类型，它们又各有 15 kV·A 和 30 kV·A 两种规格；还有驼峰微机电动电源屏和驼峰微机电空电源屏，均为 15 kV·A。现以 15 kV·A 驼峰电动电源屏和驼峰电空电源屏为例进行介绍。

3.6.1 驼峰电源屏概况

15 kV·A 电动型驼峰电源屏适用于使用电动转辙机的驼峰调车场，它由一面调压屏、两面交流屏、两面电动型驼峰直流屏、一面驼峰电池屏和一面型驼峰转换屏共七面组成。其中两面交流屏、直流屏互为备用，通过转换屏进行手动转换。15 kV·A 电动型驼峰电源屏组成如表 3-6 所示。

表 3-6　15 kV·A 电动型驼峰电源屏组成

序号	名　　称	型　　号	图　号	数量	附注
1	驼峰转换电源屏	T·PH-S	X4692-2	1	手动
2	驼峰电动型直流电源屏	T·PZZ	X4659-1	2	一台主用，一台备用
3	驼峰电池电源屏	T·PDC	X4658-4	1	
4	交流调压屏	PDT-20Y	JX0001-A	1	
5	交流电源屏	PJ-15	X4689	2	一台主用，一台备用

电动型驼峰电源屏各供电回路容量如表 3-7 所示。

表 3-7　电动型驼峰电源屏供电容量表

回路		输出容量			
		供电电压/V	最大输出电流/A	功率/kV·A	变压器容量/kV·A
感应调压器输出回路		三相 AC 380	23	15	
输出回路	信号点灯电源	AC 220、180	20		1.5×4
	轨道电路电源	AC 220	20		5
	道岔表示电源	AC 220	4		
	表示灯电源	AC 6.3、19.6、22、24、30	50		1.5
	其中闪光电源	AC19.6、24	4		1.5
	继电器电源（KZ、KF）	DC 24、28、30	30		1.5
	继电器电源（HKZ、HKF）	DC 24、28、30	30		6.6
	电空转辙机电源	IX；220、210、230、240	30		
	备用蓄电池组	DC 24、28、30	20/2 s	5 Ah	
	备用蓄电池组	DC 220、210、230、240	20/2 s	5 Ah	

15 kV·A 电空型驼峰电源屏适用于使用电空转辙机的驼峰调车场，它由一面调压屏、两面交流屏、两面驼峰电空直流屏和一面驼峰转换屏共六面屏组成。两面交流屏、直流屏互为备用，通过转换屏进行手动转换。15 kV·A 电空型驼峰电源屏组成如表 3-8 所示。

表 3-8　电空型驼峰电源屏组成

序号	名　　称	型　号	图　号	数量	附注
1	驼峰转换电源屏	T·PH-S	X4692-2	1	手动
2	驼峰电空型直流电源屏	T·PZl	X4647-2	2	一台主用，一台备用
3	交流调压屏	PDT-20Y	JX0001-A	1	
4	交流电源屏	PJ-15	X4689	2	一台主用，一台备用

电空型驼峰电源屏各供电回路的容量如表 3-9 所示。

表 3-9　电空型驼峰电源屏供电容量表

回路		输出容量			
		供电电压/V	最大输出电流/A	功率/kV·A	变压器容量/kV·A
感应调压器输出回路		三相 AC 380	23	15	
输出回路	信号点灯电源	AC 220、180	20		1.5×4
	轨道电路电源	AC 220	20		5
	道岔表示电源	AC 220	4		
	表示灯电源	AC 6.3、19.6、22、24、30	50		1.5
	其中闪光电源	AC19.6、24	4		
	继电器电源	DC 24、28、30	30		1.5
	电空转辙机电源	DC 24、28、30	30		1.5
	备用蓄电池组	DC 24、28、30	20/2 s	5 Ah	

　　无论是电动型还是电空型驼峰电源屏，它们的调压屏和交流屏都用继电联锁大站电源屏的调压屏和交流屏。

3.6.2　T·PZZ 驼峰电动型直流电源屏

　　T·PZZ 驼峰电动型直流电源屏适用于使用电动转辙机的驼峰调车场。一套电源屏中的两面 t 屏，一面主用，另一面备用，两屏用设在转换屏内的隔离开关进行手动转换。

　　屏内设三套整流器，其电路图请扫描二维码获取。

T·PZZ 驼峰电动型直流电源屏电路图

1．KZ、KF24 V 整流器

　　KZ、KF24 V 整流器提供继电器工作电源，采用三相全波整流电路。引入为三相交流电源，调整整流变压器 1ZB 的输入端抽头，可得到 24、28、30 V 等不同的电压，额定输出电流为 30 A。在两路电源转换时，KZ、KF24 V 输出电源将有瞬间停电，为保证不间断供电，在整流电路输出端并联 4×4 700 μF 的电容器 $C1$。

2．HKZ、HKF24 V 整流器

HKZ、HKF 24 V 整流器供与道岔动作有关的继电器以工作电源。其电路结构与 KZ、KF24 V 整流器基本相同，输入电压、输出电压、输出电流数值也和 KZ、KF24 V 整流器一样。

HKZ、HKF24 V 整流器设镉镍蓄电池组作为备用电源，平时由整流器浮充供电，当道岔开始动作而整流器突然停电时，由蓄电池组向有关的继电器供电。电路中串接的二极管 1Z、2Z 用来防止电池屏向整流器反向供电。

3．DZ、DF220 V 整流器

DZ、DF220 V 整流器提供电动转辙机动作电源，其电路结构和 HKZ、HKF24 V 整流器基本相同，亦在电池屏中设镉镍蓄电池组作为备用电源。引入为三相交流电。调整整流变压器 3ZB 的副边抽头，可得到 210 V、220 V、230 V 和 240 V 等不同的电压，额定输出电流为 30 A。

3Z、4Z 的作用同 1Z、2Z。

整流器直流侧并接了电容器 2C 和电阻 R 组成的浪涌吸收器，以进行过压防护。

各整流器分别设有监督继电器 1JDJ、2JDJ 和 DDJ，用来监视各电源的工作情况。正常工作时，用它们的第三组前接点接通相应的工作表示灯 1BD、2BD、3BD 电路，表示该屏工作正常。某整流器故障无输出时，通过相应继电器的第一、二组后接点接通转换屏中的故障表示灯灯和电铃电路，进行报警。信号值班人员确认故障后，扳动转换屏中的有关开关，转换至备用屏供电。

直流电压表 V1、V2、V3 和直流电流表 A1、A2、A3 分别用来测量三种电源的输出电压和输出电流。

3.6.3　T·PDC 型驼峰电源屏

T·PDC 型驼峰电源屏和电动型驼峰直流电源屏配合使用。设 24 V 和 220 V 镉镍蓄电池各一组，采用 20GNY$_5$-Ⅱ型镉镍蓄电池，每组额定容量 5 A·h。分别作为 HKZ、HKF24 V 电源和 DZ、DF220 V 电源的备用电源。两面直流屏共用一面电池屏。电源屏电路图请扫描二维码获取。

**T·PDC 型驼峰
电源屏电路图**

1．24 V DCZ 蓄电池组

24 V 蓄电池组是 HKZ、HKF24 V 电源的备用电源。平时由隔离开关 1K 与正在工作的 HKZ、HKF24 V 整流器连接而处于浮充电状态。当道岔开始动作而整流器突然停电时，蓄电池组即投入运用，向与道岔动作有关的继电器继续供电，确保已动作的道岔转换到底。

隔离开关 1K 的 1-2、3-4 接通 A 直流屏，1K 的 1'-2'、3'-4'接通 B 直流屏，HKZ 电源

接至 1K 的接点 2（1′），HKF 电源接至接点 4（3′）。

组合开关 1HK 的 C_1、C_2、C_3 三组接点同步动作，放电试验时接通 1X，充电和浮充电时接通 2X。通过组合开关 3HK 的 1X、2X、3X 接点，可选择蓄电池组的 30 V、28 V、24 V 电压。

二极管 1Z 在充电和浮充电时截止，迫使充电、浮充电电流经 A_2、3QF 和 1R。直流屏停电时，1Z 导通，由 24 V DCZ 经 1Z 直接向负载供电。

当 1HK 置于浮充位置，即 C-2X 接通时，构通浮充电电路为：HKZ-1K$_{1-2}$—1QF$_{1-2}$—24 VDCZ—3HK$_{1X-C}$（或 2X-C、3X-C）—1HK$_{C1-2X1}$—A2—3QF$_{1-2}$—1HK$_{2X2-C2}$—1R$_{1-2}$—1HK$_{C3-2X3}$—HKF，蓄电池组 24 V DCZ 处于浮充电状态。浮充电时，当直流屏 HKZ、HKF 24 V 整流器输出电压分别为 30 V、28 V、24 V 时，组合开关 3HK 应相应接至 1X、2X、3X。

充电电路与浮充电电路为同一电路，仅电流大小不同，标准充电电流为 1.0 A，而浮充电流一般为 30～50 mA。

为了恢复和检查蓄电池组的容量，需进行放电试验。放电时，置 1HK 于 C-1X 接通位置，构通放电电路为：24 V DCZ（＋）—1QF$_{2-1}$—A1—1HK$_{1X3-C3}$—1R$_{2-1}$—1HK$_{C2-1X2}$—1HK$_{C1-1X1}$—3HK$_{C-1X}$—24 V DCZ（－）。

通过瓷盘电阻 1R 可调节浮充电电流、充电电流和放电电流的大小。放电时应先将放电负载 1R 的阻值调至最大，然后扳动 1HK 至放电位置，慢慢调小 1R 阻值至所需的放电电流。这是因为浮充电和充电时，一般将 1R 阻值调至很小，放电时如先扳动 1HK，轻则分断断路器，重则损坏蓄电池，造成不应有的损失。

充电时，如充电电流达不到所需数值，可把直流屏整流电压提高一级对蓄电池组充电。也可串接 KZ、KF24 V 电源对蓄电池组充电，此时，应将电池屏的 1D-1 改接至直流屏的 1D-5，直流屏的 1D-6 与 1D-7 跨接。

直流电压表 V_1 用来测量 24 V 蓄电池组的电压，直流电流表 A1、A2 分别测量放电电流、充电电流和浮充电电流。

2．220 V DCZ 蓄电池组

220 V DCZ 蓄电池组为 DZ、DF220 V 电源的备用电源，平时用开关 2K 接通直流屏 220 V 整流器，对蓄电池组进行浮充电。当道岔开始动作而整流器停电时，由蓄电池组向电动转辙机供电，以保证已动作的道岔转到底。

220 V 蓄电池组的电路结构和 24 V 蓄电池组相同，仅电压数值不同。

浮充电时，当直流屏 220 V 电源输出电压分别为 240 V、230 V、220 V、210 V 时，组合开关应相应接通 1X、2X、3X、4X。

充电时，如充电电流达不到所需数值时，可将直流屏整流电压提高一级对蓄电池组充电。也可串接 KZ、KF 24 V 电源对蓄电池组充电，此时电池屏的 1D-5 应改接至直流屏的 1D-5，整流屏的 1D-6 与 1D-ll 跨接。

放电时的操作过程同 24 V 蓄电池组。

电池屏暂不使用时，应分断 1QF 和 2QF，以免蓄电池组长时间放电。

3.6.4 T·PZ1 驼峰电空型直流电源屏

T·PZ1 驼峰电空型直流电源屏适用于使用电空转辙机的驼峰调车场。一套设备中有两面直流屏,一面主用,另一面备用,两屏的转换通过设在转换屏中的有关开关手动进行。

驼峰电空型直流屏的电路图请扫描二维码获取。屏内设两台 24 V 整流器,一台输出 KZ、KF 24 直流电源,供继电器动作使用;另一台输出 HKZ、HKF 24 V 直流电源,供电空转辙机动作使用。HKZ、HKF24 V 电源设有镉镍蓄电池组作为备用电源,由 20GNY$_5$-Ⅱ 型和 10GNY$_5$-Ⅱ 型各一组组成,额定容量 5 A·h。平时由整流器对蓄电池组浮充电。当道岔开始动作而整流器停电时,由蓄电池组向电空转辙机供电,以保证已动作的道岔转到底。

T·PZ1 驼峰电空型
直流电源屏电路图

KZ、KF 24 V 整流器,HKZ、HKF 24 V 整流器的电路原理分别与电动型直流电源屏的 KZ、KF 24 V 整流器,HKZ、HKF 24 V 整流器相同。24 V 蓄电池组电路也和电池屏的 24 V 蓄电池一样。

当直流输出电压分别为 24 V、28 V、30 V 时,应将组合开关 2HK 相应接通 3X、2X、1X。组合开关 1HK 接通 1X 时为放电,接通 2X 时为充电和浮充电。2GZ 不供电时,3Z 导通,由 24 V DCZ 直接向负载供电。

当充电电流达不到所需值时,可将直流电压提高一级对蓄电池组充电。也可串接 KZ、KF24 V 电源对蓄电池组充电,此时要将 1D-8 与 1D-6 跨接,7RD-1 至 1D-8 的配线移至 1D-5。

电空型直流屏暂不使用时除断开转换屏中的输入、输出开关外,还须分断 5K,以免蓄电池组长期放电。

【相关规范与标准】

TB/T 1528.3—2018《铁路信号电源系统设备第 3 部分:普速铁路信号电源屏》。

任务 3.7　电源屏的施工和维修

【工作任务】

了解电源屏检查和测试工作,发现电源屏异常时,学会根据设备现象准确判定故障范围,按照作业规程,处理各种故障。

【知识链接】

3.7.1　电源屏日常检查

(1)设备无过热,开关箱设施良好,各机柜安装牢固,柜内各种器材插接良好,铭牌齐全、正确，继电器挂簧完整，作用良好。

（2）各种熔断器、断路器、阻容元件无过热、异常现象，接触良好，如有异状及时处理。

（3）室内无异味、异响，各种报警装置工作良好，及时处理报警故障。

（4）按人工测试规定项目完成测试、分析工作。

（5）各种防雷元件无过热现象、无异常现象，如有异状及时处理，各种中地线紧固，连接良好。

（6）通电试验并依次扳动屏面上各开关，观察各指示灯及仪表指示是否正确，动作是否正常。两路电源自动、手动转换动作灵活可靠，转换时间不超过 0.15 s。对于三相电源，要依次试验各相断路器分断时是否能自动转换。

（7）各种输出电源应符合要求，对有几种电压可转换的电源，看动作是否正确，同时只有一种压输出。调节闪光电源的闪光频率，接入 100 W 以下的 24 V 灯泡应有明显的亮暗比，频率 90 ~ 120 次/min。

（8）进行自动和手动稳压试验，在允许的稳压范围内动作正常，调节自动控制电路的灵敏度符合 ± 3% 的要求。

（9）有驱动电机的要进行制动试验，取得适当的制动时间。试验过压继电器的动作情况，调整至适当的整定值。进行整流器过流试验，过流防护措施要灵敏、可靠。有备用屏的，进行主、备用屏的转换试验，动作要灵敏、可靠。

（10）镉镍蓄电池是以放电状态出厂的，使用前用 10 小时率电流充电 12 ~ 14 h，单个充电压不超过 1.6 V，循环 2 ~ 3 次，当容量达到额定容量后才能浮充电。为避免蓄电池局部放电，蓄电池组的端子在出厂前全部卸下，断路器应分断，在开通调试应根据配线图重新接线。

3.7.2 电源屏维护

大站电源屏是电气集中联锁设备的供电装置，根据运输要求必须不间断地向电气集中设备提供各种用途的交直流电源，其中任何故障都会对行车产生严重的影响，所以一定要做好电源屏的维护工作。

1. 日常养护

日常养护工作每日进行一次，包括以下几项工作：

（1）检查熔断器、电源线、变压器、接触器、中间继电器安装状态，有无过热现象、不正常燥热及异味。

（2）调压屏手动、自动位检查。

（3）盘面及仪表清扫。

（4）进行Ⅰ级测试及记录。

2. 集中检修

集中检修每 1～2 年进行一次，主要包括以下几项工作：

（1）屏内各部检查，紧固配线端子。

（2）副屏倒机试验，两路电源的相序检相。

（3）检查、测试地线及防雷元件，对不良的元件进行整修或更换。

（4）检查并按周期更换屏内熔芯。

（5）屏内、外部及电源线槽清扫，检查防鼠措施。

（6）配合更换屏内器材、校核仪表。

3. 电源屏维修注意事项

（1）如果利用列车运行间隔，对电源屏进行人工转屏、更换部件或测试等作业时，必须在行车设备检查登记簿上登记，经车站值班员同意签认，并取得使用人员的准许方可作业。

（2）由于转换屏无法实现断电检修，所以在完成检修测试任务时，应填写施工要点申请计划表，申请列入运输综合作业方案中实施。施工前应按调度命令，在行车设备检查登记簿中登记，经车站值班员同意签认后，方可作业。

（3）对电源屏进行一般性检查时，可不登记，但应加强与车站值班员联系。

（4）在检修时一定要严格执行有关技术安全规定：

① 电压高于 220 V 的设备，必须采取有效的防护措施后，方可工作。

② 应经常检查电源互感器二次线圈、引线及端子，防止其开路时产生高压击穿设备，危及人身安全。

（5）必须熟知每个电源屏的工作原理，每个元件的电气或机械特性、在电路中的作用及其在实际设备上的位置，以及各屏的操作方法。一定要做到心中有数地进行各种维修作业。

（6）各种熔芯要按其容量分类存放，保证更换熔芯时方便与迅速。在更换熔芯时，先要确认好规格和容量是否与图纸规定相符，同一容量的熔芯有长短，应注意在事前挑选出来，以免更换后形成断路。

4. 常见故障分析与判断

1）转换屏常见故障分析与判断

（1）转换屏常见故障。

① 两路电源无法实现正常或故障时的相互切换。

② 断相继电器的故障吸起引起错误转换及误报。

③ 提供各屏工作的输入电源及供给联锁设备所用的各种交流电源出现短线或混线故障。

（2）转换屏故障范围的分析与判断。

当转换屏发生故障或报警时，应先通过对仪表及相应继电器的观察，判断故障产生的大体部位，在弄清楚产生故障的原因后方可进行处理。

能引起转换屏报警的原因可分为两方面：

① 由于转换屏自身故障引起的报警。如输入熔丝熔断、三相电源断相或人工倒屏等。

② 交直流屏内的监视继电器电路故障落下引发转换屏报警。可通过两路电源的表示灯和 AJHD、AZHD、BJHD、BZHD 的显示来区分：

当Ⅰ路电源指示灯熄灭，Ⅱ路电源指示灯点亮时，说明Ⅰ路电源无电自动转入Ⅱ路电源供电。

当Ⅰ路电源指示灯由Ⅰ路供电变为Ⅱ路供电时，未发生报警，则可判断输入电源中两路电源的切换电路发生故障。

若电源指示灯由Ⅰ路变为Ⅱ路供电的同时屏内发生了报警，则可判定输入端发生断相或 1RD～3RD 熔断或断相电路内部故障，可通过扳动 WHK 测量输入电源各相位的工作情况及观察 DXJ 的工作状态来确定。

发生报警的同时 AJHD 点亮，则可判定 A 交流屏发生故障。

发生报警的同时 AZHD 点亮，则可判定 A 直流屏发生故障。

2）交流屏常见故障分析与判断

（1）常见故障。

① 信号点灯电源、轨道电路电源、道岔表示电源及表示灯电源在运行中发生的断线及混线故障。

② 闪光电源无输出或不闪光。

（2）交流屏故障范围的分析与判断。

交流屏各变压器输入的电源，分别由转换屏输出的三相电源供出，其中 BX1、BX2 由 A 相供出，BX3、BX4 由 B 相供出，BD 及 BC 变压器由 C 相供出，输出分别设有监视继电器进行监督，并设有 4 只表示灯指示监督信号、轨道电路、道岔和电源。当交流屏出现故障时，可通过各表示灯和各监视继电器的状态综合判断。

3）直流屏常见故障分析与判断

（1）直流屏常见故障。

① 直流 24 V 继电器电源无输出或输出电压低于 24 V。

② 直流 220 V 转辙机电源无输出或输出电压低于 220 V。

③ 整流变压器过热。

（2）直流屏故障范围的分析与判断。

① 当直流屏发生故障报警时，应先观察继电器和电动转辙机电压表读数和与其相对应的1BD和2BD表示灯的显示状态。

② 若继电器（电动转辙机）电源电压出现下降，1BD（2BD）表示灯未熄灭，则可判定为继电器（电动转辙机）电源变压器输入熔断器熔断或接触不良。

③ 若继电器（电动转辙机）电源电压下降至零，1BD（2BD）表示灯熄灭，则可判定为继电器（电动转辙机）电源变压器输入端至少有两个及以上熔断器熔断。

④ 若两只电压表均降为零，或两个指示灯全熄灭，则说明转换屏至本屏的输入电源回路故障。

4）调压屏常见故障分析与判断

（1）常见故障。

① 自动调压失灵。

② 自动调压出现升压不止或降压不止。

③ 手动调压失灵。

④ 调压电机过热、过调、不运转等。

（2）调压屏故障范围的分析与判断。

① 自动升压或降压失灵，应先将2WHK扳至手动位置，检查手动是否正常。若手动正常，则说明故障发生在控制放大板上。

② 如果手动试验升压（降压）无效时，应先观察升压（降压）继电器状态，如果继电器不动作，则故障发生在升压（降压）继电器电路中。

③ 如果升压（降压）继电器动作正常，则应检查升压（降压）动作继电器是否正常工作，如果这两个继电器不能按有关控制继电器的动作而动作，则可判定故障位于驱动控制电路中。

④ 若升压（降压）动作继电器工作正常而电机不能转动，则可判定电机驱动电路故障。

⑤ 若电机出现过热、过调、不启动等故障，应观察有无自动调压过程频繁及制动电路的制动时间过长等现象；若电机不启动，则检查供给电机的启动电源及输出是否正常。

⑥ 若调压发生报警，应检查断相继电器电路。

⑦ 若发生电机的转向与调压方向相反，应检查输入电源相序。

⑧ 若调压时电机空转，检查行程开关的接触面是否有磨损或位置调整不当。

⑨ 整流桥5GZ、6GZ中有某元件击穿造成短路即会烧毁变压器，应在全面检测全部元件及浪涌吸收器后再更换变压器。

此外，交流嗡嗡声过大时，应将变压器紧固硅钢片夹件夹紧。

TB/T 1528.2—2018《铁路信号电源系统设备第 2 部分：铁路信号电源屏试验方法》。

本项目主要介绍了信号电源屏技术条件，铁路信号用电源屏组成、工作原理及信号电源屏维护及注意事项。

信号电源屏是为铁路信号设备提供电能的重要设备，了解铁路信号电源屏的技术推荐，掌握继电联锁用大站电源屏、计算机联锁电源屏、25 Hz 轨道电源屏、交流转辙机电源屏、驼峰电源屏的组成及电路分析，才能处理常见的故障。

电源屏的维修是一项细致而复杂的工作，电源屏处于不间断工作状态，停机检修的机会极少，为保证电源屏的正常运行，必须清楚其原理及维修规程，根据故障现象分析判断产生的原因，从而快速解决故障，保证行车安全。

复习思考题

1．电气集中联锁设备需要哪几种电源？
2．简述电源屏的使用情况。
3．简述 15 kV · A 大站电源屏的组成、各屏作用和供电关系。
4．两路三相电源的转换与两路单相电源的转换有什么不一样？
5．简述大站转换屏的转换原理，它是怎样做到先接后断的？
6．使用大站转换屏要注意哪些事项？
7．试分析大站电源屏交流屏闪光电源不闪光的原因。
8．大站电源屏直流屏采用什么措施进行过流、过压防护？简述其工作原理。
9．大站电源屏调压屏由哪几部分组成？各部分的作用是什么？
10．写出大站调压屏升压和降压时的电路动作程序。
11．试分析大站调压屏下列故障的原因：
（1）升压或降压失灵；
（2）额定输出电压过高或过低；
（3）总升压不降压；
（4）制动不灵；
（5）需升压时反而降压，需降压时反而升压。
12．何谓中性点位移电路？起着什么作用？
13．比较计算机联锁电源屏与继电联锁电源屏的异同。

14．比较采用感应调压器的计算机联锁电源屏与采用补偿式交流稳压器的计算机联锁电源屏的异同。

15．简述交流转辙机电源屏的电路原理。如何进相序检查？

16．25 Hz 轨道电源设备有哪些特点？

17．怎样保证局部电源超前轨道电源 90°？

18．为什么铁磁变频器在负载短路时会停振？25 Hz 电源屏是怎样进行短路防护的？

19．驼峰电源屏与 15 kV·A 大站电源屏相比，有哪些不同？

20．电空型驼峰直流屏和电动型驼峰直流屏有何异同？

21．镉镍蓄电池组的浮充电、充电和放电电路有何不同？

22．电源屏的维护包括哪些方面？如何分工？电源屏的日常维修要注意哪些事项？

项目 4
信号智能化电源屏

 项目描述

  本项目介绍了 DSGK、PDZG、PKX、PMZG 系列信号智能电源屏的结构、工作原理、操作使用、日常维护和故障处理的方法。

教学目标

  熟悉 DSGK、PDZG、PKX、PMZG 系列信号智能化电源屏特点；掌握其组成及工作原理、使用操作方法和常见故障分析方法。

任务 4.1 信号智能化电源屏认知

【工作任务】

了解信号智能电源屏的特点。

【知识链接】

  铁路信号智能化电源屏是为铁路信号设备供电的重要设备，是车站联锁、区间闭塞等系统可靠运行的"心脏"，电源系统发生故障，将导致整个系统瘫痪，其重要性非同一般。

  我国从 20 世纪 70 年代后期开始实现车站电气集中联锁以来，信号电源屏一直作为重要信号设备。电源屏的技术领域也仅涉及信号、电力两个专业，而随着智能化电源屏研制开发技术的不断进步，所涉及的专业技术涵盖了信号、电力、电子、网络、计算机、通信、电磁兼容等，从而智能化电源屏成为集成综合技术比较复杂的产品。开发研制这样的智能化信号电源系统，需要具备以上多方面的专业知识、技术能力和规范的生产装备。

4.1.1 铁路信号智能化电源屏基本功能单元

铁路信号智能化电源屏是向铁路信号设备供电的重要设备，具有两个基础功能：

（1）基本供电功能：根据不同规模的铁路电气集中联锁站场、不同联锁方式、不同轨道电路制式、不同的区间自动闭塞方式等信号设备的供电要求，选配不同频率、不同容量、不同电压种类的交、直流电源单元，组合成各种车站电气集中联锁信号电源屏、驼峰编组场电源屏、区间闭塞电源屏、25 Hz 轨道电源屏等，或组合成综合型信号电源屏，完成向各种信号设备供电的基本功能。

（2）智能辅助管理功能：应用计算机和通信、网络技术，对供电系统各个环节、关键器件的运行参数、状态进行监测、管理、记录、通信、报警、分析等。

目前使用的铁路信号智能化电源屏基本都具备以上两种基础功能，由于采用了不同的技术、性能、结构设计，在满足不同信号设备供电要求方面，其技术、质量、可靠性等方面存在着很大差异，都有存在着改进和提高的地方。

在对智能化电源屏没有一个统一的确切的定义和可按照执行的设计规范和标准的情况下，从智能化电源生产厂家现有技术水平、能力以及铁路大多数用户的要求出发，实现智能化电源屏结构上的电源单元模块化，满足电源屏占用面积小，备用方式灵活，故障时方便维修、快速更换器件等现场要求需要。监测方面，采用现代数字信息处理及通信技术，可向微机监测提供输入、输出电源的各种参数，同时满足自身工作状态显示、非正常工作记录、统计，故障判断、分析、储存等方面的需要。在监测性能和功能方面，各个厂家对智能化理解的程度不同，采用的技术不同，有的采用单板计算机，有的采用工业控制计算机，功能、性能差异较大。在电源模块技术的采用上，有些厂家的产品部分或全部采用了高频电力电子技术，如 PFC 功率因数校正、大容量直流并联均流、交流并联均流（尚不完全成熟）、UPS 电源等，满足信号设备的发展符合供电新的技术指标的要求。

铁路信号智能化电源屏的配电系统功能单元可分为输入单元、模块单元、输出单元和智能监测单元：

（1）输入单元：两路输入电源的引入、转换，交流集中稳压、整流，输入电源的浪涌抑制、雷电防护等。

（2）模块单元：实现输出不同电压、容量、频率的交、直流电源，此部分是各厂家采用技术区别最大的地方，有的采用工频稳压（参数式稳压器、工频数字电压补偿型交流稳压器或工频隔离变压器），有的采用高频电力电子技术的模块，同时也是模块化程度最高、最容易实现的部分。

（3）输出单元：实现将各种经过稳定的输出电压进行分配、保护、监督，实现输出电源的浪涌抑制、雷电防护等。

（4）智能监测单元：包括系统运行中的各种参数的实时采集、变换、处理、通信等，实现系统各种参数的监测、故障定位、报警、故障信息统计、储存等，同时可实现向微机监测提供电源运行参数的接口。

智能电源屏虽制式众多，但具有共同的技术特征。

智能铁路信号电源屏的最主要技术特征是设有监测模块，具有自动监测功能，实现了电源系统的实时状态和故障监测及远程监控和管理。

此外，各种智能电源屏都不同程度地实现了模块化，即将各种交、直流电源按用途设计成不同的模块，用户根据需要选择模块，构成供电系统。

智能电源屏广泛采用电力电子技术（指由电子电路高频调制对电能进行变换的技术），包括无触点切换技术、逆变技术、锁相技术、软件开发技术、功率因数补偿技术、并联均流冗余技术、安全防范技术等，以保证供电系统的可靠性。

4.1.2　铁路信号智能化电源屏技术发展与可靠性的兼顾

随着铁路运输指挥系统智能化、信息化、网络化的要求越来越高，铁路信号电源系统的应用范围逐渐向智能化铁路运输指挥系统中通信、信号、信息管理的综合集中供电系统方向发展。铁路信号电源的含义已不是传统概念的信号供电设备，因此，应给铁路信号智能化电源屏的功能和性质重新进行定义。

目前，铁路信号电源屏输出电源按照供电对象性质应分为三种：

（1）信号表示设备供电：主要包括信号点灯、轨道电路、道岔表示等供电。

（2）动力设备供电：主要是道岔转辙机。

（3）信息设备供电：主要包括信息的产生和传输设备，如计算机联锁机及执行设备，自动闭塞移频信息设备，以及调度指挥管理信息系统（DMIS）、调度集中控制系统（CTC）、微机监测等。

信号表示供电的特点：受传输距离的限制，一般情况下是从室内高电压输出到现场设备终端再变换为低电压使用，因此，要求输出电压稳定、可调。信号点灯电源要求隔离、分束输出，轨道电路电源要求相位一致等。

任何经过变换的电源模块可靠性均远不及电网的可靠性，因此，对于动力供电，在有可靠和供电质量高的站场，转辙机电源可采用工频隔离输出方式，特别是三相交流转辙机，对电源电压的波动范围要求比较宽。

由于信息设备大量采用中央处理器（CPU）、大规模集成电路等电子器件，因此，供电电源应具有浪涌和尖峰抑制、可靠的雷电防护、稳定纯净等高质量的特点。

铁路信号智能化电源屏的研制应按照信号设备对供电质量不同的要求，遵守先进、成熟、适用、可靠的设计理念，相应地选择既具有一定的技术先进性又具有高可靠性、适用性和可维护性好的电源系统，即考虑到产品的技术先进性，同时更要考虑产品的安全可靠性，不要一味地采用工频制式或者高频制式，更不可单纯追求技术先进性，忽略产品的可靠性，否则将会给铁路运营造成重大安全隐患，同时也会给生产单位带来重大的损失。

为了保证信号设备的供电安全，信号电源设备应考虑以下几个方面：

（1）要考虑到电源屏输出负载类型，尤其是感性负载、容性负载、整流性负载的冲击，阻性负载的满功率工作。

（2）信号设备的电源种类和电压类型等级较多，必须分路供电，相互隔离，降低干扰，力求发生故障时缩小故障范围，避免故障扩大化。

（3）使用电缆供电时要考虑电缆芯线间的分布电容形成串电的问题，尽可能使用扭绞电缆，必要时应分开电缆供电。

（4）交流输入必须考虑防雷、防浪涌电压以及安全接地。

（5）信号设备的保安系统采用断路器时，断路器的容量和特性要经试验或计算确定，并应满足动作的稳定性和灵敏度。

4.1.3 铁路信息智能化电源屏特点

随着电力电子和控制技术的发展，铁路信号智能电源屏逐步向智能化、网络化、模块化方向发展，具备了如下功能及特点：

（1）网络化。

通过多种形式的组网方式，进行远程遥测和集中监测，实现整条线路信号的实时监控，可极大地提高电源屏的巡检效率。

（2）智能化。

采用智能监控技术，可实时监测电源屏系统的工作状态，进行数据实时监测、故障报警、记录和定位，便于维修查询，缩短了故障判断时间。

（3）模块化。

依据铁路信号的特点，电源屏实行模块化设计，达到系统的免维修、少维护以及维修更换方便的目的。

（4）输入切换。

两路交流输入可自动切换，切换时间小于 150 ms。确保当外电网波动时，电源屏内部电源相对稳定。

（5）"$N+M$"热机备份。

各电源模块采用"$N+M$"方式热机备份，提高可靠性。

（6）热插拔。

电源模块采用无损伤热插拔技术，在线更换时间小于 3 min，提高可维修性。

（7）高效率。

整机效率大于 85%，整流模块的效率大于 90%。

（8）安全可靠。

系统设计符合国际及国家相关安全标准。

（9）与传统的电源相比，开关电源具有体积小、重量轻、功率因数高、便于集中监控、噪声小和扩容容易、调试简单等特点。开关电源工作时，功率管处于开关状态，功耗非常小，所以效率很高，可达 90% 以上。而同功能的线性稳压器或相控稳压电源效率只有 35% 和 70%，且体积要大得多。开关电源功率因数一般大于 0.92，对公共电网不会造成污染，无噪声，可与计算机组合成智能化电源系统，便于扩容和维护等。

4.1.4　铁路信号智能化电源屏具有的主要功能

电源屏的主要功能是将 I、II 路输入电源经切换、稳压、净化、隔离、整流、变频等控制技术将其变换为铁路信号设备所需的电源，并对其控制系统和运行状况进行遥测遥信、故障定位与告警、防雷等保护功能。

（1）遥信遥测：系统的监控模块可通过 RS-485、RS-232 方式连接本地计算机，并可通过调制解调器（Modem）或其他传输资源（如公务信道、专用信道、集中监测信道等）连接到监控中心，实现信号电源的集中监测组网。

（2）故障告警：铁路信号智能化电源屏具有完善的故障告警和保护功能，可通过监控模块实时采集系统的运行参数，对交流输入过欠压、缺相、模块故障、模块保护等系统故障进行声光报警，并可产生相应的若干接点输出，同时通过上位机进行报警。系统通过告警级别的设置，将告警分为紧急告警、一般告警和不告警。另外，监控模块可保存 100 条的历史告警信息。

（3）防雷系统：铁路信号智能电源输入采用完善的三级防雷系统，同时考虑信号设备复杂的工作环境，在系统的每路输出也设有一级输出防雷，保证系统在恶劣的环境下可靠工作。在电源屏的输入端和向室外信号设备供电的输出端设置不小于 20 kA 的冲击通流容量防雷器件。系统输入级可承受 8/20 μs 电流冲击波（20 kA）20 次；8/20 μs 电流冲击波（40 kA）1 次。系统的输出防雷装置可承受 8/20 μs 电流冲击波（5 kA）10 次。

铁路信号智能电源屏是专门为铁路信号设备供电的装置，信号负载电源类型主要有信号点灯电源、道岔表示电源、轨道电路电源、局部电源、直流转辙机电源、继电器电源、微机监测电源、交流转辙机电源、计算机联锁电源、闭塞电源/半自动闭塞电源、熔丝报警电源、灯丝报警电源、TDCS 电源、CTC 电源、表示灯电源、闪光灯电源、电码化电源等。

任务 4.2　DSGK 系列信号智能电源屏维护

【工作任务】

了解 DSGK 系列电源屏结构和工作原理，掌握其使用操作方法、日常维护及常见故障处理方法。

4.2.1 DSGK 系列信号智能电源屏系统介绍

DSGK 系列铁路信号电源屏是客运专线信号设备的专用供电设备，可分别向信号机、电动转辙机、道岔表示、继电器、轨道电路、微机监测、计算机联锁、列控中心、CTC 等设备提供稳定的交直流电源。

系统采用智能化、模块化、标准化设计，可实现信号电源的智能化管理；能适应现场各种负荷种类及容量的需要。

工频交流电源采用隔离输出方式，直流电源模块采用"$N+M$"并联冗余工作方式。

系统采用双套大容量纯在线式 UPS，其采用并联均流工作方式，向除转辙机以外的信号设备提供不间断电源，在一台 UPS 电源发生故障时，自动由另一台提供所有负载的供电，具有零转换时间，可以有效保证负载的不间断供电的需求；在两路电源均停电后，有人值守车站可维持供电大于 30 min，无人值守车站可维持供电大于 120 min；UPS 具有对电池智能充电管理功能。

设备放置于车站信号电源室或机械室内，使用环境须符合以下要求：

（1）环境温度：$-5\,℃\sim +40\,℃$；

（2）相对湿度：空气相对湿度不大于 90%（$+20\,℃$）。

（3）海拔高度：不超过 2 500 m。

（4）污染等级：3 级。

为确保设备有良好的可靠性和避免过热，柜体通风口不可被塞住或盖住。

本系统为大漏电流设备，必须保持良好的接地。

当系统供电正常运转时，切勿动作电源屏输入、输出电源断路器，以免造成用电设备故障或停电。

4.2.2 系统工作原理

1. 电源屏工作原理

智能电源屏输入电源采用两路独立的交流三相四线制电源，由防雷配电箱引线进入电源屏输入端子，闭合输入断路器，经输入模块转换后，选择一路可靠电源进入汇流排。

输入电源由汇流排进入 UPS，经 UPS 滤波、变换后输出稳定的交流电源，供给各个交直流配电单元。

交流转辙机电源采取变压器隔离、电网直供工作方式。

屏与屏之间由屏间连线跨接，以保证各屏可靠供电，闭合各隔离单元与模块的输入、输出断路器，电源屏对外正常供电。系统原理框图如图 4-1 所示。

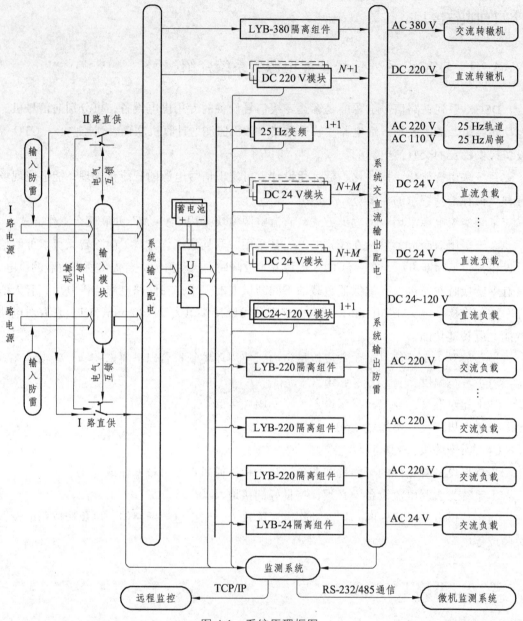

图 4-1　系统原理框图

输入电压：AC 380/220 V、50 Hz、三相四线制。

建议检查两路输入电源电位差，输入电源电位差（即 A1-A2、B1-B2、C1-C2 压差）宜不大于 AC 100 V，可减小两路电源转换时的电流冲击。

2. 主要模块工作原理

1）输入模块

系统输入为一主一备的"Y"型供电模式，电源屏内设有两路输入电源转换电路，当某路供电电源发生故障或需要人为进行转换时，能在 0.15 s 内转换至另一路电源，输入模块设有相序保护器。原理框图如图 4-2 所示。

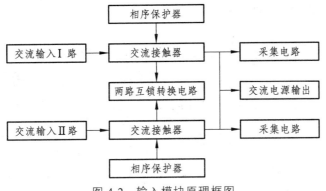

图 4-2　输入模块原理框图

2）直流高频模块

直流电源模块输入电源经过 AC-DC-DC 变换后，输出稳定的直流电源。系统配置时直流电源模块采用"$N+M$"并联冗余输出的工作方式，其原理框图如图 4-3 所示。

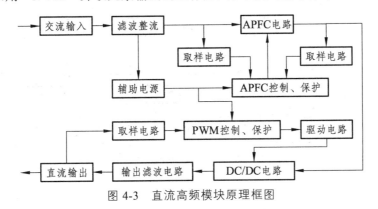

图 4-3　直流高频模块原理框图

3）直流工频模块

站间联系（闭塞）模块采用"$1+1$"并联工作方式。输出电压可在 DC 24～120 V 范围内分挡可调（6 V/挡），在每束输出电源的"＋"输出侧均串有一只堵截二极管，模块面板上设有窗口，打开后可调整变压器绕组抽头，对输出电压进行调节，主备用模块对应的输出电压要求调整一致。其原理框图如图 4-4 所示。

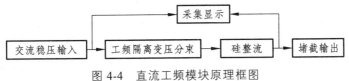

图 4-4　直流工频模块原理框图

4）25 Hz 模块

25 Hz 高频模块输入电源经过 AC-DC-AC 变换后，输出两束稳定的 25 Hz 交流电源，通过锁相技术，局部电源电压恒定超前轨道电源电压 90°相位角。系统配置时 25 Hz 电源模块采用"1+1"热机主备工作方式，在输入侧用工频隔离变压器对局部电源和轨道电源进行电气隔离，其原理框图如图 4-5 所示。

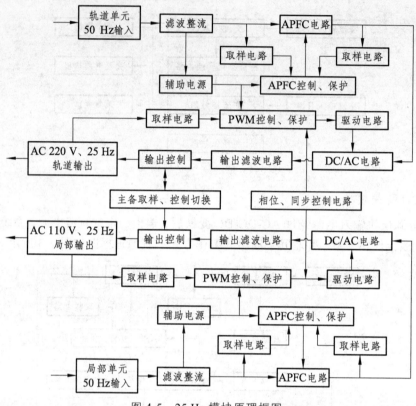

图 4-5 25 Hz 模块原理框图

5）监测模块

智能监测单元模块能够实时监测、显示各供电单元的工作情况及状态信息，可将数据通过标准通信接口（注：标准通信接口 RS-485 在 1 屏中，也可提供以太网通信方式）上传上位机或微机监测系统，支持历史数据查询。当输入停电时，监测系统由 UPS 供电，能维持正常采集、监测工作大于 10 min。其原理框图如图 4-6 所示。

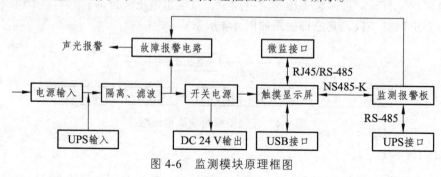

图 4-6 监测模块原理框图

3. 主要技术指标

DSGK 智能电源电源屏主要技术指标如表 4-1 所示。

表 4-1　DSGK 智能电源屏主要技术指标

序号	名称	额定电压	波动范围	电流及分束	工作方式
1	输入电源	两路独立电源，AC 380_{+57-76} V/220_{+33-44} V，50 Hz±1 Hz； 三相电压不平衡度≤5%； 电压波形失真度≤5%			
1-1	输入电源	AC 380 V/220 V	−20%～+15%	工程设计确定	自动转换+ 手动直供
1-2	输入功率因数	高频模块：≥0.99；系统：>0.95			
1-3	两路电源转换时间	<150 ms			
2	输出电源	30%～100%负载范围内			
2-1	AC 380 V 电源	AC 380 V	随输入变化	工程设计确定	隔离
2-2	AC 220 V 电源	AC 220 V	±6.6 V	工程设计确定	隔离、稳压
2-3	AC 110 V 电源	AC 110 V	±3.3 V	工程设计确定	隔离、稳压
2-4	DC 24 V 电源	DC 24 V	0～+2 V	工程设计确定	$N+M$
2-5	DC 220 V 电源	DC 220 V	±6.6 V	工程设计确定	$N+M$
2-6	DC 24～120 V 可调	DC 24～120 V 可调	±5 V	工程设计确定	1+1
3	系统效率	≥80%			
4	噪声指标	≤55 dB			
5	监测系统采集精度	1.0			

4. 电源状态指示

电源屏输出指示灯：绿灯亮则输出正常，绿灯不亮则无输出。

5. 监　测

智能监测系统采用 800×480 像素分辨率、65 535 色数字真彩触摸屏。系统实时监测电源屏输入/输出电源电压、电流及模块的工作状态等。

其主要功能如下：

（1）数据采集：对电源屏输入/输出电压、电流等模拟量和报警开关量进行快速高精度的采集处理，模拟量测量精度优于 1.0 级。

（2）实时显示：对输入/输出电源电压、电流、25 Hz 电源频率/相位、模块工作状态的实时显示。

（3）采集通信：通过检测监控主机与采集分机之间的通信状况，有助于对系统故障进行判断。

（4）故障报警：对系统输入/输出电源的过压、过流等故障进行监测，"报警查看"中详细列出故障发生时间、恢复时间及故障内容。对外提供一组状态接点并可外接报警电路，可使用户第一时间了解故障情况。

（5）数据上传：提供多种标准通信接口，采用标准通信协议与上位机或微机监测系统实现监测数据、报警信息的通信传输。

（6）UPS 数据采集：支持与铁路主流 UPS 的通信，采集 UPS 的模拟量和报警信息，并上传上位机。

（7）漏流检测：检测系统输出电源的漏泄电流数据，为设备的正常运行提供参考数据信息。

4.2.3　DSGK 系列电源屏维护

1. 开机程序

请按图纸正确接入两路输入电源线、输出电源线、屏间连线及电源屏与 UPS 连线。开机流程如图 4-7 所示。

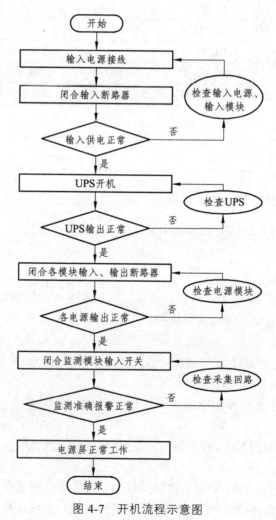

图 4-7　开机流程示意图

使用前先确认1屏内输入配电单元中Ⅰ路电源旁路直供开关1PK和Ⅱ路电源旁路直供开关2PK处于断开位置，严禁同时闭合两路电源的直供开关，否则容易造成停电事故。

闭合1屏中Ⅰ路电源输入开关，则输入模块Ⅰ路有电指示红灯点亮，输入模块Ⅰ交流接触器吸起，Ⅰ路电源投入工作，同时工作指示绿灯点亮，闭合Ⅱ路电源输入开关，输入模块Ⅱ路有电指示红灯点亮，Ⅱ路电源处于备用状态。

闭合UPS输入开关，按UPS操作说明正确开机，闭合UPS输出开关，测试UPS输出，确认UPS正常工作。

依次闭合各功能单元的输入开关，观察各模块工作正常后再闭合各输出开关，电源屏即可供出所需电源。

闭合监测模块面板上的电源开关，检查并确认电源屏监测系统及电源屏的运行是否正常。

2. 系统检修说明

（1）对输入模块进行检修时，应确认预备直供的输入电源处于良好状态。将该路电源直供供电开关闭合后，断开模块输入开关即可对输入模块进行检修。注意：若供电不可靠，在检修时停电，则系统不能转至另一路电源供电，将导致交转机输出停电，系统其他电源将由电池经UPS后备输出供电。

（2）对25 Hz电源模块进行检修时，应先确认备用模块处于正常状态后再断开待检修模块的输入开关，此时备用模块正常带载；恢复供电时，应先将模块插入后再闭合模块的输入开关，确认模块正常后，可通过断开主/备用模块的输入开关，验证模块转换功能是否正常。

（3）对直流电源模块进行检修时，可关闭故障模块的输入开关，更换正常模块即可。在模块投入前，应检测备用直流模块是否正常，且应将其输出电压调节到与系统电压相同。模块投入后应观察该直流模块的均流性能是否满足规定。

（4）对交流电源隔离组件进行更换时，应先将屏后端子中的负载线接入相应的备用电源端子中，再更换正常隔离组件，然后检查隔离组件输出，正常供电后恢复负载接线即可。

（5）24～120 V可调压直流电源模块更换时应将输出电压与现场使用电压调整一致。注意：同一绕组的不同抽头严禁用导线相连，否则将烧毁变压器绕组。

（6）屏内设有监测及报警回路，在输入、输出模块故障时，模块故障指示灯点亮，同时接通声光故障报警回路。此时可转动监测模块上的开关HK至"故障消音"位置并查找故障原因，当故障修复后，故障报警器亦会鸣响，以提醒值班员将HK恢复至"正常监督"位置。智能监测系统具有良好的人机界面，值班人员可根据汉字提示进行操作。

（7）各屏内分别设置辅助报警装置，当监测系统因故不能正常工作时，可实现简易地故障报警和定位（屏级）。辅助报警信号红灯和切音按钮为组合式带灯按钮，设在每屏输出指示灯板左侧。故障发生时，报警红灯点亮，蜂鸣器鸣响，手动按压按钮切除音响后，报警红灯保持点亮；故障消除后，报警红灯熄灭，蜂鸣器再次鸣响，提示再次手动按压按钮并切除音响后，辅助报警回路恢复正常监督状态。

3. 日常保养

为保证系统安全、稳定运行，应日常和定期对电源屏进行保养及维护。

（1）定期对电源屏进行清扫除尘，冷却风扇（如有）的进/出风口、接线端子及断路器表面为重点清扫部位。

（2）定期检查两路电源手动/自动转换情况及 25 Hz 模块主备用状态，看转换动作是否灵活可靠，主、备间相互转换是否正常，报警电路是否正常，注意在车站作业空闲时进行。

（3）定期检验防雷元件性能，特别是在雷雨天气前后；日常巡检时应注意观察防雷元件的失效指示窗口是否变红色，如窗口变红色应及时更换新防雷元件。

（4）定期测量输入、输出端电压，比较其与监测系统、模块仪表的差值，以确认测量精度在范围之内，其中监测系统误差为 ±1%（1/2 量程以上），模块仪表误差为 ±2.5%（1/2 量程以上）。

（5）定期测量对地绝缘电阻，用 DC 500 V 兆欧表测量（测量前应取下防雷模块）。

（6）高频开关电源。

使用年限超过 5 年之后，建议做一次性能指标检测，确认其输出指标是否满足使用要求。

日常巡检时，对采用并联均流工作方式的直流高频开关电源，应注意观察电源模块自身仪表显示的电流值，判断其均流状态是否符合要求。

（7）LYR（路阳输入）系列输入模块。

① 接触器维护：建议每 3 年对 LYR 系列输入模块中的接触器触点进行目视检查，如发现触点表面有电弧烧灼产生的毛刺、凹陷且变形严重时，应进行触头打磨或更换接触器。

② 建议每 3 年对 LYR 系列输入模块中电气元件的紧固螺钉和接线螺栓进行检查紧固，确认无松动及脱落现象。

（8）建议每 3 年对 LYB（路阳隔离变压）隔离组件中电气元件的紧固螺钉和接线螺栓进行检查紧固，确认无松动及脱落现象；检查屏内分流器的接线端子，确认紧固状态良好；检查断路器、变压器、防雷元件的接线端子，确认紧固状态良好。

（9）建议两路输入电源的相间电压（即 A1-A2、B1-B2、C1-C2 间的电压）应尽量保持在 100 V 以下，可以减小输入交流接触器在两路切换时的触头电腐蚀及切换浪涌电流。

（10）日常可用手掌轻触模块面板的方式判断模块温升状况，模块正常工作温度以手掌能够在模块面板放住为粗略判断标准。对于并联均流工作方式的直流开关电源模块，当模块均流精度符合要求时，如其中个别模块出现温度较其他模块高的情况，应着重关注该模块的工作状况，以防模块突然发生故障。

（11）UPS 及蓄电池按随机使用说明书进行维护。

（12）所有冷备用的电源模块、电子板件，在存储时间超过一年后，在投入使用前应单独通电进行测试，确认状态良好再投入使用。

4. 应急维修

（1）输入配电回路应急故障处理如表 4-2 所示。

表 4-2   DSGK 智能电源输入回路应急故障处理

序号	故障现象	原因分析	应急处理
1	输入模块工作正常，工作指示灯点亮，但后级部分模块无供电电源，导致部分输出电源停电	接触器主回路接线接触不良或接触器触头损伤	按压模块上的转换按钮进行手动转换，转至另一路输入电源工作。若当此时另一输入电源也故障也无法投入时，严格按照输入模块应急操作流程，先滑动机械互锁装置，闭合输入直供开关 1PK 或 2PK，采用输入直供方式，及时更换故障模块并查找故障点
2	输入有电，断相/错相报警，模块不工作	控制回路断线或相序保护器报警或外电网故障等	判定输入正常时，则输入模块内部故障；若另一路输入电源也无法投入工作时，严格按照输入模块应急操作流程，应急可先滑动机械互锁装置，闭合输入直供开关 1PK 或 2PK，采用输入直供方式，及时更换故障模块并查找故障点；或校对输入电源的相序有无缺相
3	主用/备用电源之间不能转换	接触器常闭互锁接点接线接触不良	严格按照输入模块应急操作流程，应急可先滑动机械互锁装置，闭合输入直供开关 1PK 或 2PK，可将该路输入电源转为直供供电，立刻更换输入模块

（2）输出配电回路应急故障处理如表 4-3 所示。

表 4-3   DSGK 智能电源输出回路应急故障处理

序号	故障现象	原因分析	应急处理
1	AC 220 V 等交流电源无输出	主回路故障或模块故障	检测 AC 220 V 等交流电源主回路输入/输出开关、隔离组件、端子等部位，更换相关故障器件或模块
2	25 Hz 电源某路无输出	主回路故障或模块故障	检测 25 Hz 交流电源主回路输入/输出开关、汇流排、输入隔离变压器、端子等部位，更换相关故障器件或模块
3	直流电源某路无输出	主回路故障或模块故障	检测直流电源主回路输入/输出开关、汇流排、端子等部位，更换相关故障器件或模块

（3）监测回路应急故障处理如表 4-4 所示。

表 4-4   DSGK 智能电源监测回路应急故障处理

序号	故障现象	原因分析	应急处理
1	通信状态中某一分机指示变红	通信线断开或监测分机故障	检查通信线连接；断开监测模块输入电源开关，备用监测分机拨好地址码后进行更换
2	电压/电流值显示与实际值有较大出入（可能过压、欠压、过流报警）	监测分机故障或传感器异常	断开监测模块输入电源开关，备用监测分机拨好地址码后进行更换，或更换传感器
3	输出电源欠压，导致停电	电源输出开关脱扣或模块故障停机或输出回路断线	检查电源输出端是否短路或输出是否负载；或检查模块是否故障报警；或检查输出回路是否有断路现象

如有其他异常现象，请做好记录并联系电源屏售后服务人员，以便及时排除故障。

【相关规范与标准】

TG/XH—101—2015《普速铁路信号维护规则技术标准》（铁总运〔2015〕238号）第12.2节电源屏部分对电源屏维护做了明确规定。

任务 4.3　PDZG 系列信号智能电源屏维护

【工作任务】

了解 PDZG 系列电源屏结构和工作原理，掌握其使用操作方法、日常维护及常见故障处理方法。

【知识链接】

4.3.1　PDZG 系列信号智能电源屏系统介绍

PDZG 系列智能铁路信号电源系统，是北京铁通康达铁路通信信号设备有限公司经过多年的生产实践与技术积累，将计算机技术、通信技术、控制技术与传统的电源技术相结合，将先进的设计理念溶于设计中，并结合当今高速铁路、客运专线、地铁、轻轨发展的需求，最新研制的铁路信号电源系统。

1. 系统用途

根据用户不同的需求，可方便地组成多种规格、不同容量的系统。满足各种通信、信号设备（如计算机联锁、微机监测、调度集中系统、调度监督系统、电码化设备、25 Hz 轨道电路、交直流电动转辙机、继电器、道岔表示、信号点灯、闭塞电源、表示灯、闪光灯、移频区间）等电源的需求。可提供高稳定、高可靠、品种齐全的交、直流电源。

2. 系统特点

（1）系统的两路输入电源采用主、备互锁控制方式工作。

输入电源系统具有手动转换及直供功能，可实现输入控制系统的断电维修，不影响向信号设备继续供电。

（2）电源系统的交流稳压器按单相设置，采用正弦能量分配的原理，并与 LC 净化电源相结合，使其具有良好的稳压和抗干扰性能。

（3）高频开关电源技术。

电源系统的 25 Hz 相敏轨道电源模块，采用 SPWM 脉宽调制技术和锁相跟踪技术。

（4）智能化设计。

监测单元对系统的输入、输出电源电压、电流值及电源模块的工作状态进行实时监测，并显示在 LCD 液晶显示屏上。当电源系统发生故障时，具体的告警内容、时间将记录在数据库内，同时发出声光报警信号。屏内的电源模块设置清晰的工作、故障指示，和监控单元构成的双套报警系统，可实现对两路输入电源、各电源模块、各输出回路等故障的指示或报警。且监控单元工作或故障时均不影响系统的供电。

（5）网络化设计。

系统的监测单元设有 RS-485 通信接口，可以实现与上位机通信或纳入微机监测进行组网，实现了电源系统实时状态和故障的监测及远程监测和集中管理。

（6）模块化、标准化设计。

系统电源采用模块化、标准化设计，体积小、重量轻、功率密度高。电源模块采用热插拔更换技术，维护方便。

系统电源的标准化设计，适应性强，使系统可灵活方便地动态组合成多种规格、容量的信号电源，满足不同信号设备供电的需求。并且预留一定的空间，易于扩容。

（7）可靠性高。

系统电源模块采用"1 + 1"或"$N + M$"备份方式，确保了系统的高可靠性。

（8）优异的供电质量。

系统中高频开关电源模块具有高效率、高稳压精度、高可靠性，有效地提高了系统的输出供电质量。

（9）完善的保护功能。

系统输入回路均设置纵向、横向防雷单元，过欠压保护及净化滤波装置，保证系统在较恶劣的电网环境条件下能够可靠工作。高频电源模块具有输入过压、欠压和输出过压、限流、短路及模块过温等完善的保护功能。

（10）电磁兼容。

系统具有良好的电磁兼容性能，保证系统在质量恶劣、电磁污染严重的供电环境中可靠工作，同时不对其他敏感设备造成干扰。

（11）系统采用全封闭安装结构，具有可靠的人身安全防护措施。

3. 系统原理框图

系统原理框图如图 4-8 所示。

4. 系统主要性能

1）输入电源控制方式

本系统的两路输入交流电源采用互为主、备的供电控制方式。正常情况下，一路电源主用供电，另一路备用；当主用电源故障时（断电、缺相、过压、欠压），自动转为备用电源供电，并设置手动转换功能。为避免两路输入电源切换部分因器件损坏导致电源屏掉电，电源输入部分具有手动直供功能。

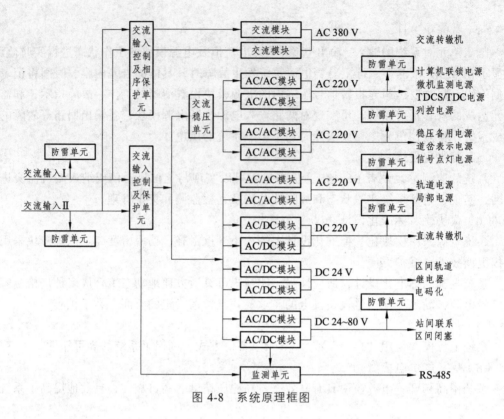

图 4-8　系统原理框图

2）电源模块工作方式

（1）25 Hz 相敏轨道电源模块采用 "1+1" 热备方式工作，分路输出。

（2）直流电源采用高频开关电源模块，按 "1+1" 或 "N+M" 并联冗余方式实现，其电源输入范围宽、抗干扰能力强、稳压精度高、纹波系数小。

（3）交流转辙机电源采用隔离直供方式，"1+1" 热备工作。

（4）交流隔离电源模块采用 "N+1" 或 "1+1" 热备工作方式。

（5）交流稳压电源模块采用正弦能量分配的原理，具有良好的稳压性能，稳压器设有输出过、欠压自动旁路和手动旁路功能。

（6）模块化结构，提高了系统的可靠性、灵活性，实现了系统的免维修，少维护。

3）完善的自我保护功能

电源屏具有完善的输入过、欠压保护、输出过压、限流、短路保护，设有输入、输出防雷、模块过温保护，绝缘导线全部采用 105 ℃的阻燃多芯铜导线。

5. 使用环境

周围空气温度：− 5 ℃ ～ + 40 ℃。

相对湿度：不超过 90%（ + 25 ℃）。

大气压力：74.8 ～ 108 kPa（海拔高度相当于 2 500 m 以下）。

周围介质中无导电尘埃及腐蚀性和能引起爆炸危险的有害气体。

6. 使用寿命

电子器件寿命：10 年；其他部件寿命：15 年；整机平均故障间隔时间：MTBF≥65 000 h。

4.3.2　PDZG 智能型综合信号电源系统性能、参数

1. 输入电源

电源屏由两路独立的交流 380 V（三相四线制）或 220 V 电源供电，两路输入电源允许偏差范围如表 4-5 所示。

表 4-5　输入电源允许偏差范围表

序号	输入电源	允许偏差
1	电压	AC 380^{+57}_{-76} V 或 AC 220^{+33}_{-44} V
2	频率	50 Hz ± 0.5 Hz
3	三相电压不平衡度	≤5%
4	电压波形失真度	≤5%
注：凡要求电源屏运行在超过以上规定的条件，按制造厂与用户之间的协议来设计和使用

2. 输出电源

输出电源包括信号点灯电源、道岔表示电源、计算机联锁电源、微机监测电源、CTC/TDCS 电源、25 Hz 轨道电源、25 Hz 局部电源、直流转辙机电源、交流转辙机电源、继电器电源、站间联系电源，其规格范围和容量如表 4-6 所示。

表 4-6　输出电源规格范围及容量参数表

序号	输出电源名称	规格、范围	容量、路数	备注
1	信号点灯电源	AC 220 V ± 6.6 V	6 A×2	
2	道岔表示电源	AC 220 V ± 6.6 V	5 A	
3	计算机联锁电源	AC 220 V ± 6.6 V	10 A×2	
4	微机监测电源	AC 220 V ± 6.6 V	5 A	
5	CTC/TDCS 电源	AC 220 V ± 6.6 V	10 A	
6	稳压备用	AC 220 V ± 6.6 V	5 A×2	
7	25Hz 轨道电源	AC 220 V ± 6.6 V	4.8 A×2	
8	25Hz 局部电源	AC 110 V ± 3.3 V	6 A×2	
9	直流转辙机电源	DC 220^{+20}_{-10} V	16 A	
10	继电器电源	DC 24 V $^{+3.5}_{-0.5}$ V	20 A	
11	站间联系电源	DC 24 ~ 60 V	2 A×4	
12	交流转辙机电源	AC 380 V	15 kV·A	
13	不稳压备用	AC 220 V ± 10 V	5 A	随外电网变化

3. 电源模块技术参数

1）交流稳压电源模块（AFD 系列）

AFD 系列交流稳压电源模块，是专为铁路信号电源而开发的交流供电模块，该模块采用电子补偿技术，具有较宽的电压输入范围，较高的稳压精度，模块自身设有输出过欠压保护功能。

规格型号：AFD-03C；AFD-05C；AFD-08C；AFD-10C；AFD-15E。电气特性如表 4-7 所示。

表 4-7　交流稳压电源模块电气特性表

序号	项　目	技术指标	单　位	备　　注
1	响应时间	≤80	ms	
2	输入电压	AC 176～264	V	165～270 V，稳压器正常启动，额定负载
3	输入频率	50/60	Hz	47～63 Hz
4	输出电压	AC 220±6.6	V	200～235 V，输入电压 165～270 V
5	输出电流额定值	13.6/23/36/45/68	A	—
6	冲击电流	≤（25/40/70/90/100）	A	输入额定电压；≤100 ms
7	输出过压保护	AC 242±2	V	自动转直供
8	输出电压恢复值	AC 235±3	V	自动恢复稳压供电
9	输出欠压保护	AC 190±2	V	自动转直供
10	输出电压恢复值	AC 200±3	V	自动恢复稳压供电
11	效率	≥95%	—	输入额定电压，输出额定负载
12	过载能力	≥1.5PN	—	≥10 s
13	输出波形附加失真	≤1%	—	—
14	功率因数	≥0.9	—	—
15	告警信号	两组接点	—	正常时闭合；故障时断开
16	转换时间	≤150	ms	—
17	工作制式	不间断	—	—

2）交流隔离电源模块（BB 系列）

交流隔离电源模块（BB 系列），是铁路信号三相交流转辙机电源用供电模块，该模块能有效地抑制三次谐波和减少干扰信号，防止非线性负载的电流畸变影响到交流电源的正常工作及对电网产生污染，起到净化电网的作用，并能有效地降低电机启动时对电网的冲击。

规格型号：BB-03G；BB-06G；BB-09G。其电气特性如表 4-8 所示。

表 4-8 交流隔离电源模块（BB）电气特性表

序号	项　目	技术要求	单　位	备　　注
1	输入额定电压	220	V	—
2	输入频率	50/60	Hz	47～63 Hz
3	冲击电流	≤（26/50/80）	A	输入额定电压；≤100 ms
4	输出额定电压	AC 220	V	—
5	输出额定电流	13.6/27.3/40.9	A	—
6	电流量程比值	20 A：DC 2 V	—	BB-06（09）G 为 50 A：DC 2 V
7	电压调整率	≤±3%	—	
8	效率	≥92%	—	输入额定电压，输出额定负载
9	温升	≤60	℃	—
10	噪声	≤45	dB	—
11	空载电压	≤＋5%	—	
12	空载电流	≤8%	—	
13	满载电压	≤－4%	—	
14	输出波形附加失真	≤1%	—	
15	工作制式	短时	—	
16	告警信号	两组接点	—	正常时闭合，故障时断开
17	并机通信信号（发送）	断开	—	模块正常工作
18	并机通信信号（接收）	闭合	—	模块正常，电流信号送出

3）交流隔离电源模块（BX 系列）

交流隔离电源模块（BX 系列），是铁路信号电源用交流供电模块，能有效地抑制三次谐波和减少干扰信号；防止非线性负载的电流畸变影响到交流电源的正常工作及对电网产生污染，起到净化电网的作用。规格型号及电气特性如表 4-9、表 4-10 所示。

表 4-9 交流隔离电源模块（BX）规格型号及电气特性表（1）

序号	规格型号	输出电压及容量	冲击电流（输入额定电压；≤100 ms）
1	BX-32E（D）	AC 220 V-3 A×2	≤12 A
2	BX-52E（D）	AC 220 V-5 A×2	≤20 A
3	BX-82E（D）	AC 220 V-8 A×2	≤32 A
4	BX-05E（D）	AC 220 V-5 A	≤10 A
5	BX-10E（D）	AC 220 V-10 A	≤20 A
6	BX-15E（D）	AC 220 V-15 A	≤30 A
7	BX-55D	AC 220 V-5 A，AC 24 V-5 A	≤10 A

（1）"E"系列适用于"$N+1$"工作方式，"D"系列适用于"$1+1$"方式。

（2）"$N+1$"工作方式：

① 多台模块工作，共用一台备用模块，主备工作，在线热备；模块具有检测控制功能。

② 输入断电时，电源模块发出告警信号，输入恢复正常后自动恢复工作。

③ 电源模块任一路输出断电，发出告警信号。

④ 两台或多台模块主备工作，当主模块故障时自动转为备用模块输出，并发出告警信号。

（3）"$1+1$"工作方式：

① 两台模块并联工作，互为主备，在线热备；模块具有检测控制功能。

② 输入断电时，电源模块发出告警信号，并发出"发送"信号，输入恢复正常后自动恢复工作。

③ 电源模块任一路输出断电，发出告警信号，并发出"发送"信号。

④ 两台模块并联工作（互为主备），当主模块故障发出告警信号，并发出"发送"信号，备用模块接收端收到信号后，立即输出。

表 4-10　交流隔离电源模块（BX）电气特性表（2）

序号	项　目	技术要求	单　位	备　注
1	输入额定电压	220	V	—
2	输入频率	50/60	Hz	47～63
3	输出额定电压	AC 220	V	BX-024D-S 为：24 V
4	电流量程比值	20 A：DC 2 V	—	BX-024D-S 为：50 A，DC 2 V
5	电压调整率	≤±3%	—	BX-024D-S 为：±10%
6	效率	≥92%	—	输入额定电压，输出额定负载
7	转换时间	100～120	ms	BX-024D-S 为 120～150
8	温升	≤60	℃	—
9	噪声	≤45	dB	—
10	30%额定负载电压	≤+1.5%	—	BX-024D-S 为：≤+5%
11	空载电流	≤8%	—	—
12	满载电压	≤-1.5%	—	BX-024D-S 为：≤-4%
13	输出波形附加失真	≤1%	—	—
14	告警信号	两组接点	—	正常时闭合，故障时断开
15	并机通信信号（发送）	闭合	—	模块正常工作
16	并机通信信号（接收）	DC 4±0.5	V	模块正常工作
17	工作制式	不间断	—	闪光：周期
18	闪光频率（BX-024D-S）	90±5	次/min	调节范围 60～110，通断比 1∶1

4）直流高频开关电源模块（AMZ 系列）

采用针对铁路电源特点设计的 AMZ 系列高频开关电源模块，其电源输入范围宽、抗干扰能力强、稳压精度高、效率高，波形失真度小、纹波系数小，在恶劣的环境下确保输出不间断。规格型号及电气特性如表 4-11、表 4-12 所示。

表 4-11　直流高频开关电源模块规格型号及电气特性表（1）

序号	规格型号	输出电压及容量	输入电流	输入冲击电流	启动时间	输出限流保护	适用范围
1	AMZ-024D-30	DC 24 V-30 A	≤5 A	≤8 A	≤5 s	31～33	继电器
2	AMZ-024D-50	DC 24 V-50 A	≤7 A	≤9 A	≤8 s	51～55	区间轨道、电码化电源、移频电源等
3	AMZ-024D-85	DC 24 V-85 A	≤12 A	≤18 A	≤10 s	86～90	
4	AMZ-060D-02	DC 23 V-60 V-3 A×2	≤2 A	≤4 A	≤1 s	3.3±0.2	站间联系、闭塞电源、灯丝报警等
5	AMZ-060D-04	DC 23 V-60 V-3 A×4	≤3 A	≤6 A	≤1 s	3.3±0.2	
6	AMZ-220D-20	DC 220 V-20 A	≤12 A	≤17 A	≤8 s	20～21	直流转辙机电源

表 4-12　直流高频开关电源模块规格型号及电气特性表（2）

序号	项　目	技术要求	单　位	备　注
1	工作电压范围	AC 160～270	V	—
2	输入频率	50/60	Hz	47～63
3	输入过压报警	AC 280±4	V	不关机，告警
4	恢复电压	AC 270±4	V	自动恢复
5	输入欠压报警	AC 155±4	V	额定负载
6	恢复电压	AC 165±4	V	额定负载
7	输出电压范围	DC 22～28	V	可调，060D 为：23～65；220D 为：210～230
8	输出电压整定值	DC 25	V	AMZ-220D 为：220
9	输出过压保护	DC 30±1	V	AMZ-060D 为：70±2；AMZ-220D 为：235±3
10	输出欠压报警	DC 20±1	V	AMZ-220D 为：200±1
11	稳压精度	≤±3%	—	
12	纹波电压（峰峰值）	≤200	mV	AMZ-060D 为：≤600；AMZ-220D 为：≤800
13	纹波有效值	≤50	mV	AMZ-060D、AMZ-220D 为：≤200
14	过温保护	80±3	℃	温度下降到 70±5 ℃时自动启动
15	均分负载不平衡度	≤±5%		单台模块平均额定负荷 50%以上；AMZ-060D 为：无
16	效率	≥83%		输入额定电压，输出额定负载
17	输出短路保护	正常	—	故障排除后，自动恢复
18	续流能力	≥150	ms	输入额定电压，输出额定负载，输出电压不低于 DC 22 V；AMZ-060D 为：无
19	告警信号	两组接点	—	正常时闭合；故障时断开
20	工作制式	不间断工作制	—	AMZ-220D 为：短时工作制

5）25 Hz 高频开关电源模块（AMA-25D 系列）

为了适应铁路发展以及铁路技术更新换代的要求，实现信号电源系统高频化、模块化、智能化、网络化，研发的 25 Hz 高频电源模块采用高频开关电源技术实现高功率因数、宽电压输入，低失真、高精度、高效率输出；模块耐受冲击能力强，能适应各种负载，模块可热拔插，有故障能自动退出，不影响正常输出，实现了高可靠性和易维护性；模块还具有故障告警功能。在一个模块内提供轨道电源和局部电源，局部电源超前轨道电源 90°。电气特性如表 4-13 所示。

表 4-13　25 Hz 高频开关电源模块电气特性表

序号	项　　目	技术要求	单位	备　　注	
1	输入电压	AC 165～264	V	—	
2	输入频率	50/60	Hz	47～63	
3	输入波形失真	≤5%	—	—	
4	输入过压	AC 286±5	V	额定负载，不保护，告警	
5	输入欠压	AC 155±5	V	额定负载，不保护，告警	
6	输入电流	≤（16.5/26.8/40）	A	—	
7	输入冲击电流	≤（40/50/75）	A	≤100 ms	
8	输出电压范围	AC 210～230	V	可调	
		AC 100～120			
9	输出电压整定值	AC 220±1	V	AC 110 V 电压超前 AC 220 V	
		AC 110±1		电压相位 90°±1°	
10	输出电流额定值	AC 220 V：6	A	AC 220 V：12	AC 220 V：18
		AC 110 V：8		AC 110 V：16	AC 110 V：24
11	输出限流保护	9～9.5	A	18～19	27～28.5
		13～14		26～28	39～52
12	输出过压保护	DC 240±2	V	转换	
		DC 120±2			
13	输出欠压保护	DC 200±2	V	转换	
		DC 100±2			
14	电压调整率	≤±0.1%	—	—	
15	输出频率	25±1%	Hz		
16	效率	≥85%	—	输入额定电压，输出额定负载	
17	主、备模块切换	≤20	ms	—	
18	续流能力	≥150	ms	输入额定电压，输出额定负载	
19	稳压精度	1%	—	输入电压额定值，0～100%负载	
20	过温保护	85±5	℃	模块内部温度超过 45±5 ℃风扇启动，85±5 ℃关断输出	
21	输出短路保护	正常	—	故障排除后，自动恢复	
22	输出波形	正弦波	—	—	
23	波形失真度	≤3	%	—	
24	50 Hz 谐波分量	≤1	%	—	
25	告警信号	两组接点	—	正常时闭合；故障时断开	

6）AMS 交流输入控制模块

AMS 模块为输入电源的控制模块，它对信号电源系统中输入电源的电压参数进行实时监测，当任一相电压超出规定范围，模块可以自动切换到备用模块工作，切换时间短，并能送出报警信号；具有清晰的故障和工作指示，当电压正常，需恢复主用模块工作，需进行手动切换。

AMS 模块具有如下功能：

（1）模块监测到其中一相或几相电压超过 265±2 V 时，该模块自动断开输入电源控制回路，输出过压信号，同时模块上过欠压绿色正常指示灯熄灭，红色故障指示灯点亮。当三相电压均低于 256±2 V 时，绿色正常指示灯点亮，红色故障指示灯熄灭。

（2）模块监测到其中一相或几相电压低于 165±2 V 时，断开输入电源控制回路，输出欠压信号，同时模块过欠压指示灯发出红色光。当三相电压均高于 174±2 V 时，输入电源控制回路过欠压指示灯恢复为绿色。

（3）外部输入电源电压正常，过欠压保护电路自身出现故障时，可以自动断开输入电源控制回路，并送出报警信号，约 2 s 后，自动恢复输入电源控制回路，即自动转入直通状态，并保持报警信号，模块指示灯仍为红色。

（4）过欠压电路自身发生故障自动转直通功能，监测电压应在 AC 190～240 V 范围内，超过此范围按过、欠压处理。

（5）模块过欠压监测具有手动退出功能。

（6）模块具有自动和手动转换功能。

（7）当系统的输入输出回路、电流模块、防雷单元等出现故障，系统故障总指示灯均点亮。

7）AMC 交流转辙机控制模块

AMC 模块为两路输入电源相序参数的实时监控模块，当电源断相、错相时，模块内部保护电路动作，该模块自动断开工作控制回路，切换至备用模块工作，切换时间短，并送出报警信号；当电源恢复正常后，需恢复主用模块工作，需进行手动切换。

AMC 模块具有如下功能：

（1）模块相序保护电路设自动转直通功能，可在自身发生故障时导向安全。

（2）输入电源 A、B、C 三相均有电，红色电源指示灯点亮，相序正确，绿色正常指示灯点亮。相序发生错误，绿色正常指示灯熄灭，相序保护电路断开输入电源控制回路，输出报警信号。

（3）输入电源正常情况下，相序保护电路自身出现故障时，保护电路断开输入电源控制回路，输出报警信号；约 4 s 后，自动恢复输入电源控制回路接通即自动转入直通状态，并保持输出报警信号。

（4）模拟故障检测，将 21 和 22 短路时，模拟过欠压保护器自身出现故障，应自动转向直通。

（5）当输入电源出现错相时，模块面板上对应的相序指示灯变成红色。

（6）模块具有自动和手动转换功能。

8）微机监测单元

铁路综合信号电源系统微机监测单元（以下简称监测单元）对铁路综合信号电源系统中电源的各项参数和工作状态进行实时监测，并随时把监测结果显示在 LCD 显示屏上。当电源系统发生故障时，具体的告警内容、发生时间等信息都将及时记入监测单元中的告警数据库内，供随时检索查询，数据库中可以滚动记录最新的 1 000 条告警信息。同时，还设有声音报警和继电器接点告警输出。当出现故障报警时还可提供两组报警干接点输出信号至值班控制台。

监测单元中预留有 RS-485 通信接口，与微机监测系统连接后传送监测参数和告警信息，便于进一步实现铁路信号电源的集中监测，进而实现无人或少人值守的要求。

微机监测单元主要具有如下功能：

（1）具有清晰的汉字菜单，引导用户轻松操作。

（2）实时监测 Ⅰ、Ⅱ 路输入电源的每相电压和电流。

（3）实时监测各分路输出电源的电压、电流。

（4）所有输入、输出电源的过压和欠压告警。

（5）所有输入、输出电源的过流告警。

（6）监测交流输入电源控制回路中接触器的工作状态。

（7）所有模块的工作状态及故障告警和防雷单元故障告警。

（8）滚动记录最新的 1 000 条告警信息，记录内容含：告警时间（开始时间和结束时间）、告警内容（过压、欠压、过流及具体数值）。

（9）过压、欠压和过流告警值的设定。

（10）所有设置操作都有密码保护，防止未经授权者误操作。

微机监测单元原理框图如图 4-9 所示。

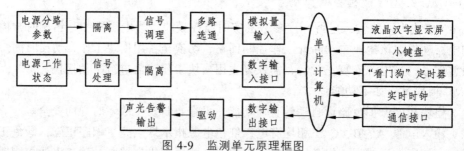

图 4-9　监测单元原理框图

监测单元的设计采用了单片机技术和精度小于 1‰ 的高精度 A/D 转换器以及"看门狗"定时器等多项先进技术，输入输出间均有良好的电气隔离措施，保证监测单元本身能稳定可靠的运行。

微机监测单元在使用维护过程中应注意：

（1）监测单元的维护，需要接受过专业技术培训的人员方可操作。

（2）监测单元非经授权人员不可随意操作设置。

（3）为了避免值班人员遗漏故障告警信息，微机监测单元告警后，蜂鸣器将一直鸣响，直到故障消失或按退出键消音。

（4）密码不得随意修改，请务必牢记密码。

（5）液晶显示屏具有自动黑屏功能，3 min 无按键即自动黑屏。按任意键后恢复显示。

（6）监测单元开机后延时 20 s 才开始进行监测和故障告警，延时期间显示：Waiting...，目的是等待信号电源中各电源模块全部正常工作。

4. 工频耐压

温度为 15 ~ 35 ℃ 时，相对湿度为 45% ~ 80%，正常大气压力条件下，电源屏的输入、输出端子单线对地；工频耐压试验电压施加的时间为 1 min，试验电压应为正弦波，且频率为 45 ~ 62 Hz，试验后应无击穿或闪络现象发生。

主电路及与主电路直接连接的辅助电路试验电压值按表 4-14 进行选择。

表 4-14　主电路及与主电路直接连接的辅助电路试验电压值参考表

额定绝缘电压 U_i/V	工频试验电压（交流均方根值）/V
$U_i \leqslant 60$	1 000
$60 < U_i \leqslant 300$	2 000
$300 < U_i \leqslant 690$	2 500

不与主电路直接连接的辅助电路试验电压值按表 4-15 进行选择。

表 4-15　不与主电路直接连接的辅助电路试验电压值参考表

额定绝缘电压 U_i/V	工频试验电压（交流均方根值）/V
$U_i < 60$	500
$U_i \geqslant 60$	$2U_i + 1\,000$，最低 1 500

高频开关电源可采用直流耐压试验方式实施，试验电压选用交流试验电压值的 1.414 倍。

5. 绝缘电阻

（1）正常绝缘。

当温度为 15 ~ 35 ℃，相对湿度为 45% ~ 85%，正常大气压力条件下，电源屏的输入、输出端子单线对地间的绝缘电阻应不小于 25 MΩ。

（2）潮湿绝缘。

当温度为 - 5 ~ +40 ℃，相对湿度为 90%，电源屏的输入、输出端子单线对地间的绝缘电阻应不小于 1 MΩ。

6. 温　升

当电源屏的输出功率为额定值时，电源屏在室内温度为 40 ℃ 环境中长期运行时的温升。变压器不大于 65 ℃，整流元件及电源模块外壳温度不大于 70 ℃。

7. 噪　声

在额定输入电压及额定负载的条件下，电源屏的整机噪声不超过 65 dB（A）。

4.3.3　PDZG系列电源屏维护

1. 整机安装与上电前检查

1）安装前的准备工作

（1）安装现场检查。

设备安装前对机房做如下检查：

① 设备安装的走线装置完成情况检查。如地沟、机柜底座、走线孔等。

② 设备安装所需的环境检查。如温度、湿度、粉尘等。

③ 安装施工所需要的条件检查。如供电、照明等。

（2）工具、材料的准备。

电源设备安装要求的工具。包括：螺丝刀、WAGO端子接线专用钳等。

安装用电气连接材料。包括：交流电缆线、负载连接电缆等，设计规格应符合相关的行业标准。

电源安装施工所需要的辅料。包括：膨胀螺钉、接线端子等。

2）开箱验货

按照合同和装箱清单开箱检验。检验内容包括：

（1）按装箱清单，核对设备数量及规格型号的正确性。

（2）检查设备外观和模块外观的完整性及完好性。

（3）按装箱清单检查电源屏的技术文件、图纸、附备件是否齐全。

3）安装要求

（1）系统机柜的摆放。

机柜的摆放严格按《PDZ型智能综合信号电源屏模块布置示意图》依次放置，然后用M14螺栓与地面紧固。

（2）电缆布置要求。

系统的输入电缆线、输出负载线，采取下走线方式。当需要上走线时，应与走线架安装牢固。

（3）接地防护要求。

电源系统的防雷地和保护地分别使用不同的接地体，保护地外接地线的线径应不小于10 mm^2，接地电阻应小于10 Ω；防雷地外接线径应不小于10 mm^2，接地电阻应小于10 Ω。当接地电阻不符合上述要求时，可增大接地尺寸、增加埋设深度及在接地体周围施以降阻剂予以解决。

（4）上电前检查。

① 紧固件检查：检查电源屏的结构件、紧固件、变压器等是否有松动。

② 电气检查：检查电源屏的插接件及电气连接部分是否保持良好接触。

③ 屏间连线：依据屏间连线表，连接屏间连线并检验确认。

④ 接地确认：确认保护地、防雷地连接可靠。

⑤ 系统的完整性检查：模块配置和布置是否正确。

⑥ 主回路检查：用万用表检查交流接触器和输入断路器输入接线端子上各线，线间不得短路；所有输出空开之间不得有短路。

2. PDZG型智能电源屏操作

PDZG智能型综合信号电源系统由净化稳压屏，交直流A、B，交流转辙机屏组成，具体分析如下。

1）净化稳压屏

PDZG智能型综合信号电源系统净化稳压屏电路原理图请扫描二维码获取。将两路AC 380 V电源引入净化稳压屏。

PDZG智能型综合信号电源系统净化稳压屏电路原理图

Ⅰ路输入电源分别接至端子D1-1~D1-3；Ⅱ路输入电源分接至端子D1-7~D1-9。

Ⅰ、Ⅱ路电源的零线接至端子D1-4，5，6。

断路器1QF1、1QF2为交流输入控制及保护单元AMS1、AMS2的供电控制断路器。

两路输入电源互为主、备方式工作，以Y型互锁控制方式供电。先闭合1QF1，此时Ⅰ路电源（AMS1）工作，闭合1QF2，Ⅱ路电源（AMS2）处于备用状态。如Ⅰ路电源断电或断相，系统自动转换为Ⅱ路电源供电。

正常时，两路电源AMS1、AMS2的维修旋锁旋至工作（左）挡位。闭合断路器1QF1，AMS1有电，红色电源指示灯点亮，同时白色工作指示灯点亮；闭合断路器1QF2，AMS2有电，红色电源指示点亮；两路白色工作指示灯不能同时点亮。系统供电（DC 28 V）有电（为故障总指示灯供电）。

系统具有手动转换功能，按下Ⅰ路、Ⅱ路手动转换按钮，进行两路电源的手动转换。隔离开关1QS1、1QS2为AMS1、AMS2的输出控制隔离开关，依次闭合隔离开关1QS1、1QS2，闭合系统正常供电，闭合隔离开关1QS3，经隔离开关2QS8及端子D3-4~D3-7为交直流B屏提供不稳压电源，向高频电源模块（25 Hz电源模块、直流电源模块）供电。

闭合稳压模块W11、W12，输入断路器1QF4、1QF5，闭合稳压供电隔离开关2QS3、2QS5，经隔离开关2QS7及端子D3-1~D3-3为交直流A屏提供稳压电源，向交流输出电源模块供电。2QS4、2QS6为稳压模块W11、W12的手动旁路供电隔离开关。

稳压模块需要维护或维修时，应手动先断开相应隔离开关2QS3或2QS5，滑动严禁同时闭合控制滑锁，再闭合2QS4或2QS6（2QS3与2QS4、2QS5与2QS6严禁同时闭合），由外电网直接供电后，断开输入断路器1QF4或1QF5。

电源系统具有输入电源直供功能，可实现输入控制系统的断电维修。1QF3、2QS1、2QS2组成输入电源直供控制电路。正常时，Ⅰ、Ⅱ路输入电源其中的一路直供隔离开关2QS1、2QS2置于质量较好的一路输入电源侧，输入直供断路器1QF3置于断开位置；当主、备输入控制及保护单元控制失效或部件故障维修时，先断开正常供电隔离开关1QS3，滑动严禁同时闭合控制滑锁，再闭合断路器1QF3（1QS3与1QF3、2QS1与2QS2严禁同时闭合），即可使输入电源直供。

控制及保护单元 AMS 需断电维修时，先断开控制及保护单元 AMS 输入控制断路器 1QF1、1QF2 及输出控制隔离开关 1QS1、1QS2，使控制及保护单元 AMS 完全断电后再进行维修（需要点操作）。

控制及保护单元 AMS 需带电维修时，先将工作的控制及保护单元后部的维修旋锁顺时针旋至维修（右）挡位，再切断需维修输入控制及保护单元的输入断路器及输出隔离开关，不影响向信号设备继续供电。维修后恢复上电时，闭合输入控制及保护单元的输入断路器（1QF1 或 1QF2）及输出隔离开关（1QS1 或 1QS2）。维修后必须将输入控制及保护单元 AMS1、AMS2 后部的旋锁逆时针旋至工作（左）挡位，否则两路电源将不能正常转换工作。

两路输入电源横向、纵向均设置防雷单元，正常时视窗为绿色。防雷器雷击损坏后，视窗为红色，监测单元给出报警，应及时其进行更换。

两路交流输入控制及保护单元均设有过、欠压保护功能，以实现对两路输入电源的监控。输入电源正常时，绿色正常指示灯点亮，当被监测输入电源三相中的任一相或一相以上电压超过过压保护值 265 ± 2 V 或低于欠压保护值 165 ± 2 V 时（该路为供电工作电源），将自动切换至另一路输入供电，红色故障指示灯点亮；当三相电压低于恢复电压值 255 ± 2 V 或高于恢复电压值 174 ± 2 V 时，绿色正常指示灯点亮，红色故障指示灯熄灭。

自动转直通功能：当外部输入电源电压正常，过、欠压保护单元自身出现故障时，关断正常输出条件（如该路电源工作，则切换至另一路），约 2 s 后，恢复接通正常输出条件（如另一路电源故障，可转回本路电源供电）。过、欠压保护自身故障直通工作时，仍能保证一定的过欠压保护功能，但保护范围变窄，监测电压超出 AC 190 ～ 240 V 的范围，按过欠压处理。自判断保护故障时，提供故障报警和报警信息，提醒维护人员及时更换处理，保证输入电源过、欠压保护功能完整。

手动转直通功能：外部输入电源电压正常，过、欠压保护部分自身供电电路出现故障，造成两路输入电源无法正常转换导致电源屏发生断电时，过、欠压保护部分停止工作，指示灯全部熄灭，不能自动转入直通状态，应采取应急措施，手动按下过、欠压保护部分的红色退出按键，保证输入电源控制功能完整（如另一路电源故障，可转回本路电源供电）。

当两路输入电源同时出现过、欠压故障导致电源屏发生断电现象，虽然可以按下红色退出按键，维持电源屏供电，但此时输入电源不受过、欠压保护器控制，易造成屏内器件损坏，请用户谨慎操作。

断路器 2QF1 为不稳压备用电源的输出控制，接至 D2 端子。端子 D4-1 ～ D4-3 为 Ⅰ、Ⅱ 路输入电源工作指示条件，端子 D4-4 ～ D4-6 为故障报警条件，两组干接点送至控制台，为控制台提供监测条件。

系统监测供电模块（UR）为监测单元、故障总指示灯供电，闭合断路器 1QF7 系统供电有电（DC 28 ～ 30 V 范围内），同时为监测单元蓄电池组浮充电。

注：信号电源系统出厂时，电池组处于断开状态，防止在产品存放或施工期间电池组过放电；电池组由售后服务人员在产品正式开通时，闭合电池组控制按键开关，电池组投入系统工作。

2）交直流 A 屏

电路原理图请扫描二维码获取。

PDZG 智能型综合
电源系统交直流
A 屏电路原理图

由净化稳压屏端子 D3-1 ～ D3-3 引入的稳压电源接至端子 D1-1 ～ D1-3。

隔离电源模块 A11 ～ A14、A21 ～ A24 采用"N＋1"配置，热备工作方式，分路输出，每组机框中的最后一台电源模块为本组其他电源的备用模块。

断路器 1QF1 ～ 1QF3，1QF5 ～ 1QF6，为各交流输出电源模块 A11 ～ A13、A21 ～ A23 主电源的输入控制。断路器 1QF4、1QF8 为备用电源模块 A14、A24 输入控制。平时由主用供电，备用电源热备。主用模块故障，自动转为备用模块供电，转换时间小于 0.15 s。备用状态的模块的维修更换不影响正常供电。备用模块通过主用模块继电器落下接点输出，主用模块维修更换时应注意，先断开故障电源模块的输入断路器，再闭合由备用模块直接输出相应的短接开关端子（KD11 ～ KD28），使备用模块的输出及转换插座针脚连通，输出由备用模块直接提供，再进行更换操作（正常工作时，KD 开关端子应处于断开位置）。

信号点灯、道岔表示输出电源均设置纵向防雷单元。模块输入控制开关与对应配线端子如表 4-16 所示。

表 4-16　模块输入控制开关与对应配线端子表

序号	输入控制	模块名称	对应开关端子	输出控制	输出端子	输出分路名称	备注
1	1QF1	A11	KD11	2QF1	D2-1、D2-2	计算机联锁 1	—
2	1QF2	A12	KD12	2QF2	D2-3、D2-4	计算机联锁 2	—
3	1QF3	A13	KD13	2QF3	D2-5、D2-6	CTC/TDCS	—
4	1QF4	A14	KD14	—	—	—	备用隔离电源模块
5	1QF5	A21	KD21	2QF4	D2-7、D2-8	信号点灯 1	
6			KD22	2QF5	D2-9、D2-10	信号点灯 2	
7	1QF6	A22	KD23	2QF6	D2-11、D2-12	道岔表示	
8			KD24	2QF7	D2-13、D2-14	微机监测	
9	1QF7	A23	KD25	2QF8	D2-15、D2-16	稳压备用 1	
10			KD26	2QF9	D2-17、D2-18	稳压备用 2	
11	1QF8	A24	KD27	—	—	—	备用隔离电源模块
12			KD28	—	—	—	

3）交直流 B 屏

电路原理图请扫描二维码获取。

由净化稳压屏端子 D3-4 ～ D3-7 引入的不稳压电源接至端子 D1-1 ～ D1-4。

断路器 1QF1、1QF2 为 25 Hz 电源的输入控制，由高频开关电源模块 B11、B12 进行 AC/DC/AC 变换，并经控制电路输出，分别接至 D2 端子，由 D2 端子引出接至 25 Hz 轨道电源、25 Hz 局部电源。

PDZG 智能型综合
电源系统交直流
B 屏电路原理图

25 Hz 相敏轨道电源模块采用"1 + 1"配置，互为主、备方式工作，分路输出。平时一套主用供电，一套热备。主用模块故障，自动转为备用模块供电，转换时间小于 0.15 s。备用状态模块的维修更换不影响正常供电。

断路器 2QF1 ~ 2QF4 为 25 Hz 轨道、局部电源各分路的输出控制。

直流电源采用高频开关电源模块实现，按"1 + 1"或"$N + M$"配置，分路输出，并联冗余方式工作，均流性能良好。

并联冗余的模块组其中的一块模块故障，故障模块自动退出，不影响该组模块的正常输出。此时监测单元告警，并显示故障模块的具体位置，提醒用户及时更换。如现场条件允许，对于直流高频开关电源模块推荐断电更换。

直流转辙机、站间联系、灯丝报警电源输出均设置纵向防雷单元。

25 Hz 轨道电路各分路输出电源均设置纵向、横向防雷单元。

直流转辙机、站间联系电源输出均设置纵向防雷单元。

断路器 1QF7 为直流取样电路电源模块 UR 输入控制断路器。模块输入控制开关与对应配线端子如表 4-17 所示。

表 4-17　模块输入控制开关与对应配线端子表

序号	输入控制	模块名称	输出控制	输出端子	输出分路名称	备注
1	1QF1	B11	2QF1	D2-1、D2-2	25 Hz 轨道 1	—
2			2QF2	D2-3、D2-4	25 Hz 轨道 2	
3	1QF2	B12	2QF3	D2-5、D2-6	25 Hz 局部 1	—
4			2QF4	D2-7、D2-8	25 Hz 局部 2	
5	1QF3	B21	2QF5	D2-9、D2-10	直流转辙机	—
6	1QF4	B22、B23				—
7	1QF5	B25、B26	2QF6	D2-11、D2-12	继电器	—
8			2QF7	D2-13、D2-14	站间联系 1	—
9	1QF6	B27、B28	2QF8	D2-15、D2-16	站间联系 2	
10			2QF9	D2-17、D2-18	站间联系 3	
11			2QF10	D2-19、D2-20	站间联系 4	—
12	1QF7	UR1		DC ± 15 V	—	取样电路

4）交流转辙机屏

电路原理图请扫描二维码获取。

两路 AC 380 V 电源分别引入本屏，提供两路交流转辙机电源。

Ⅰ路输入电源分别接至端子 D1-1 ~ D1-3；Ⅱ路输入电源分接至端子 D1-5 ~ D1-7；Ⅰ、Ⅱ路电源的零线分别接至端子 D1-4。

交流转辙机电源采用"1 + 1"热备方式，可实现两路输入电源故障和主备隔离模块故障自动转换。

PDZG 智能型综合电源系统交流转辙机屏电路原理图

两路电源互为主、备方式工作，平时一套主用供电，一套热备。

先闭合断路器 1QF1，Ⅰ路隔离模块 T11～T13 工作，此时Ⅰ路电源控制及保护单元 AMC1 工作；闭合断路器 1QF2，Ⅱ路隔离模块 T22～T24 工作，Ⅱ路电源控制及保护单元 AMC2 处于备用状态（工作原理同净化稳压屏）。

每组输入控制及相序保护单元均设相序检控功能，正常时相序保护单元绿色相序正常指示灯点亮，A、B、C 三相电源红色指示灯点亮。如Ⅰ路电源断电或断相（A、B、C 三相电源对应的断相红色指示灯熄灭），错相时（绿色正常相序指示灯熄灭），系统自动转换为Ⅱ路电源供电。

系统具有手动转换功能，按下Ⅰ路、Ⅱ路手动切换按钮，进行两路电源的手动转换（注：电源空闲时方可进行此项操作）。

断路器 2QF1 为电源输出断路器，输出端子 D2-1～D2-3，向交流转辙机设备供电。

交流转辙机输出电源均设置纵向防雷单元。

3. 微机监测单元操作说明

1）按　键

共有四个按键，分别是： 确认 、 退出 和 ↓ 、 ↑ 。

确认 ：确定已选项或在设置数据中移动光标。

退出 ：退出当前操作，返回上一级画面。

↓ ：向下移动光标或在设置数据中修改数值变小。

↑ ：向上移动光标或在设置数据中修改数值变大。

2）查　看

开机后首先显示画面为：

```
2017-11-22 10:05:01

××××××电源监测单元
```

按 确认 键显示功能选择菜单：

□查看数据
■设置数据
■系统维护

□表示当前的光标位置。按 ↓ 、 ↑ 键移动光标，按 确认 选中相应的功能。

（1）查看实时监测量。

选中"查看数据"功能后，显示功能选择菜单：

□查看模拟量值
■查看开关量状态
■查看当前告警
■查看历史告警
■查看系统状态

（2）查看模拟量值。

按 确认 选中"查看模拟量值"功能后，可以按 ↓ 、 ↑ 键翻看各有关测量值：

I A 相　xxx.x V
I 路 B 相　xxx.x V
I 路 C 相　xxx.x V
II 路 A 相　供电　xxx.x V
II 路 B 相　供电　xxx.x V
II 路 C 相　供电　xxx.x V

输入电源 A 相　　　　xxx.x A
输入电源 B 相　　　　xxx.x A
输入电源 C 相　　　　xxx.x A

轨道电路电源1：xxx.x V xxx.x A　　↑
轨道电路电源2：xxx.x V xxx.x A
局部电路电源1：xxx.x V xxx.x A　　↓
局部电路电源2：xxx.x V xxx.x A

信号点灯电源1：xxx.x V xxx.x A　　↑
信号点灯电源2：xxx.x V xxx.x A
道岔表示电源：xxx.x V xxx.x A　　↓
稳压备用电源：xxx.x V xxx.x A

（3）查看开关量状态。

选中"查看开关量状态"后显示：

电源模块 A11	正常
电源模块 A12	正常
电源模块 A13	屏蔽
电源模块 A14	正常

输入电源防雷	正常
A 屏输出防雷	正常
电源模块 B11	正常
电源模块 B12	屏蔽

（4）查看当前告警。

选中"查看当前告警"后，有告警则显示如下画面（假定交流转辙机电源欠压告警），如果当前无告警，将显示"当前无告警"。

最新告警	告警开始
交流转辙机电源：欠压	
告警值：302 V	
时间：2017/11/22 12：25：05	

（5）查看历史告警。

选中"查看历史告警"后显示：

总告警条数：400 条
■按↓查看告警记录

--第 6 条--	告警结束
交流转辙机电源：欠压	
告警值：302 V	
时间：2017-11-22 12：28：38	

（6）查看系统状态。

选中"查看系统状态"后显示：

电源屏站名
当前工作板号：×，×，×
当前等待板号：
T：2017-11-22

当应该有×号板工作但实际没有，或×号板故障时，在"查看系统状态"中会有提示：当前等待板号显示：×。

3）设　置

选中"设置数据"功能后，按 ↑ 键修改数值，按 ↓ 键移动光标，输入密码"****"并按 确认 键后显示功能菜单：

```
□ 设置模拟量告警参数
■ 设置模拟量屏蔽启用
■ 设置开关量屏蔽启用
■ 设置密码
■ 设置时间
```

（1）设置模拟量告警参数。

选中"设置模拟量告警参数"后显示：

Ⅰ路输入 A 相
过压： xxx.x V
欠压： xxx.x V

Ⅱ路输入 A 相
过压： xxx.x V
欠压： xxx.x V

输入电源 A 相
过流： xxx.x A

信号点灯电源 1
过压： xxx.x V
欠压： xxx.x V
过流： x.x A

按 ↑ 键修改数值,使数值增大,按 ↓ 键修改数值,使数值减小,按 确认 键确认并移动光标。

（2）设置模拟量屏蔽启用。

"屏蔽"可以屏蔽掉不用的监测通道。开机默认值是所有监测通道全部设为屏蔽状态。故必须按照电源的实际分路开放相应的监测通道（把相应的监测通道设置为"正常"）。但Ⅰ、Ⅱ路交流输入电源的每相电压和电流不可以屏蔽。

选中"设置模拟量屏蔽启用"后显示：

Ⅰ路输入 A 相	启用
Ⅰ路输入 B 相	启用
Ⅰ路输入 C 相	启用

Ⅱ路输入 A 相	启用
Ⅱ路输入 B 相	启用
Ⅱ路输入 C 相	启用

输入电源 A 相	启用
输入电源 B 相	启用
输入电源 C 相	启用

信号点灯电源 1：	启用
信号点灯电源 2：	启用
道岔表示电源：	屏蔽
稳压备用电源：	启用

按 ↑ 键向上移动光标，按 ↓ 键向下移动光标，按 确认 键设置启动或屏蔽。

（3）设置开关量屏蔽启用。

选中"设置开关量屏蔽启用"后显示：

电源模块 A11	启用
电源模块 A12	启用
电源模块 A13	屏蔽
电源模块 A14	启用

输入电源防雷	启用
A 屏输出防雷	启用
电源模块 B11	启用
电源模块 B12	屏蔽

按 ↑ 键向上移动光标，按 ↓ 键向下移动光标，按 确认 键设置启用或屏蔽。

（4）设置密码。

选中"设置密码"后显示：

旧密码：××××
请输入密码：××××

密码共 4 位，按 ↑ 键修改数值，按 ↓ 键移动光标，按 确认 键"密码设置生效"，按 退出 键返回上一级画面。

（5）设置时间。

选中"设置时间"后显示：

```
旧时间：2016-11-22    10-22-11
请设定时间：2017-11-22    10-22-11
```

按 ↓ 、 ↑ 键修改数值，按 确认 键确认并移动光标，修改后的时间会立即替代原有时间，按 退出 键返回上一级画面。

4. 日常检测维护与应急处理

为了保证信号电源系统稳定可靠的运行，需进行日常检测维护。

1) 日常检测维护项目

（1）机房环境的维护。

① 机房温度应维持在 −5 ℃ ~ +40 ℃,相对湿度小于90%范围内(必要时,需加装空调)。

② 机房必须有良好的通风条件，应定期采取自然通风或机械通风，减少有害气体的积累。

③ 机房内应无明显的粉尘。

（2）设备的检测维护。

① 内部器件检查。

电缆应固定良好，无被金属挤压变形痕迹；连接电缆无局部过热和老化现象；各种开关、接插件、接线端子等部位接触良好、无电蚀。

② 输入、输出电源测试。

定期用万用表测试两路输入电源电压是否符合表 4-18 标准。

定期用万用表和钳形电流表测试各分路输出电压、电流；对实测试数值与监测单元显示的电压、电流数值做校准，观察其偏差是否在技术指标所允许的范围内。

③ 两路输入电源切换功能测试。

可利用天窗点期间对两路交流输入电源进行切换功能实验，保证信号电源系统的切换功能正常，同时在两路输入电源切换时各输出电源分路技术指标正常，信号设备工作不受影响。

④ 通信功能检查。

实际使用过程中，监测单元故障记录中应没有某一单元多次出现通信中断的历史告警记录。

⑤ 告警功能检查。

在不影响系统正常输出的情况下，对系统的可试验项进行抽样测试，可试验项包括：模拟防雷器故障、模拟模块故障等。

⑥ 绝缘电阻测量。

应定期检测系统输入、输出端子单线对地的绝缘电阻。其正常绝缘电阻值应不小于 25 MΩ，潮湿绝缘电阻值应不小于 1 MΩ。

为确保产品的安全性，防止造成模块故障或故障隐患，请在绝缘电阻检测过程中注意以下事项：

使用仪表：a. 电源电压为 220 V 以上的选用 500 V 兆欧表；

b. 电源电压为 110 V 以下的选用 250 V 兆欧表。

隔离输出电源可以采用带电测试绝缘电阻。

高频开关电源模块（直流电源、25 Hz 电源）不能带电测试绝缘电阻。

高频开关电源模块输出电源分路若需测试绝缘电阻，需在断电的状态下测试，因为高频开关电源模块选用的高频开关管的耐压值一般为 500～600 V，其内部工作电压为 400 V，兆欧表的输出电压为 250 V 或 500 V，若在电源模块工作状态下测试绝缘电阻，模块的工作电源电压会与兆欧表的测试电压叠加，超出开关管的耐压承受能力，会造成电源模块开关管击穿损坏。

输入、输出电源设有防雷单元的，在测试绝缘电阻时须取下防雷模块，否则会影响绝缘电阻测试值。

为提高高频开关电源模块的抗干扰性能，在模块内部的输入、输出端设有压敏器件，因此，会影响绝缘电阻测试值。

同一组或每分路电源的线间不能测试绝缘电阻。

⑦ 防雷单元检查。

应不定期地检查防雷单元的工作状态，尤其在雷雨天气期间，正常时防雷单元视窗为绿色，遭雷击或过电压损坏后防雷单元视窗变为红色。若发现输入、输出防雷单元视窗为红色时应及时更换。

⑧ 接地电阻与接地连线检查。

应不定期地检测信号电源系统接地端子或接地排的接地电阻，其电阻值应小于 10 Ω，且两次以上测量值无明显差别；保证接地电阻或接地排上的接地线连接可靠、无锈蚀。

⑨ 电池组维护。

监测单元用电池组应定期进行维护，每次充放电维护间隔时间应不大于 6 个月；放电时，关闭系统供电模块（UR）的输入断路器，采用正常负载放电方式，放电期间检测电池组的端电压应不低于 DC 21 V，放电时间一般应不超过 4 h。在放电维护中需检查电池组的放电容量，当电池组放电容量小于 30 min 时，应及时更换电池组。

电池组放电维护结束后，闭合系统供电模块（UR）的输入断路器，恢复供电模块供电，电池组采用在线浮充供电方式，供电模块输出电压应在 DC 28～30 V 范围内。

注：信号电源系统出厂时，电池组处于断开状态，防止在产品存放或施工期间电池组过放电；电池组由售后服务人员在产品正式开通时，闭合电池组控制按键开关，电池组投入系统工作。

⑩ 模块、部件温升检测。

应定期检测各种电源模块、交流接触器、继电器、断路器、阻燃导线的温度，发现异常及时查找原因并采取相应措施；各种电源模块的表面温升一般不大于 45 ℃。

⑪ 清洁。

应定期清理消除系统机柜、电源模块、导体、绝缘体表面上的尘埃和污垢，清洁后注意检查：电源模块插接应牢固；模块面板开关应处于闭合位置；电源模块内部的清洁须取下后由专业技术人员实施。

2）故障维修及应急处理

（1）输入电源控制模块（AMS）。

① 若信号电源系统Ⅰ、Ⅱ路输入电源控制模块（AMS）同时发生故障，影响到不能正常输入供电时，应果断采取应急措施：将净化稳压屏中隔离开关 QS2 断开，再闭合断路器 1QF3，即可实现输入电源旁路供电。

注：断路器 1QF3 与隔离开关 1QS3 禁止同时闭合；断路器 1QF3 仅在故障应急处理或输入部分带电维修时方可闭合。

② 若Ⅰ、Ⅱ路输入电源控制模块其中一块发生故障，如果为在用控制模块故障时，系统自动转由另一控制模块输入供电，根据电源模块面板故障指示灯或监测单元显示的模块位置，断开控制模块的相应输入断路器 1QF1（或 1QF2）和输出隔离开关 1QS1（或 1QS2），并且还须将当前在用控制模块后面板上的钥匙钮旋至维修挡，可实现控制模块的断电维修，或进行备用控制模块的更换。

③ 故障控制模块更换后，应将模块的相应断路器、隔离开关闭合，并且还须将在用控制模块后面板上的钥匙钮旋至工作挡，恢复Ⅰ、Ⅱ路输入电源控制模块的主、备用工作状态。

④ 若仅为控制模块的过、欠压保护功能故障，可采取将模块面板上的过、欠压手动退出按钮按下，暂时保持Ⅰ、Ⅱ路输入电源控制模块的主、备用工作状态。

（2）交流稳压电源模块（AFD）。

若交流稳压电源模块 AFD 故障，根据电源模块面板故障指示灯或监测单元显示的模块位置，操作相应交流稳压电源模块的旁路隔离开关。隔离开关 2QS3、2QS4，2QS5、2QS6 为稳压器 W11、W12 的手动旁路隔离开关，由输入电源旁路供电。再断开相应交流稳压电源模块的输入断路器，可实现电源模块的断电维修，或更换备用电源模块。

故障交流稳压模块维修或更换后，应将模块的相应断路器闭合，断开旁路隔离开关，闭合相应的输出隔离开关，恢复电源模块的稳压输出。

（3）隔离电源模块（BX 系列）。

① 若 BX 系列隔离电源模块故障，在隔离电源模块采用"$N+1$"设置方式中，主用模块故障后，系统自动转为备用模块输出。需要带电更换故障模块时，根据电源模块面板故障指示灯或监测单元显示的模块位置，应先断开故障模块输入断路器，并将该模块输出所对应的开关端子闭合，方可拔下故障模块进行更换，确认模块插接接触良好，闭合该模块输入断路器，此时为主、备电源模块并联输出，应将该模块输出所对应的开关端子断开，系统自动转为主用模块输出。

② 在隔离电源模块采用"$1+1$"设置方式中，主用模块故障后，系统自动转为备用模块输出。需要带电更换故障模块时，根据电源模块面板故障指示灯或监测单元显示的模块位置，应先断开故障模块输入断路器，方可拔下故障模块进行更换，确认模块插接接触良好，闭合该模块输入断路器，此时该电源模块处于备用状态。

③ 在现场备用电源模块规格型号不齐全的情况下，相同规格的电源模块，容量大的可以代替容量小的，或者备用电源模块容量虽小，但满足实际需求容量即可代用。

（3）25 Hz 高频开关电源模块（AMA 系列）。

若 AMA-25D 系列 25 Hz 高频开关电源模块故障，系统自动转为备用模块输出。需要带电更换故障模块时，根据电源模块面板故障指示灯或监测单元显示的模块位置，关闭该模块的输入断路器，方可拔下故障模块进行更换，确认模块插接接触良好，闭合模块输入断路器，此时该电源模块处于备用工作状态。

（4）高频开关电源模块（AMZ 系列）。

① 若 AMZ 系列直流电源模块故障，根据电源模块面板故障指示灯或监测单元显示的模块位置，关闭该模块面板上电源开关，方可拔下故障模块进行更换，确认模块插接接触良好，闭合模块输入断路器，此时该电源模块即投入并联冗余输出，须观察电源模块的输出电流值，并联输出电源模块的均流指标应满足不大于 5% 的技术要求，当电源模块的均流指标不满足技术要求时，可微调模块的输出电压使其模块均流指标达到技术要求。

② 用于站间联系电源或闭塞电源供电的 AMZ 系列电源模块，每模块的输出电压分二路或四路，每路电压需根据现场区间距离在 DC 24～60 V 范围内分别调节设置，因此，现场备品中用于站间联系电源或闭塞电源的模块，其各路输出电压应提前调节设置与在用产品一致。

故障模块更换后须核校调节各路电源电压，核校调节方法为：关闭并联输出中某一电源模块面板的电源开关，测试相应各分路输出端子的电源电压，应满足各分路设备的用电需求；闭合该电源模块面板电源开关，关闭另一电源模块面板电源开关，测试相应各分路输出端子的电源电压，应保证各相应分路电源电压的一致性。

两模块各分路输出电压调节完成后，各模块面板的开关应全部置闭合位，恢复电源模块的并联供电。

③ 直流电源输出采用模块并联冗余设置，其中某一模块故障不影响正常输出供电。如现场备品中没有该规格模块，可在监测单元告警参数设置、开关量屏蔽启用中，屏蔽该模块。

④ 同规格型号的电源模块在任何屏内均可通用；同规格的电源模块容量大的可以代替容量小的，或者电源模块容量虽小，但只要满足实际用电需求即可代用；电源模块故障更换时，注意插头、插座及鉴别销需要对准，不可强行推入。

（5）微机监测单元。

若监测单元发生某一被检测参数故障报警，而检测信号电源系统的输入、输出电压、电流全部正常，模块工作状态及防雷单元均正常时，可判断为监测单元误报警。由于信号电源系统的监测单元仅作为监测、故障定位、故障报警和故障记录功能，监测单元自身故障不影响信号电源系统的正常使用，因此，在故障维修处理前可采取应急措施将相对应的发生误报警的某一参数做屏蔽处理。

（6）交流转辙机电源控制模块（AMC）。

若交流转辙机电源屏中Ⅰ、Ⅱ路输入电源控制模块其中一块发生故障，当为在用控制模块故障时，系统自动转由另一控制模块输入供电，根据电源模块面板故障指示灯或监测单元显示的模块位置，断开控制模块的相应输入断路器 1QF1（或 1QF2）和输出隔离开关 QS1（或 QS2），并且还须将当前在用控制模块后面板上的钥匙钮旋至维修挡，可实现控制模块的断电维修，或进行备用控制模块的更换。

故障控制模块更换后，应将模块的相应断路器、隔离开关闭合，并且还须将在用控制模块后面板上的钥匙钮旋至工作挡。恢复 I、II 路输入电源控制模块的主、备用工作状态。

*特别提醒：

应急处理措施仅能保证信号电源系统的正常输出，若发生故障时，在采取应急处理措施恢复信号电源系统输出供电后，还应及时将故障情况电话通知相应设备公司售后服务中心，以便配合现场尽快解决处理故障，恢复信号电源系统的稳定可靠工作。

【相关规范与标准】

TG/XH 101—2015《普速铁路信号维护规则技术标准》（铁总运〔2015〕238 号）第 12.2 小节电源屏部分对电源屏维护做了明确规定。

任务 4.4　PKX 系列信号智能电源屏维护

【工作任务】

了解 PKX 系列电源屏结构和工作原理，掌握其使用操作方法、日常维护及常见故障处理方法。

【知识链接】

4.4.1　PKX 系列信号智能电源屏概述

PKX-TDxx 智能型铁路信号电源系统，是北京铁通康达铁路通信信号设备有限公司经过多年的生产实践与技术积累，将计算机技术、控制技术与传统的信号电源技术相结合，并根据高速铁路、客运专线信号设备发展需求，研制生产的铁路信号电源系统。

1. 系统用途

根据用户不同的需求，可方便地组成多种规格、不同容量的信号电源系统，满足各种信号设备如计算机联锁、微机监测、列控系统、调度集中、移频电码化、25 Hz 轨道电路、交直流转辙机、继电器、道岔表示、信号点灯、闭塞等供电的需求。为其提供高稳定、高可靠、电压种类齐全的交、直流电源。

2. 系统特点

（1）两路输入电源采用主、备互锁控制方式工作。

Ⅰ、Ⅱ输入电源采用故障自动切换，同时还具有手动转换及直供功能，可实现输入控制电路的断电维修，不影响系统向信号设备的继续供电。

（2）UPS电源。

选用在线式UPS电源，双机并联设置，若发生两路输入电源全部中断时，确保交流转辙机电源除外所有信号设备电源的不间断输出，提高其工作的可靠性。

UPS电源的后备供电时间大于30 min。

（3）高频开关电源技术。

电源系统的25 Hz相敏轨道电源模块及直流电源模块，全部采用SPWM脉宽调制技术与高频隔离技术，输入电源电压范围宽，稳压精度高，体积小，重量轻，工作稳定可靠。

（4）智能化、网络化。

监测单元对系统的输入、输出电源电压、电流及电源模块的工作状态进行实时监测，当电源系统发生故障时，具体的告警内容、时间将记录在数据库内，同时发出声光报警信号，且监控单元工作或故障时均不影响系统的正常供电。

监测单元设有RS-485通信接口，具备与上位机通信功能，满足对信号电源系统的远程监测及集中管理。

（5）模块化、标准化设计。

采用模块化、标准化设计，可灵活方便地动态组合成多种规格、容量的信号电源系统，以满足不同站场信号设备供电的需求。并且预留一定的模块安装空间，易于扩容。

电源模块采用热插拔更换技术，方便维护维修。

（6）完善的保护功能。

输入电源及输出至室外的各电源分路均设置浪涌保护器，输入电源回路中还设有过欠压保护装置，保证系统在较恶劣的电网环境条件下能够可靠工作。

各高频电源模块具有对输入过压、欠压和输出过压、限流、短路及过温等完善的保护功能。

（7）电磁兼容。

具有良好的电磁兼容性能，保证系统在供电质量恶劣、电磁污染严重的环境中可靠工作，且不对其他敏感设备造成干扰。

（8）安全防护。

系统采用全封闭安装结构，具有可靠的人身安全防护措施。

3. 系统原理框图

车站采用的交流转辙机电源容量为20 kV·A以下时，其系统原理框图如图4-10所示。

车站采用的交流转辙机电源容量为20 kV·A以上时，其系统原理框图如图4-11所示。

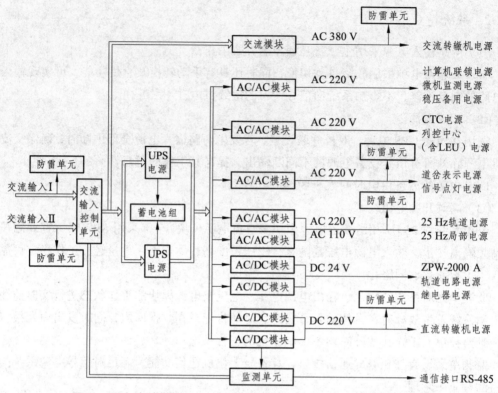

图 4-10　交流转辙机电源容量为 20 kV·A 以下时的系统原理框图

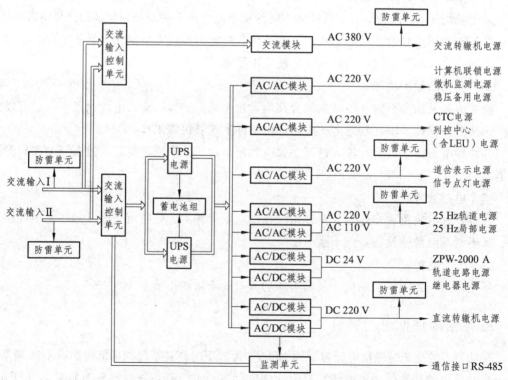

图 4-11　交流转辙机电源容量为 20 kV·A 以上时的系统原理框图

4. 系统介绍

PKX 智能型综合信号电源系统主要由综合信号电源机柜、输入输出控制、UPS 不间断电源、交流隔离模块、25 Hz 轨道电源模块、直流电源模块、微机监测单元、系统浪涌保护器等部分组成。

1）输入电源

本系统的两路输入电源采用互为主、备的供电控制方式。正常情况下，一路电源主用供电，另一路备用；当主用电源故障时（断电、缺相、过压、欠压），自动转为备用电源供电，两路电源工作转换时间不大于 0.15 s。同时，两路输入电源还设有手动转换功能，正常情况下可手动置于供电质量较高的一路输入电源工作。

为避免两路输入电源切换部分因器件损坏导致输入中断，电源输入控制部分还设有手动直供功能，可实现输入控制部分的断电维修。

2）电源模块

25 Hz 相敏轨道电源模块采用"1 + 1"热备方式，分路输出。

直流电源模块采用"1 + 1"或"$N + M$"并联冗余方式，分组设置。

交流电源采用稳压、隔离、分路输出方式，并配置冷备模块。

交流转辙机电源采用隔离输出方式。

采用模块化结构形式，提高了系统的灵活性、可靠性，方便了系统的使用、维护及维修。

3）完善的保护功能

系统具有完善的输入过、欠压保护，输出过压、限流、短路保护，高频电源模块过温保护，输入、输出雷电及瞬间尖峰干扰防护功能。

绝缘导线全部采用 105 °C 的阻燃多芯铜导线。

5. 使用环境

周围空气温度：– 5 °C ~ 40 °C。

相对湿度：不超过 90%（ + 25 °C）。

大气压力：74.8 ~ 108 kPa（海拔高度相当于 2 500 m 以下）。

周围介质中无导电尘埃及腐蚀性和能引起爆炸危险的有害气体。

4.4.2　PKX-TDxx 智能电源屏性能、参数

1. 输入电源

电源屏由两路独立的 AC 380 V（三相四线制）供电，两路输入电源允许偏差范围如表 4-18 所示。

表 4-18 输入电源允许偏差表

序号	输入电源	允许偏差
1	电压	AC 380^{+57}_{-76} V
2	频率	50 ± 0.5 Hz
3	三相电压不平衡度	$\leqslant 5\%$
4	电压波形失真度	$\leqslant 5\%$

注：凡要求电源屏运行在超过以上规定的条件，按制造厂与用户之间的协议来设计和使用

2. 输出电源

输出电源参数如表 4-19 所示。

表 4-19 输出电源参数表

序号	输出电源名称	规格、范围	容量、路数	备注
1	CTC 电源	AC 220 ± 10 V	10 A×2	独立
2	列控中心	AC 220 ± 10 V	10 A×2	独立
3	计算机联锁风扇	AC 220 ± 10 V	5 A	—
4	计算机联锁电源	AC 220 ± 10 V	10 A×2	—
5	微机监测	AC 220 ± 10 V	10 A	—
6	稳压备用电源	AC 220 ± 10 V	10 A	—
7	信号机点灯电源	AC 220 ± 10 V	10 A×2	—
8	道岔表示电源	AC 220 ± 10 V	10 A	—
9	区间点灯电源	AC 220 ± 10 V	3 A×2	—
10	2000 通信及监测机柜电源	AC 220 ± 10 V	10 A	—
11	防雷分线柜电源	AC 220 ± 10 V	10 A	—
12	高压脉冲	AC 220 ± 10 V	2 kV·A	—
13	交流电动转辙机电源	AC 380 V	25 kV·A	—
14	25Hz 轨道电源	AC 220 ± 6.6 V	3 A×4	—
15	25Hz 局部电源	AC 110 ± 3.3 V	4 A×4	—
16	直流电动转辙机电源	DC 220 ± 10 V	16 A×2	—
17	继电器电源	DC $24 + 2$ V	30 A	—
18	电码化电源	DC $24 + 2$ V	37.5 A×10	—
19	交换机电源	DC $24 + 2$ V	5 A×2	独立
20	区间继电器电源	DC $24 + 2$ V	10 A	—
21	轨道电路电源	DC $24 + 2$ V	70 A×2	—
22	分线采集器	DC $24 + 2$ V	5 A	—
23	熔断器报警	DC $24 + 2$ V	2 A	—
24	主灯丝断丝	DC（$24 \sim 80$）V ± 5 V	2 A×4	可调
25	闭塞电源	DC（$24 \sim 80$）V ± 5 V	2 A×4	可调
26	不稳压备用电源	AC 220 ± 10 V	5 A	—

3. 工频耐压

温度为 15 ℃ ~ 35 ℃ 时，相对湿度为 45% ~ 80%，正常大气压力条件下，电源屏的输入、输出端子单线对地，工频耐压试验电压施加的时间为 1 min，试验电压应为正弦波，且频率为 45 ~ 62Hz，试验后应无击穿或闪络现象发生。

主电路及与主电路直接连接的辅助电路试验电压值按表 4-20 进行选择。

表 4-20　主电路及与主电路直接连接的辅助电路试验电压值参考表

额定绝缘电压 U_i/V	工频试验电压（交流均方根值）/V
$U_i \leqslant 60$	1 000
$60 < U_i \leqslant 300$	2 000
$300 < U_i \leqslant 690$	2 500

不与主电路直接连接的辅助电路试验电压值按表 4-21 进行选择。

表 4-21　不与主电路直接连接的辅助电路试验电压值参考表

额定绝缘电压 U_i/V	工频试验电压（交流均方根值）/V
$U_i < 60$	500
$U_i \geqslant 60$	$2U_i + 1\,000$，最低 1 500

高频开关电源可采用直流耐压试验方式实施，试验电压选用交流试验电压值的 1.414 倍。

4. 绝缘电阻

当温度为 15 ℃ ~ 35 ℃，相对湿度为 45% ~ 80%的环境条件下，电源屏的输入、输出端子单线对地间的正常绝缘电阻值应不小于 25 MΩ。

5. 温　升

当电源屏的输出功率为额定值时，电源屏在室内温度为 40℃ 环境中长期运行时的温升：
变压器不大于 65 ℃；
整流元件及电源模块不大于 70 ℃。

6. 噪　声

在额定输入电压及额定负载的条件下，电源屏的整机噪声不超过 65 dB（A）。

7. 使用寿命

电子器件寿命：8 年。
其他部件寿命：15 年。
整机平均无故障时间：MTBF ≥ 65 000 h。

4.4.3　系统操作

PKX-TDxx 智能型综合信号电源系统，由净化稳压屏、交直流 A、B、C 屏、交流转辙机屏、UPS 不间断电源及电池组组成。

UPS 不间断电源及电池组为计算机联锁、微机监测等信号设备输出供电，后备供电时间为 30 min。

1. 净化稳压屏

净化稳压屏设有Ⅰ、Ⅱ路输入电源的接入及检测、控制、转换，交流电源稳压，UPS 不间断电源的输入、输出控制，监测单元的操作、显示等功能。

（1）两路输入电源采用三相四线制 AC 380 V 接入净化稳压屏，输入电源接线端子定义如表 4-22 所示。

表 4-22　输入电源接线端子定义表

Ⅰ路输入电源				Ⅱ路输入电源			
A 相	B 相	C 相	N 线	A 相	B 相	C 相	N 线
D1-1	D1-2	D1-3	D1-4	D1-5	D1-6	D1-7	D1-4

1QF1、1QF2 分别为Ⅰ、Ⅱ路输入电源控制断路器，两路输入电源互为主、备方式工作。

（2）闭合断路器 1QF1，Ⅰ路有电指示灯点亮（红色），同时Ⅰ路工作指示灯点亮（白色）。

（3）闭合断路器 1QF2，Ⅱ路有电指示灯点亮（红色），此时Ⅱ路电源处于备用状态。若Ⅰ路输入电源故障（过压、欠压、断电、断相），系统自动转换为Ⅱ路电源供电，故障指示灯点亮（红色）。

（4）闭合系统供电断路器，系统供电有电，为系统的工作指示、监测报警提供工作电源。

（5）系统具有手动转换功能，按下Ⅰ路或Ⅱ路转换按钮，进行两路输入电源的手动转换。

（6）电源系统具有输入电源手动直供功能，可实现输入控制系统的断电维修。

1QF3（旁路供电）、QS3（正常供电）、QS1（Ⅰ路旁路供电）、QS2（Ⅱ路旁路供电）组成输入电源直供控制电路。

正常时输入电源回路中的隔离开关 QS1 或 QS2 可选择质量较好的一路闭合。为防止误操作导致两路输入电源并联，隔离开关 QS1、QS2 设有互锁装置，严禁 QS1、QS2 同时闭合。

正常时旁路供电断路器 1QF3 置于断开位置，正常供电隔离开关 QS3 置于闭合位置。1QF3、QS3 设有互锁装置，严禁 1QF3、QS3 同时闭合。

若两路输入电源控制回路中器部件发生故障，导致不能正常供电时，先断开隔离开关 QS3，滑动互锁装置，再闭合断路器 1QF3，即可实现输入电源的直供。

（7）两路输入电源端均设置浪涌保护器，其接线回路中分别设有断路器 3QF1、3QF2。浪涌保护器设有视窗，正常状态为绿色，遭受雷击或过电压损坏后变为红色，应及时检查、更换。

（8）隔离开关 QS4、QS5 分别为 UPS1、UPS2 的输入电源控制；隔离开关 QS6、QS7 分别为 UPS1、UPS2 的输出电源控制。

若其中一台 UPS 发生故障时，可手动断开输入电源隔离开关 QS4（或 QS5）和输出电源隔离开关 QS6（或 QS7），实现 UPS 的断电维修。

隔离开关 QS8 为 UPS 的故障旁路开关，若两台 UPS 同时故障，可手动断开 UPS1、UPS2 的输入输出隔离开关，方便 UPS 的维修。

（9）2QF1 为不稳压备用电源输出控制断路器。

（10）Ⅰ、Ⅱ路输入电源控制回路中均设有 FYX 过欠压相序保护器，以实现对两路输入电源电压、相序的监控。过欠压相序保护器设有通电初始延迟监测响应电路，通电初始时延迟监控时间可设定范围：1~40 s，出厂设定为 3 s。

（11）在 A、B、C 三相电压、相序正常时，过欠压相序保护器中的绿色工作总指示灯（中）点亮，过欠压故障指示灯（上）、相序故障指示灯（下）不点亮。

（12）当被监测的输入电源三相中的任一相或一相以上电压超过过压保护值 265 ± 2 V 或低于欠压保护值 165 ± 2 V 时，绿色工作总指示灯熄灭（中），红色过、欠压指示灯点亮（上），如该路为供电工作电源，将自动切换至另一路输入供电。当三相电压低于恢复电压值 256 ± 2 V 或高于恢复电压值 174 ± 2 V 时，绿色工作总指示灯恢复点亮，红色过、欠压指示灯熄灭。

（13）当被监测的输入电源发生相序错误时，过、欠压相序保护器绿色工作总指示灯熄灭（中），红色相序故障指示灯点亮（下），如该路为供电工作电源，将自动切换至另一路输入供电。

（14）为避免因过、欠压相序保护器自身故障造成两路输入电源无法正常转换导致电源屏发生断电，过、欠压相序保护器设有自身故障直通功能。

（15）自动转直通功能：当外部输入电源电压正常，过、欠压相序保护器自身出现故障时，保护器断开正常输出条件（如该路电源工作，则切换至另一路），约 2 s 后，恢复接通正常输出条件（如另一路电源故障，可转回本路电源供电）。过、欠压以及相序保护器自身故障直通工作时，仍能保证一定的过欠压保护功能，只是保护范围变窄，监测电压超出 AC 180~250 V 的范围，保护器按过欠压处理。保护器自检确定保护器自身出现故障时起，保护器一直提供故障报警和报警条件，提醒维护人员及时更换处理，保证输入电源过、欠压相序保护功能。

（16）手动转直通功能：当外部输入电源电压正常，过、欠压保护器自身供电电路出现故障时，保护器各指示灯全部熄灭停止工作，不能自动转入直通状态。遇到这种情况时，工作人员应及时按下保护器正下方的红色按钮，使保护器退出工作，手动接通正常输出条件（如另一路电源故障，可转回本路电源供电）。

（17）为实现对系统工作参数及工作状态的监测，设有Ⅰ、Ⅱ路输入电源电压检测取样板组 JY1、JY2；输入电源电流检测取样版组 JY3，交流转辙机电源检测取样板组 JY4，输入控制单元、交流稳压模块、隔离模块、浪涌保护器等主要部件工作状态监测取样条件。

（18）系统设置微机监测单元至上位机 RS485 的通信端子，系统设置有交流接触器滤波板组。

（19）系统监测供电模块（UR）为监测单元、故障总指示灯供电，闭合系统供电断路器，系统供电有电（DC 24～30 V 范围内），同时为监测单元蓄电池组浮充电。

为防止两路输入电源同时断电造成监测单元断电，单元设有蓄电池组，以实现系统供电延时供电，供电时间不小于 10 min，蓄电池组需定期维护。

（20）A、B 屏的监测取样信号采用 RS-485 通信接口，经九芯接插件及屏蔽线缆接入监测单元主机。

（21）UPS1、UPS2 及电池组的工作状态监测条件分别经 D6-1～D6-12、D6-13～D6-24 接入净化稳压屏。监测采集、通信接口接线端子定义如表 4-23 所示。

表 4-23 监测采集、通信接口接线端子定义表

Ⅰ、Ⅱ路电源 工作指示条件			电源故障报警条件			RS-232 通信接口			RS-485 通信接口		
Ⅰ路	Ⅱ路	公共端	常开	常闭	公共端	D-	D+	GND	D-	D+	GND
D4-1	D4-2	D4-3	D4-4	D4-5	D4-6	DB-1、DB-6	DB-5、DB-9	—	JK-3	JK-4	JK-5
至值班室						至 A 屏			至微机监测系统		

输出电源接线端子定义如表 4-24 所示。

表 4-24 输出电源接线端子定义表

稳压备用电源		UPS 不间断电源			
L	N	L1	L2	L3	N
D2-1	D2-2	D3-19	D3-20	D3-21	D3-22
备用		至交直流 A、B 屏			

UPS 输入、输出电源与净化稳压屏间连线端子定义如表 4-25 所示。

表 4-25 UPS 输入、输出电源与净化稳压屏间连线端子定义表

UPS1								UPS2							
输入电源				输出电源				输入电源				输出电源			
R	S	T	N	R	S	T	N	R	S	T	N	R	S	T	N
D3-5	D3-6	D3-7	D3-8	D3-12	D3-13	D3-14	D3-15	D3-9	D3-10	D3-11	D3-8	D3-16	D3-17	D3-18	D3-15

2. 交流电源

（1）交流 50 Hz 电源（AC 24～220 V）采用集中稳压，分散隔离供电。

由净化稳压屏引入的稳压电源（UPS 电源）经隔离模块输入控制断路器 1QFxx 控制，闭合输入断路器为隔离电源模块供电（红色电源指示灯、绿色工作指示灯同时点亮），经

隔离模块输出控制断路器 2QFxx 控制，送至输出端子为信号设备供电（如计算机联锁、微机监测、列控系统、调度集中、道岔表示、信号点灯等）。

（2）各输出电源分路全部采用隔离供电方式，避免各电源分路间的相互影响，确保电源系统的工作可靠性。

（3）信号点灯、道岔表示各分路输出电源端均设置防雷保护。

（4）各输出电源分路的电压、电流及电源模块、浪涌保护器的工作状态监测取样信号采用 RS-485 通信接口接至微机监测主机。

（5）高压脉冲电源采用恒压稳压方式，稳压模块（CWQ-2000）其输入电源范围宽、稳压性能好、抗冲击能力强，模块谐振电容器寿命周期宜不大于 5 年，应定期进行更换。若电容器出现容量劣化、防爆阀开裂、外表鼓胀、漏液等现象，应随时进行更换。

3. 25 Hz 电源

（1）25 Hz 相敏轨道电源模块采用"1 + 1"配置，互为主、备方式工作，分路输出。

正常情况下主用模块输出供电，另一模块热备，主用模块故障，自动转为备用模块供电，主备模块输出切换时间小于 150 ms。备用状态的模块的维修更换不影响正常供电。

（2）断路器 1QF1、1QF2 为 25 Hz 电源的输入控制，由高频开关电源模块 B11、B12 进行 AC/DC/AC 变换，并经控制电路输出，分别接至 D2 端子，由 D2 端子引出接至 25 Hz 轨道电源、25 Hz 局部电源。

（3）25 Hz 轨道电路电源输出端均设置防雷保护。

4. 直流电源

（1）直流电源采用高频开关电源模块实现，按"1 + 1"或"N + M"配置，分路输出并联冗余方式，分组设置工作，均流性能良好。

（2）各输出电源分路全部采用分组隔离供电方式，避免各电源分路间的相互影响，确保电源系统的工作可靠性。

（3）若并联冗余的模块组其中的某一块模块故障，则自动退出工作，不影响该组模块的正常输出。此时监测单元告警，并显示故障模块的具体位置，提醒用户及时更换。

（4）电源模块满足带电热插拔功能，但是在现场条件允许的情况下，故障电源模块的更换建议采用断电更换。

（5）断路器 1QFxx 为电源模块 UR 输入控制断路器，电源模块 UR 为直流传感器供电（DC ± 15 V）。

（6）各输出电源分路的电压、电流及电源模块、浪涌保护器的工作状态监测取样信号采用 RS-485 通信接口接至微机监测主机。

输入电源由净化稳压屏的 UPS 电源接入 A 屏电源端子 D1-1 ~ D1-4，其对应关系如表 4-26 所示。

表 4-26 净化稳压屏至 UPS 电源接入端子定义表

至净化稳压屏			
UPS 不间断电源			
R	S	T	N
D1-1	D1-2	D1-3	D1-4

25 Hz 电源、直流转辙机、道岔表示等各输出分路电源，与电源模块及断路器对应关系如表 4-27 所示。

表 4-27 各输出分路电源与电源模块及断路器对应关系表

输入断路器	1QF1		1QF2	
电源模块	A11		A12	
输出断路器	2QF1		—	
分路电源	高压脉冲		备用模块	
电源端子	D2-1	D2-2	—	

输入断路器	1QF7		1QF8		1QF9		1QF10	
电源模块	A31		A32		A33		A34	
输出断路器	2QF7		2QF8		2QF9		2QF10	
分路电源	2000 通信		防雷分线柜		计算机联锁风扇		稳压备用	
电源端子	D2-13	D2-14	D2-15	D2-16	D2-17	D2-18	D2-19	D2-20

5. 交流转辙机电源

20 kV·A 以下的，设置在净化稳压屏内；20 kV·A 以上的，独立设置。交流转辙机屏设有 Ⅰ、Ⅱ 路输入电源的接入、切换以及交流转辙机电源输出等功能。

两路输入电源采用三相四线制 AC 380 V 接入净化稳压屏，输入电源接线端子定义如表 4-28 所示。

表 4-28 输入电源接线端子定义表

Ⅰ 路输入电源				Ⅱ 路输入电源			
A 相	B 相	C 相	N 相	A 相	B 相	C 相	N 相
D1-1	D1-2	D1-3	D1-4	D1-5	D1-6	D1-6	D1-8

QF1、1QF2 分别为 Ⅰ、Ⅱ 路输入电源控制断路器，两路输入电源互为主、备方式工作。闭合断路器 1QF1，Ⅰ 路有电指示灯点亮（红色），同时 Ⅰ 路工作指示灯点亮（白色）；闭合断路器 1QF2，Ⅱ 路有电指示灯点亮（红色），此时 Ⅱ 路电源处于备用状态。若 Ⅰ 路输入电源故障（过压、欠压、断电、断相），系统自动转换为 Ⅱ 路电源供电，故障指示灯点亮（红色）。

系统输入控制及保护单元操作同净化稳压屏。

1QF3 为交流转辙机电源输出隔离模块 T11、T12、T13 输入控制断路器。

2QF2 为交流转辙机电源的输出控制断路器，2QF3 为旁路供电控制断路器，2QF2、2QF3 设有互锁装置，正常情况下 2QF2 置于闭合位置，2QF3 置于断开位置，若任一隔离模块发生故障时，可手动断开断路器 2QF2，闭合断路器 2QF3，实现交流转辙机电源的旁路输出。

两路输入电源端均设置浪涌保护器，其接线回路中分别设有断路器 3QF1、3QF2。交流转辙机电源输出端设置有浪涌保护器。

为实现对系统工作状态的监测，设有输入控制单元、隔离模块、浪涌保护器等主要部件工作状态监测取样条件。

4.4.4　微机监测单元

1. 微机监测系统结构

微机监测单元原理如图 4-12 所示。

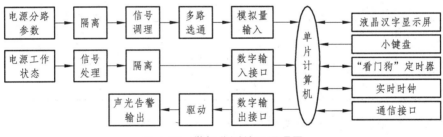

图 4-12　微机监测单元原理图

（1）监测单元的设计采用了单片机技术和精度小于 1‰ 的高精度 A/D 转换器以及"看门狗"定时器等多项先进技术，输入输出间均有良好的电气隔离措施，保证监测单元本身能稳定可靠的运行。

（2）信号电源系统微机监测单元（以下简称监测单元），对信号电源系统中的输入、输出电源电压、电流、各电源模块及主要器件的工作状态进行实时监测，并随时把监测结果显示在 LCD 显示屏上。

（3）当电源系统发生故障时，具体的告警内容、发生时间等信息将存储于数据库内，供查阅、分析，数据库中可以滚动记录最新的 1 000 条告警信息。同时，还设有声光报警和继电器干接点条件输出。

（4）监测数据采集均设有良好的电气隔离措施，保证信号电源系统及监测单元稳定可靠的运行。

（5）监测单元设有 RS-485 通信接口。

2. 微机监测单元主要功能

与前述 PDZG 系列智能电源屏监测单元功能相同。

3. 微机监测单元操作

其操作方法与前述 PDZG 系列智能电源屏监测单元操作方法相同。

4.4.5 电源模块主要技术参数

1. 交流隔离电源模块（BX 系列）

（1）规格型号如表 4-29 所示。

表 4-29　交流隔离电源模块（BX 系列）规格型号表

序号	规格型号	输出电压、容量	适用范围
1	BX-32K	AC 220 V-3 A×2	
2	BX-52K	AC 220 V-5 A×2	
3	BX-55K	AC 220 V-8 A×2	计算机联锁电源
4	BX-05K	AC 220 V-5 A	信号点灯电源 道岔表示电源
5	BX-10K	AC 220 V-10 A	稳压备用电源等
6	BX-15K	AC 220 V-15 A	

（2）主要电气特性如表 4-30 所示。

表 4-30　交流隔离电源模块（BX 系列）电气特性表

序号	项　目	技术要求	单　位	备　注
1	输入电压范围	AC 213～227	V	50Hz
2	输出额定电压	AC 220	V	—
3	电流取样比值	20 A：DC 2 V	—	—
4	效率	≥94%	—	输入额定电压，输出额定负载
5	温升	≤60	℃	—
6	噪声	≤45	dB	—
7	电压调整率	≤±3%	—	—
8	输出波形附加失真	≤1%	—	—
9	告警信号	继电器接点	—	正常时闭合，故障时断开
10	工作制式	不间断	—	—

2. 高压脉冲电源模块（CWQ 系列）

（1）规格型号如表 4-31 所示。

表 4-31　高压脉冲电源模块（CWQ 系列）规格型号表

序号	规格型号	输出电压、容量	使用范围
1	CWQ-1500	AC 220 V-7 A	高压脉冲轨道电路
2	CWQ-2000	AC 220 V-10 A	

（2）电气特性如表 4-32 所示。

表 4-32　高压脉冲电源模块（CWQ 系列）电气特性表

序号	项　目		技术要求	单　位	备　注
1	工作电压范围		AC 165 ~ 275	V	
2	输入频率		50/60	Hz	47 ~ 63
3	输出额定电压		AC 220/7 A	V	220/10 A
4			AC 18/1 A	V	切换电路使用
5	启动冲击电流		≤15	A	输入额定电压；≤100 ms
6	效率		≥85%	—	输入额定电压，输出额定负载
7	稳压精度		±3%	—	—
8	过载能力≥1.5 PN		≥10	s	—
9	抗电电强度	输入-输出	2 000 V/10 mA/1 min		无击穿、飞弧现象
10		输入-大地	—		—
11		输出-大地	—		—
12	绝缘电阻	输入-输出	≥25 Ω/DC 500 V		在正常大气压力下，相对湿度为90%，试验直流电压 500 V 时
13		输入-大地	—		—
14		输出-大地	—		—
15	工作制式		不间断		—

3. 25 Hz 高频开关电源模块（AMA-25D1 系列）

（1）规格型号如表 4-33 所示。

表 4-33　25 Hz 高频开关电源模块规格型号表

序号	规格型号	输出电压、容量	使用范围
1	AMA-25D1-2000	AC 220 V_6 A； AC 110 V_8 A	25 Hz 轨道、局部
2	AMA-25D1-4000	AC 220 V_12 A； AC 110 V_16 A	

（2）电气特性如表4-34所示。

表 4-34 25 Hz 高频开关电源模块电气特性表

序号	项目	技术要求	单位	备注
1	输入电压	AC 165-264	V	—
2	输入频率	50/60	Hz	47～63
3	输入波形失真	≤5%	%	—
4	输入过压	AC 286±5	V	额定负载，不保护，告警
5	输入欠压	AC 155±5	V	额定负载，不保护，告警
6	输入电流	≤（16.5/26.8/40）	A	—
7	输入冲击电流	≤（40/50/75）	A	≤100 ms
8	输出电压范围	AC 210～230 AC 100～120	V	可调
9	输出电压整定值	DC 220±1 DC 110±1	V	AC 110 V 电压超前 AC 220 V 电压相位 90°±5°
10	输出电流额定值	AC 220 V：6 AC 110 V：8	A	AC 220 V：12 AC 110 V：16
11	输出限流保护	9～9.5 13～14	A	18～19 26～28
12	输出过压保护	DC 240±2 DC 120±2	V	转换
13	输出欠压保护	200±2 100±2	V	转换
14	电压调整率	≤±0.1	%	—
15	输出频率	25±1%	Hz	—
16	效率	≥85	%	输入额定电压，输出额定负载
17	主、备模块切换	≤150	ms	—
18	续流能力	≥100	ms	输入额定电压，输出额定负载
19	稳压精度	1%	—	输入电压额定值，0～100%负载
20	过温保护	85±5	℃	模块内部温度超过45 ℃±5 ℃风扇启动，85 ℃±5 ℃关断输出
21	输出短路保护	正常	—	故障排除后，自动恢复
22	输出波形	正弦波	—	—
23	波形失真度	≤3	%	—
24	50 Hz 谐波分量	≤1	%	—
25	告警信号	两组接点	—	正常时闭合；故障时断开

4. 高频开关电源模块（AMZ 系列）

（1）规格型号如表 4-35 所示。

表 4-35　高频按电源模块规格信号表

序号	规格型号	输出电压、容量	使用范围
1	AMZ-024D-30 A（K）	DC 24 V，30 A	继电器电源、电码化电源等
2	AMZ-024D-50 A（K）	DC 24 V，50 A	
3	AMZ-024D-85 A（K）	DC 24 V，85 A	
4	AMZ-060D-02//04（K）	DC 24～60 V，3 A×2/4	站间联系电源、灯丝报警电源
5	AMZ-060N-02//04（K）	DC 24～80 V，3 A×2/4	
6	AMZ-220D-20（K）	DC 220 V，20 A	直流转辙机电源

（2）AMZ-024D 系列模块主要电气特性如表 4-36 所示。

表 4-36　AMZ-024D 模块电气特性表

AMZ-024D 系列				
序号	项目	技术要求	单位	备注
1	输入电压范围	AC 160～270	V	50 Hz
2	输出电压调节范围	DC 22～28	V	—
3	输出电压额定值	DC 25	V	—
4	续流能力	≥100	ms	输入额定电压，输出额定负载，输出电压不低于 DC 20 V
5	输出短路保护	正常	—	故障排除后，自动恢复
6	过温保护	80±3	°C	温度下降到 70 °C±5 °C 时自动启动
7	均流能力	≤±5%	—	单台模块平均额定负荷 50% 以上
8	效率	≥85%	—	输入额定电压，输出额定负载
9	告警信号	继电器接点	—	正常时闭合，故障时断开
10	工作制式	不间断	—	—

（3）AMZ-220D 系列模块主要电气特性如表 4-37 所示。

表 4-37　AMZ-220D 模块电气特性表

AMZ-220D 系列				
序号	项目	技术要求	单位	备注
1	输入电压范围	AC 160～270	V	50 Hz
2	输出电压调节范围	DC 210～230	V	—
3	输出电压额定值	DC 220	V	

AMZ-220D 系列				
序号	项目	技术要求	单位	备注
4	输出短路保护	正常	—	故障排除后，自动恢复
5	过温保护	80±3	°C	温度下降到 70 °C±5 °C 时自动启动
6	均流能力	≤±5%	—	单台模块平均额定负荷 50% 以上
7	效率	≥85%	—	输入额定电压，输出额定负载
8	告警信号	继电器接点	—	正常时闭合，故障时断开
9	工作制式	短时、间断	—	—

（4）AMZ-060N/060D 系列模块主要电气特性如表 4-38 所示。

表 4-38　AMZ-060N/060D 系列模块电气特性表

AMZ-060N/060D 系列				
序号	项目	技术要求	单位	备注
1	输入电压范围	AC 160～270	V	50 Hz
2	输出电压调节范围	DC 210～230	V	AMZ-060D 为 22～60
3	输出电压额定值	DC 220	V	—
4	输出短路保护	正常	—	故障排除后，自动恢复
5	过温保护	80±3	°C	温度下降到 70 °C±5 °C 时自动启动
6	效率	≥85%	—	输入额定电压，输出额定负载
7	告警信号	继电器接点	—	正常时闭合，故障时断开
8	工作制式	短时、间断	—	—

4.4.6　PKX 系列电源屏维护

为了保证信号电源系统稳定可靠的运行，需进行日常检测维护。

1. 日常检测维护项目

1）机房环境的维护

（1）机房温度应维持在 − 5 °C ～ ＋ 40 °C，相对湿度小于 90% 范围内（必要时，需加装空调）。

（2）机房必须有良好的通风条件，应定期采取自然通风或机械通风，减少有害气体的积累。

（3）机房内应无明显的粉尘。

2）设备的检测维护

（1）内部器件检查。

电缆应固定良好，无被金属挤压变形痕迹；连接电缆无局部过热和老化现象；各种开关、接插件、接线端子等部位接触良好、无电蚀。

（2）模块、部件、器件的寿命周期。

信号电源屏中的模块及关键部件、器件宜定期进行检查，并在其预期的寿命年限内进行维护、更换。

其中分立式电解电容、谐振电容器寿命周期宜不大于 5 年，应定期进行更换。若电容器出现容量劣化、防爆阀开裂、外表鼓胀、漏液等现象，应随时进行更换。

高频开关电源模块、监测单元中的易损器件的寿命周期宜不大于 5 年，应定期进行更换。

电源模块中的散热风扇寿命周期宜为 5~6 年，建议定期进行更换。日常维护中若发现风扇转速、噪音异常时应随时进行更换。

（3）输入、输出电源测试。

定期用万用表测试两路输入电源电压是否符合表 4-18 标准。

定期用万用表和钳形电流表测试各分路输出电压、电流；实测试数值与监测单元显示的电压、电流数值做校准，观察其偏差是否在技术指标所允许的范围内。

（4）两路输入电源切换功能测试。

可利用天窗点期间对两路交流输入电源进行切换功能实验，保证信号电源系统的切换功能正常，同时在两路输入电源切换时各输出电源分路技术指标正常，信号设备工作不受影响。

（5）通信功能检查。

实际使用过程中，监测单元故障记录中应没有某一单元多次出现通信中断的历史告警记录。

（6）告警功能检查。

在不影响系统正常输出的情况下，对系统的可试验项进行抽样测试，可试验项包括：模拟防雷器故障、模拟模块故障等。

（7）绝缘电阻测量。

应定期检测系统输入、输出端子单线对地的绝缘电阻。对于电压为 220 V 的输出采用 DC 500 V 兆欧表测量，电压为 24 V 的输出采用 DC 250 V 兆欧表测量。其正常绝缘电阻值应不小于 25 MΩ。

（8）浪涌保护器检查。

浪涌保护器在额定的电压条件下寿命周期不大于 5 年（雷电损坏除外），应定期进行更换。

正常时浪涌保护器视窗为绿色，若遭受雷击或发生过电压损坏后其视窗变为红色。应不定期地检查浪涌保护器的工作状态，尤其在雷雨季节，应加强对浪涌保护器的检查，若发现浪涌保护器视窗为红色时应及时进行更换。

长期运行在输入电源电压波动、干扰较大的环境中，浪涌保护器会发生劣化，使其漏电流增大，浪涌保护器温升增高，易引起信号电源的故障发生。因此，浪涌保护器劣化其视窗不一定变为红色，同样须对浪涌保护器定期进行更换。

（9）接地电阻与接地连线检查。

应不定期地检测信号电源系统接地端子或接地排的接地电阻，其电阻值应小于 10 Ω，且两次以上测量值无明显。差别；保证接地电阻或接地排上的接地线连接可靠，无锈蚀。

（10）监测单元电池组维护。

监测单元用电池组应定期进行维护，每次充放电维护间隔时间应不大于 6 个月；放电时，关闭系统供电模块（UR）的输入断路器，采用正常负载放电方式，放放期间检测电池组的端电压应不低于 DC 21 V，放电时间一般应不超过 4 h。在放电维护中需检查电池组的放电容量，当电池组放电容量小于 30 min 时，应及时更换电池组。

电池组放电维护结束后，闭合系统供电模块（UR）的输入断路器，恢复供电模块供电，电池组采用在线浮充供电方式，供电模块输出电压应在 DC 28～30 V 范围内。

（11）模块、部件温升检测。

应定期检测各种电源模块、交流接触器、继电器、断路器、阻燃导线的温度，发现异常及时查找原因并采取相应措施；各种电源模块的表面温升一般不大于 45 ℃。

（12）清洁。

应定期清理消除系统机柜、电源模块、导体、绝缘体表面上的尘埃和污垢，清洁后注意检查：电源模块插接应牢固；模块面板开关应处于闭合位置；电源模块内部的清洁须取下后由专业技术人员实施。

（13）UPS 不间断电源及蓄电池组。

UPS 不间断电源中易损器件的使用寿命为 5～6 年，宜定期进行维修、更换。维修、更换须由专业技术人员进行。

电池组的在正常使用条件下，其寿命周期一般为 3～5 年，宜定期进行更换。

2. 故障维修及应急处理

1）隔离电源模块（BX 系列）

若 BX 系列隔离电源模块故障，需要更换故障模块时，根据电源模块面板故障指示灯或监测单元显示的模块位置，断开故障模块输入断路器，拔下故障模块进行更换，确认模块插接接触良好，闭合该模块输入断路器，确认模块输出正常。

在现场备用电源模块规格型号不齐全的情况下，相同规格的电源模块，容量大的可以代替容量小的，或备用电源模块标称容量虽小，但满足实际需求容量即可代用。

2）高频开关电源模块（AMZ 系列）

（1）若 AMZ 系列直流电源模块故障，根据电源模块面板故障指示灯或监测单元显示的模块位置，关闭该模块面板上的电源开关，方可拔下故障模块进行更换，确认模块插接接触良好，闭合模块电源开关，此时该电源模块即投入并联冗余输出，须观测电源模块的输出电流值，若各电源模块的均流指标差异较大时，可微调模块的输出电压使其均流指标满足要求。

（2）用于站间联系或闭塞电源供电模块分 AMZ-060D-02//04 或 AMZ-060N-02//04 两个规格，每模块的输出电源分二路/四路分别隔离，每路电源电压可根据现场区间距离在 DC 24 ~ 60 V 或 DC 24 ~ 80 V 范围内调节。因此，现场备品中用于站间联系或闭塞电源的模块，其各路输出电压应提前调节设置与在用产品一致。

故障模块更换后，若调节各分路电源电压，其方法为：关闭并联输出中某一电源模块面板的电源开关，测试相应各分路输出端子的电源电压，应满足各分路设备的用电需求，闭合该电源模块面板中电源开关，关闭另一电源模块面板中电源开关，测试相应各分路输出端子的电源电压，应保证各相应分路电源电压的一致性。

模块分路输出电压调节完成后，各模块面板中的电源开关应全部置闭合位置，恢复电源模块的并联供电。

（3）直流电源输出采用模块并联冗余设置，其中某一模块故障不影响正常输出供电。如现场备品中没有该规格模块，可在监测单元告警参数设置、开关量屏蔽启用中，屏蔽该模块。

（4）同规格型号的电源模块在任何屏内均可通用；同规格的电源模块容量大的可以代替容量小的，或者电源模块容量虽小，但只要满足实际用电需求即可代用；电源模块故障更换时，注意插头、插座及鉴别销需要对准，不可强行推入。

3）微机监测单元

若监测单元发生某一被检测参数故障报警，而检测信号电源系统的输入、输出电压、电流全部正常，模块工作状态及浪涌保护器均正常时，可判断为监测单元误报警。由于信号电源系统的监测单元仅作为监测、故障定位、故障报警和故障记录功能，监测单元自身故障不影响信号电源系统的正常使用，因此，在故障维修处理前可采取应急措施将相对应的发生误报警的某一参数做屏蔽处理。

4）UPS 电源的维护

本系统 UPS 电源采用双机并联冗余方式工作，且只有在两套 UPS 同时损坏的情况下才启动"维护旁路"，以达到 UPS 电源维护时负载不中断的目的。

单台 UPS 电源可断电维护、维修，其操作步骤如下：

（1）断开相应 UPS 电源并关机。

（2）断开相应 UPS 电源在电池箱内的"电池开关"。

（3）断开信号电源系统中相应 UPS 电源的输入、输出断路器。

5）UPS 电池组的维护

（1）电池组的在正常使用条件下，应根据其额定设计使用寿命定期进行更换。

（2）电池组应定期进行检测，发现不满足使用要求时应及时进行更换。

（3）电池组在正常浮充运行过程中，需做好如下检测与维护，并要求做相应记录，如表 4-39 所示。

表 4-39　检测与维护表

频次	检测内容	基准	维护
每月	检测电池组浮充总电流和总电压	（1）浮充总电流≤0.01CA； （2）浮充总电压： （13.65±0.1）V×台数	（1）当浮充总电流>0.01CA 时，需对电池组均衡充电，然后再转为浮充电观察； （2）当浮充总电压超标时，需调整到基准值
每季度	检测电池组每台电池的浮充电压	每台电池浮充电压为： 13～15 V（1年内） 13.2～14 V（1年后）	当电池浮充电压超标时，需对电池组进行均衡充电，然后再转为浮充电观察
每半年	（1）检查电池外观以及电池外表温度； （2）检查电池端子螺丝有无松动、锈蚀现象	（1）电池外观正常、外表温度正常； （2）螺丝连接牢固、无锈蚀现象	（1）发现异常先确认其造成原因，分别处理； （2）拧紧端子螺丝，除锈蚀并用凡士林涂抹保护
每年	电池组放电检查	以 10HR 放电率（0.1CA）放电 3 h，电池放电终止电压大于 11.4 V/台。	低于基准值时可对电池组进行均衡充电，再转入浮充电观察

【相关规范与标准】

《普速铁路信号维护规则技术标准》第 12.2 小节电源屏部分对电源屏维护做了明确规定。

任务 4.5　PMZG 系列信号智能电源屏维护

【工作任务】

了解 PMZG 系列电源屏结构和工作原理，掌握其使用操作方法、日常维护及常见故障处理方法。

【知识链接】

PMZG 型智能铁路信号电源系统是按照铁道部颁发的最新标准，在原铁道部鉴定的 PMZⅡ型智能铁路信号电源系统基础上设计开发而成。该系统具有更高的可靠性、安全性，实现了不同厂家同类电源模块的互换，统一了监测单元与微机监测系统的通信协议。

4.5.1　PMZG 型智能铁路信号电源屏特点

网络化：可实现远程监测和集中组网，最终实现信号电源系统的无人值守。

智能化：实时监测系统的工作状态和运行参数，具有故障定位、存储及报警功能。

模块化：电源系统由各种型号模块组合而成，系统配置方便；模块支持热插拔，在线维护性好。

可靠性高：电源模块采用"$N+M$"或"$1+1$"备份所有元器件均降额使用。

适应外电网能力强：输入电源电压范围宽，兼容单相、三相两种制式；电网切换期间输出供电零中断。

保护功能完善：具有模块输入过压、欠压，输出过压、过流、短路、过温等完善的保护功能。

合理的散热设计：整机散热采用自然冷却方式，消除了风扇故障对系统的影响，同时降低了系统噪音。

绿色环保：采用有源功率因数校正技术，系统功率因数大于 0.99，有效抑制对外电网的污染，并降低了运行成本。

4.5.2 系统分类及命名

根据用途不同，电源系统分为车站联锁电源系统、提速电源系统、区间电源系统、驼峰电源系统四种类型，每种类型根据容量不同有 5 kV·A、10 kV·A、15 kV·A、20 kV·A、30 kV·A 五种不同的配置（超出以上容量范围时，还可以进行专门设计）。各型号电源系统的命名规则如下：

1. 车站联锁电源系统

为铁路信号继电联锁、微机联锁、城市轨道交通等信号设备提供稳压电源。车站联锁电源系统根据不同站场、不同容量配置，电源系统最多可由四面屏组成，并配有一套监测单元。其命名规则如图 4-13 所示。

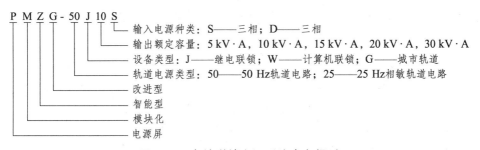

图 4-13　车站联锁电源系统命名规则

2. 提速电源系统

为交流三相转辙机提供隔离的、可靠的交流三相电源。提速电源系统可以由一台屏组成，也可集成在其他电源系统中。其命名规则如图 4-14 所示。

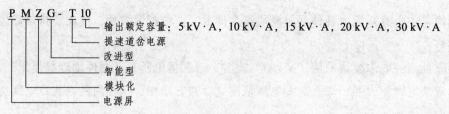

图 4-14　提速电源系统命名规则

3. 区间电源屏

为自动闭塞及半自动闭塞等信号设备提供稳压电源。区间电源系统一般由一台 B 屏或 A、B 两台屏组成，若用户无特殊要求也可将区间电源和车站联锁电源配置在一套电源系统中。其命名规则如图 4-15 所示。

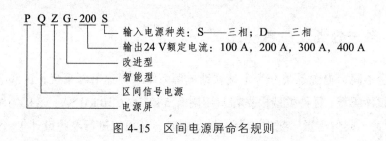

图 4-15　区间电源屏命名规则

4. 驼峰电源屏

为驼峰编组场信号设备提供稳压电源。可分为驼峰微机电源系统与普通驼峰电源系统两种，供驼峰转辙机用直流电源均配有备用电源。其命名规则如图 4-16 所示。

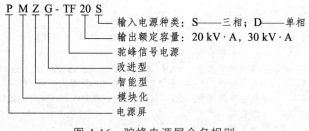

图 4-16　驼峰电源屏命名规则

4.5.3　输入电源

系统需要两路独立的交流输入电源（三相五线制或单相三线制）。输入电源电压范围：AC 380 V（ −30% ～ +25%），AC 220 V（ −30% ～ +25%）；频率偏差：30 Hz ± 5%；电压不平衡度 ≤5%；电压波形失真度 ≤5%。

4.5.4 系统工作原理

系统工作原理框图如图 4-17 所示。两路交流输入电源经输入总配电切换后，自动选择其中一路作为主用供电，另外一路作为备用供电。主用电源经模块输入配电后分配至各交、直流模块进行稳压及隔离等处理，再经过系统输出配电给各类信号设备供电。中心监测单元实时监测输入、输出电压、电流及模块的工作状态，并可实现故障诊断、报警及存储。

系统输入两路独立的交流三相电源，具有自动切换功能，为了方便维护和检修，还设有手动切换装置，两路电源手动切换时间小于 120 ms。系统还设有两路直供供电，当系统输入切换单元故障时，可提供应急输入供电。

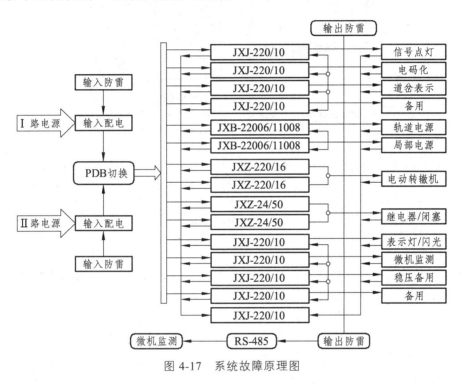

图 4-17 系统故障原理图

4.5.5 系统组成

PMZG 型智能电源屏主要由电源模块、监测系统、输入/输出配电单元及用于安装这些功能原件的机柜组成。按照系统配置，通常由 B 屏、A 屏和 T 屏组成，按左、中、右排列。

1. B 屏

B 屏实现系统总输入配电、输入防雷、本屏输入配电、交直流转换、输出配电、输出防雷、数据采集及系统故障监测等功能。

B 屏由上插箱、中心监测单元、模块插箱及下插箱组成，B 屏的整体示意图如图 4-18 所示。

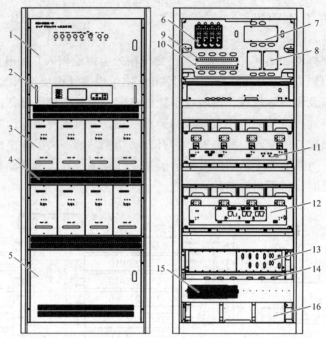

1—上插箱；2—中心监测单元（MCU）；3—模块插箱；4—风道；5—下插箱；6—输出支路防雷板；
7—输入传感器板（ISB）；8—交流接触器；9—零线汇流排（TD4）；10—地线汇流排（TD5）；
11—第一层模块后背板；12—第二层模块后背板；13—数据采集单元（DCP）；
14—电压/电流传感器板数据接口；15—输入/输出端子排；16—输出隔离变压器。

图 4-18　B 屏示意图

1）上插箱

B 屏上插箱实现系统总输入配电、输入防雷及本屏输入配电等功能。系统总输入配电及输入防雷工作原理如图 4-19 所示。

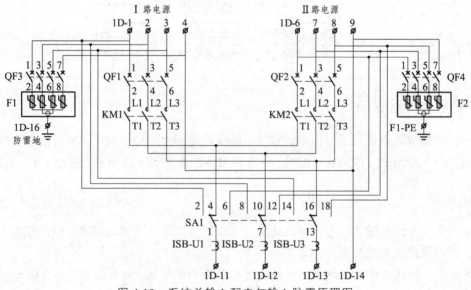

图 4-19　系统总输入配电与输入防雷原理图

B 屏输入配电实现本屏电源模块、中心监测单元（MCU）及数据采集单元（DCP）的输入配电功能。B 屏输入配电工作原理如图 4-20 所示。

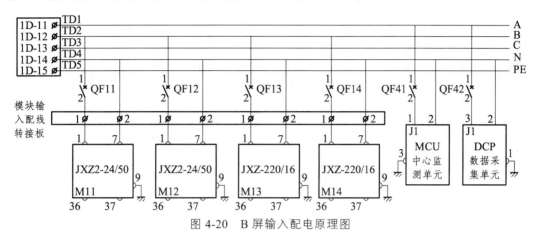

图 4-20 B 屏输入配电原理图

B 屏上插箱包含：上插箱门、上插箱前安装板及上插箱后安装板等。上插箱门正面安装有系统工作状态指示灯、报警状态转换开关及输入手动切换按钮，如图 4-21 所示。

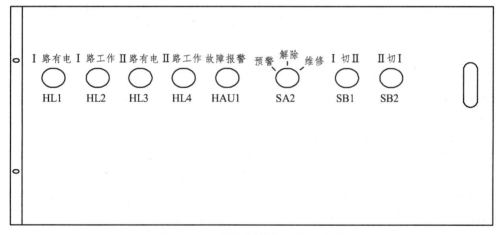

图 4-21 B 屏上插箱门正面示意图

各指示灯表示含义：

HL1：为"Ⅰ路有电"红色指示灯，Ⅰ路输入正常时点亮。

HL2：为"Ⅰ路工作"绿色指示灯，Ⅰ路主用，Ⅱ路备用时点亮。

HL3：为"Ⅱ路有电"红色指示灯，Ⅱ路输入正常时点亮。

HL4：为"Ⅱ路工作"绿色指示灯，Ⅱ路主用，Ⅰ路备用时点亮。

HAU1：为"故障报警蜂鸣器"，当系统故障时发出声光报警。

SA2：为"报警状态转换开关"，有"预警""解除""维修"三种状态。预警状态：置于此位时，系统故障时蜂鸣器发出声光报警，正常工作时置于此位；解除状态：屏蔽蜂鸣器声光报警，置于此位时，有无故障蜂鸣器均不报警；维修状态：置于此位时，系统正常时蜂鸣器发出声光报警，系统维修时置于此位。

SB1 为"Ⅰ切Ⅱ"按钮，按下此按钮时，系统由Ⅰ路供电转为Ⅱ路供电。

SB2 为"Ⅱ切Ⅰ"按钮，按下此按钮时，系统由Ⅱ路供电转为Ⅰ路供电。

B 屏上插箱门背面装有输入切换控制板（PDB 板）。PDB 板采用无优先、互为主备的工作方式，若系统采用Ⅰ路电源供电，当Ⅰ路电源故障时，系统自动切换到Ⅱ路电源供电；若系统采用Ⅱ路电源供电，当Ⅱ路电源故障时，系统将自动切换到Ⅰ路电源供电。其配线图如图 4-22 所示。

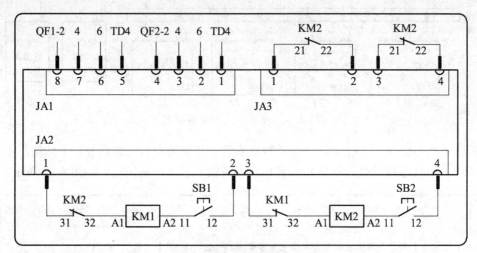

图 4-22　PDB 板配线示意图

PDB 板接口说明如下：

JA1（从右到左定义为 1~8）：系统Ⅰ、Ⅱ路输入电压信号采集接口。

1P	2P	3P	4P	5P	6P	7P	8P
Ⅱ路 N	Ⅱ路 C	Ⅱ路 B	Ⅱ路 A	Ⅰ路 N	Ⅰ路 C	Ⅰ路 B	Ⅰ路 A

JA2（从右到左定义为 1~4）：交流接触器驱动信号接口。

1P	2P	3P	4P
Ⅰ路接触器线圈正	Ⅰ路接触器线圈负	Ⅱ路接触器线圈正	Ⅱ路接触器线圈负

JA3（从左到右定义为 1~4）：接触器线圈电压转换控制接口。

1P	2P	3P	4P
Ⅱ路收	Ⅱ路发	Ⅰ路收	Ⅰ路发

B 屏上插箱前安装板装有系统Ⅰ、Ⅱ路输入开关，系统Ⅰ、Ⅱ路输入防雷器，直供开关和模块输入开关等器件，如图 4-23 所示。

1——QF1、QF2 分别为系统Ⅰ、Ⅱ路输入开关；

2——F1、F2分别为系统Ⅰ、Ⅱ路输入防雷器；

3——QF3、QF4分别为Ⅰ、Ⅱ路输入防雷阻断开关；

4——QF1x（QF2x）、QF41、QF42分别为模块、中心监测单元及数据采集单元输入开关；

5——SA1为直供开关，有"正常""Ⅰ路直供""Ⅱ路直供"三种状态；

正常：正常工作时置于此位，两路输入电源经输入切换单元切换后给系统供电；

Ⅰ路直供：应急时置于此位，Ⅰ路输入直接给系统供电；

Ⅱ路直供：应急时置于此位，Ⅱ路输入直接给系统供电。

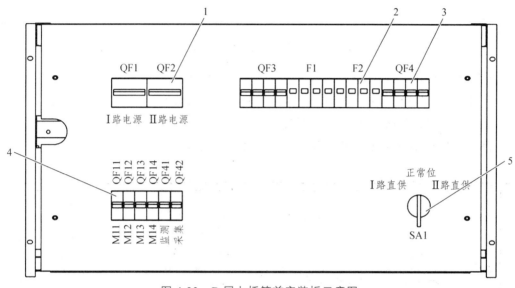

图 4-23　B屏上插箱前安装板示意图

B屏上插箱后安装板装有输出支路防雷板、零线和地线汇流排、输入传感器板及两路输入交流接触器等器件。

输出支路防雷板并联在系统输出支路的端子上，用于防护后级用电设备或供电电缆反馈到系统输出端的雷电袭击。当输出支路防雷板正常工作时，其工作指示灯 LED1 点亮。输出支路防雷板配置的数量由系统输出支路数决定。

输出支路防雷板的接口说明如下：

J1-1P	J1-2P	J1-3P	J2
输出支路 N（－）	—	输出支路 L（＋）	防雷地

2）中心监测单元

中心监测单元实现系统工作状态和运行参数的处理、显示功能，形成规范化的数据和告警信息，并提供与微机监测系统的通信接口。

中心监测单元示意图如图 4-24 所示。

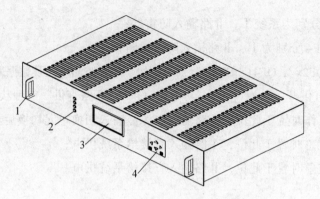

1—把手；2—指示灯；3—液晶显示屏；4—操作键盘。

图 4-24　中心监测单元示意图

其中指示灯显示系统的状态和数据，从上到下依次为：

"工作"指示绿灯，中心监测单元工作时闪亮；"一般报警"指示红灯，系统一般故障时点亮；"紧急报警"指示红灯，系统紧急故障时点亮；"蜂鸣屏蔽"指示红灯，中心监测单元蜂鸣器报警屏蔽时点亮。中心监测单元后视图如图 4-25 所示。

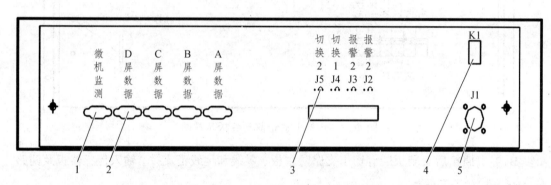

1—"微机监测"通信口；2—系统内部通信口；3—系统状态接口；
4—K1，电源开关；5—J1，航空插头，输入电源插头。

图 4-25　中心监测单元后视图

3）模块插箱

B 屏配有两层 1/4 模块插箱，最多配置 8 个 1/4 模块，模块插箱后面装有模块后背板，后背板有 DC220-24-2BS-HB、DC-2BS-QJ-HB、2AC-2DC-BS-HB 和 AC 220 V-HB 四种型号，其中 2AC-2DC-BS-HB 后背板需和一备一切换板配合使用，AC 220 V-HB 后背板需和三备一切换板配合使用。根据系统模块配置的不同，后背板的类型也不尽相同。各板件接口示意及接口说明如下（在以下的描述中 M_{xx} 下标中的第 1 位表示模块所在的层号，第 2 位表示模块在该层中从左到右的排列序号，如 M_{23} 表示第 2 层从左到右第 3 个模块）：

（1）DC220-24-2BS-HB 后背板。

① 接口示意如图 4-26 所示。

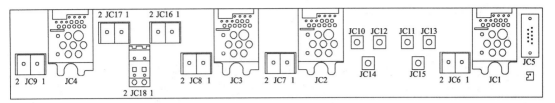

图 4-26　接口示意图

② 接口说明如表 4-40 所示。

表 4-40　DC220-24-2BS-HB 后背板接口说明

序　号	端子号	标　识	功能定义	备　注
1	JC6	JC6-1，IN-L1	模块 MX1 输入-L	模块 MX1 输入配线接口
2		JC6-1，IN-N1	模块 MX1 输入-N	
3	JC7	JC7-1，IN-L2	模块 MX2 输入-L	模块 MX2 输入配线接口
4		JC7-1，IN-N2	模块 MX2 输入-N	
5	JC8	JC8-1，IN-L3	模块 MX3 输入-L	模块 MX3 输入配线接口
6		JC8-1，IN-N3	模块 MX3 输入-N	
7	JC9	JC9-1，IN-L4	模块 MX4 输入-L	模块 MX4 输入配线接口
8		JC9-1，IN-N4	模块 MX4 输入-N	
9	JC12	DC 24 V+	模块 MX1 输出+	和模块 MX1 的 36 号针之间配线
10	JC13	DC 24 V-	模块 MX1 输出-	和模块 MX1 的 37 号针之间配线
11	JC10	DC 24 V+	模块 MX2 输出+	和模块 MX2 的 36 号针之间配线
12	JC11	DC 24 V-	模块 MX2 输出-	和模块 MX2 的 37 号针之间配线
13	JC14	DC 24 V+	DC 24 V+ 输出配线接口	和输出断路器之间配线
14	JC15	DC 24 V-	DC 24 V- 输出配线接口	
15	JC16	JC16-1，DC 220 V+	模块 MX3 输出+	和模块 MX3 的 36 号针之间配线
		JC16-2，DC 220 V-	模块 MX3 输出-	和模块 MX3 的 37 号针之间配线
16	JC17	JC17-1，DC 220 V+	模块 MX4 输出+	和模块 MX4 的 36 号针之间配线
		JC17-2，DC 220 V-	模块 MX4 输出-	和模块 MX4 的 37 号针之间配线
17	JC18	JC18-1，DC 220 V+	DC 220 V+ 输出配线接口	和输出断路器之间配线
		JC18-2，DC 220 V-	DC 220 V- 输出配线接口	和输出断路器之间配线
18	JC5	1P	模块 MX1 干接点	送采集单元
		2P	模块 MX2 干接点	
		3P	模块 MX3 干接点	
		4P	模块 MX4 干接点	
		9P	公共接点	

（2）DC-2BS-QJ-HB 后背板。

① 接口示意如图 4-27 所示。

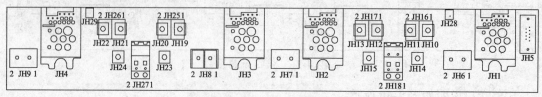

图 4-27　接口示意图

② 接口说明如表 4-41 所示。

表 4-41　DC-2BS-QJ-HB 后背板接口说明

序　号	端子号	标　识	功能定义	备　注
1	JH6	JH6-1，IN-L1	DC 模块 MX1 输入-L	模块 MX1 输入配线接口
2		JH6-2，IN-N1	DC 模块 MX1 输入-N	
3	JH7	JH7-1，IN-L2	DC 模块 MX2 输入-L	模块 MX2 输入配线接口
4		JH7-2，IN-N2	DC 模块 MX2 输入-N	
5	JH8	JH8-1，IN-L3	DC 模块 MX3 输入-L	模块 MX3 输入配线接口
6		JH8-2，IN-N3	DC 模块 MX3 输入-N	
7	JH9	JH9-1，IN-L4	DC 模块 MX4 输入-L	模块 MX4 输入配线接口
8		JH9-2，IN-N4	DC 模块 MX4 输入-N	
9	JH10	VOUT1+（A）	DC 24 V 模块 MX1 输出+	和模块 MX1 的 36 号针之间配线
10	JH11	VOUT1-（A）	DC 24 V 模块 MX1 输出-	和模块 MX1 的 37 号针之间配线
11	JH12	VOUT1+（B）	DC 24 V 模块 MX2 输出+	和模块 MX2 的 36 号针之间配线
12	JH13	VOUT1-（B）	DC 24 V 模块 MX2 输出-	和模块 MX2 的 37 号针之间配线
13	JH14	VOUT1+	DC 24 V 正输出	DC 24 V 输出配线接口
14	JH15	VOUT1-	DC 24 V 负输出	
15	JH16	JH16-1，VOUT1+（A）	DC 220 V 模块 MX1 输出+	和模块 MX1 的 36 号针之间配线
16		JH16-2，VOUT1-（A）	DC 220 V 模块 MX1 输出-	和模块 MX1 的 37 号针之间配线
17	JH17	JH17-1，VOUT1+（B）	DC 220 V 模块 MX2 输出+	和模块 MX2 的 36 号针之间配线
18		JH17-2，VOUT1-（B）	DC 220 V 模块 MX2 输出-	和模块 MX2 的 37 号针之间配线
19	JH18	JH18-1，VOUT1+	DC 220 V 正输出	DC 220 V 输出配线接口
20		JH18-2，VOUT1-	DC 220 V 负输出	
21	JH19	VOUT2+（A）	DC 24 V 模块 MX3 输出+	和模块 MX3 的 36 号针之间配线
22	JH20	VOUT2-（A）	DC 24 V 模块 MX3 输出-	和模块 MX3 的 37 号针之间配线

序 号	端子号	标 识	功能定义	备 注
23	JH21	VOUT2+（B）	DC 24 V 模块 MX4 输出+	和模块 MX4 的 36 号针之间配线
24	JH22	VOUT2-（B）	DC 24 V 模块 MX4 输出-	和模块 MX4 的 37 号针之间配线
25	JH23	VOUT2+	DC 24 V 正输出	DC 24 V 输出配线接口
26	JH24	VOUT2-	DC 24 V 负输出	
27	JH25	JH25-1，VOUT2+（A）	DC 220 V 模块 MX3 输出+	和模块 MX3 的 36 号针之间配线
28		JH25-2，VOUT2-（A）	DC 220 V 模块 MX3 输出-	和模块 MX3 的 37 号针之间配线
29	JH26	JH26-1，VOUT2+（B）	DC 220 V 模块 MX4 输出+	和模块 MX4 的 36 号针之间配线
30		JH26-2，VOUT2-（B）	DC 220 V 模块 MX4 输出-	和模块 MX4 的 37 号针之间配线
31	JH27	JH27-1，VOUT2+	DC 220 V 正输出	DC 220 V 输出配线接口
32		JH27-2，VOUT2-	DC 220 V 负输出	
33	JH28	JH28-1，SHARE+	均流母线+	接其他层的均流母线
34		JH28-2，SHARE-	均流母线-	
35	JH29	JH29-1，SHARE+	均流母线+	接其他层的均流母线
36		JH29-2，SHARE-	均流母线-	
37	JH5	JH5-1，NO1	DC 模块 MX1 干接点	送采集单元
38		JH5-2，NO2	DC 模块 MX2 干接点	
39		JH5-3，NO3	DC 模块 MX3 干接点	
40		JH5-4，NO4	DC 模块 MX4 干接点	
41		JH5-9，COM	干接点公共端	

注：DC 220 V 和 DC 24 V 输出端子，根据实际使用模块的型号不同只选其中一组端子配线。

（3）2AC-2DC-BS-HB 后背板。

① 接口示意如图 4-28 所示。

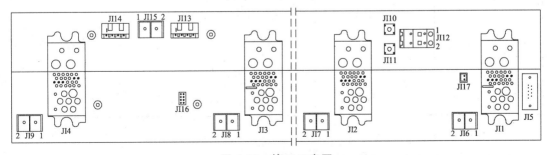

图 4-28 接口示意图

② 接口说明如表 4-42 所示。

表 4-42　2AC-2DC-BS-HB 后背板接口说明

序　号	端子号	标　识	功能定义	备　注
1	JI6	JI6-1，IN-L1	DC 模块 MX1 输入-L	模块 MX1 输入配线接口
2		JI6-2，IN-N1	DC 模块 MX1 输入-N	
3	JI7	JI7-1，IN-L2	DC 模块 MX2 输入-L	模块 MX2 输入配线接口
4		JI7-2，IN-N2	DC 模块 MX2 输入-N	
5	JI8	JI8-1，IN-L3	AC 主模块 MX3 输入-L	模块 MX3 输入配线接口
6		JI8-2，IN-N3	AC 主模块 MX3 输入-N	
7	JI9	JI9-1，IN-L4	AC 备模块 MX4 输入-L	模块 MX4 输入配线接口
8		JI9-2，IN-N4	AC 备模块 MX4 输入-N	
9	JI10	DCOUT+	直流输出 DC 24 V+	直流输出接口，JI10、JI11 和 JI12-1 JI12-2 只选其中一组配线
10	JI11	DCOUT-	直流输出 DC 24 V-	
11	JI12	JI12-1，DCOUT+	直流输出 DC 220 V+	
12		JI12-2，DCOUT-	直流输出 DC 220 V-	
13	JI13	JI13-1、2、3、4	主模块输出和一备一板之间的转接端子	接一备一板 J2-1、2、3、4
14	JI14	JI14-1、2、3、4	备用模块输出和一备一板之间的转接端子	接一备一板 J3-1、2、3、4
15	JI15	JI15-1，OUT-L	AC 输出 L	和隔离变压器之间配线
16		JI15-2，OUT-N	AC 输出 N	
17	JI17	JI17-1，SHARE+	均流母线+	接其他层的均流母线
18		JI17-2，SHARE-	均流母线-	
19	JI5	JI5-1，NO1	DC 模块 MX1 干接点	送数据采集单元
20		JI5-2，NO2	DC 模块 MX2 干接点	
21		JI5-3，NO3	AC 主模块 MX3 干接点	
22		JI5-4，NO4	AC 备模块 MX4 干接点	
23		JI5-9，COM	干接点公共端	

（4）AC220V-HB 后背板。

① 接口示意如图 4-29 所示。

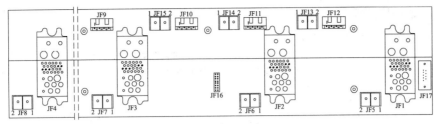

图 4-29　接口示意图

② 接口说明如表 4-43 所示。

表 4-43　AC 220 V-HB 后背板接口说明

序号	端子号	标　识	功能定义	备　注
1	JF5	JF5-1，IN-L1	主模块 MX1 输入-L	模块 MX1 输入配线接口
2		JF5-2，IN-N1	主模块 MX1 输入-N	
3	JF6	JF6-1，IN-L2	主模块 MX2 输入-L	模块 MX2 输入配线接口
4		JF6-2，IN-N2	主模块 MX2 输入-N	
5	JF7	JF7-1，IN-L3	主模块 MX3 输入-L	模块 MX3 输入配线接口
6		JF7-2，IN-N3	主模块 MX3 输入-N	
7	JF8	JF8-1，IN-L4	备用模块 MX4 输入-L	模块 MX4 输入配线接口
8		JF8-2，IN-N4	备用模块 MX4 输入-N	
9	JF9	JF9-1、2、3、4	备用模块输出和三备一板之间的转接端子	接三备一板 JG9-1、2、3、4
10	JF10	JF10-1、2、3、4	主模块 MX3 输出和三备一板之间的转接端子	接三备一板 JG10-1、2、3、4
11	JF11	JF11-1、2、3、4	主模块 MX2 输出和三备一板之间的转接端子	接三备一板 JG11-1、2、3、4
12	JF12	JF12-1、2、3、4	主模块 MX1 输出和三备一板之间的转接端子	接三备一板 JG12-1、2、3、4
13	JF13	JF13-1，OUT-L1	AC 输出 1-L	AC 输出 1 配线接口
14		JF13-2，OUT-N1	AC 输出 1-N	
15	JF14	JF14-1，OUT-L2	AC 输出 2-L	AC 输出 2 配线接口
16		JF14-2，OUT-N2	AC 输出 2-N	
17	JF15	JF15-1，OUT-L3	AC 输出 3-L	AC 输出 3 配线接口
18		JF15-2，OUT-N3	AC 输出 3-N	
19	JF16	JF16-1~16	主、备模块间切换信号	插接三备一板 JG1-1~16
20	JF17	JF17-1，NO1	主模块 MX1 干接点	送数据采集单元
21		JF17-2，NO2	主模块 MX2 干接点	
22		JF17-3，NO3	主模块 MX3 干接点	
23		JF17-4，NO4	备用模块 MX4 干接点	
24		JF17-9，COM	干接点公共端	

（5）一备一切换板。

① 接口示意如图4-30所示。

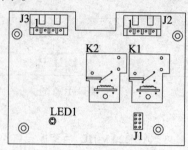

图4-30　接口示意图

② 接口说明如表4-44所示。

表4-44　一备一切换板接口说明

序号	端子号	标　识	功能定义	备　注
1	J2	J2-1、2、3、4	一备一板和主模块输出之间的转接端子	接2AC-2AC后背板JJ11-1～4、JJ13-1～4；接2AC-2DC后背板JI13-1～4
2	J3	J3-1、2、3、4	一备一板和备用模块输出之间的转接端子	接2AC-2AC后背板JJ12-1～4、JJ14-1～4；接2AC-2DC后背板JI14-1～4
3	J1	J1-1～8	主、备模块间切换信号	插接2AC-2AC后背板JJ16-1～8、JJ17-1～8；接2AC-2DC后背板JI16-1～8

（6）三备一切换板。

① 接口示意如图4-31所示。

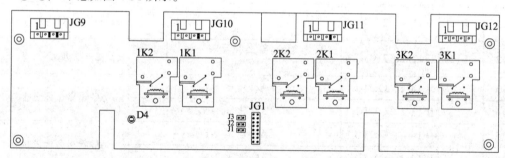

图4-31　接口示意图

② 接口说明如表4-45所示。

表4-45　三备一切换板接口说明

序　号	端子号	标　识	功能定义	备　注
1	JG9	JG9-1、2、3、4	三备一板和备用模块MX4输出之间的转接端子	接AC 220 V后背板JF9-1、2、3、4
2	JG10	JG10-1、2、3、4	三备一板和主模块MX3输出之间的转接端子	接AC 220 V后背板JF10-1、2、3、4
3	JG11	JG11-1、2、3、4	三备一板和主模块MX2输出之间的转接端子	接AC 220 V后背板JF11-1、2、3、4

序 号	端子号	标 识	功能定义	备 注
4	JG12	JG12-1、2、3、4	三备一板和主模块 MX1 输出之间的转接端子	接 AC 220 V 后背板 JF12-1、2、3、4
5	JG1	JG1-1～16	主、备模块间切换信号	插接 AC 220 V 后背板 JF16-1～16
6	J1	J1-1、J1-2	主模块 MX1 主切换备封锁口	无主模块 MX1 时用跳线帽短封此端子
7	J2	J2-1、J2-2	主模块 MX2 主切换备封锁口	无主模块 MX2 时用跳线帽短封此端子
8	J3	J3-1、J3-2	主模块 MX3 主切换备封锁口	无主模块 MX3 时用跳线帽短封此端子

4）下插箱

下插箱实现输出配电、输出实时数据、状态采集等功能。

（1）工作原理。

直流输出和交流输出配电原理图如图 4-32、图 4-33 所示。

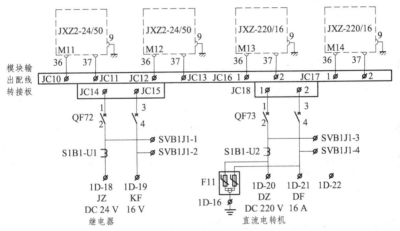

图 4-32　直流输出配电原理图

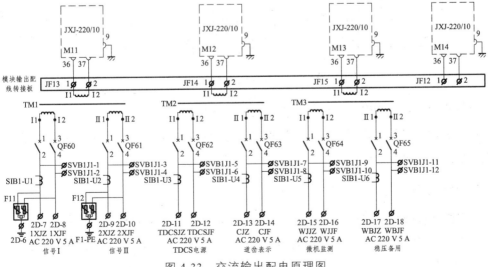

图 4-33　交流输出配电原理图

B 屏下插箱包含：下插箱门、数据采集单元（DCP）插箱、断路器及输出传感器板插箱、接线端子安装板及输出隔离变压器安装板等。

接线端子安装在下插箱后面，输入/输出端子与设备说明书等文本资料随屏附带。输出隔离变压器安装在下插箱底部，最多可以安装 3 台。对于区间电源系统的 B 屏，只能安装 1 台隔离变压器。

输出电压、电流传感器板安装在断路器及输出传感器板插箱的顶部。输出传感器板最大配置为 6 块，从左到右前 3 块为电压传感器板，后 3 块为电流传感器板。电压、电流传感器板分为直流和交流两种类型，传感器板根据输出电源类型进行配置。

2. A 屏

A 屏实现本屏输入配电、交直流转换、输出配电、输出防雷及数据采集等功能。

A 屏由上插箱、模块插箱及下插箱三部分组成，

1）上插箱

上插箱实现模块及数据采集单元（DCP）输入配电功能。

A 屏输入配电工作原理如图 4-34 所示。

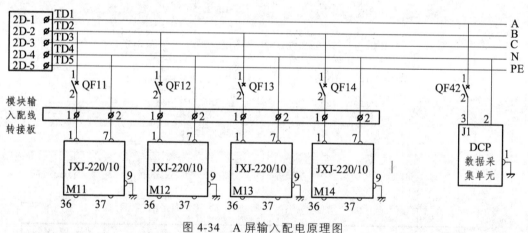

图 4-34 A 屏输入配电原理图

上插箱包含：上插箱门、前安装板、后安装板等。

A 屏上插箱门不安装器件，前安装板安装有模块和数据采集单元输入开关，后安装板安装有零线汇流排、地线汇流排及输出防雷板等器件。

2）模块插箱

A 屏模块插箱分为三层。第一层为 1/4 模块插箱。当系统配有 1/2 轨道或局部模块时，第二层为 1/2 模块插箱，否则为 1/4 模块插箱。第三层为 1/4 模块插箱或变压器插箱。模块

插箱后面装有模块后背板，后背板有 25Hz-HB、DC-2BS-QJ-HB、2AC-2DC-BS-HB 和 AC220V-HB 四种型号。25Hz-HB 后背板的接口说明如表 4-46 所示。

表 4-46 25Hz-HB 后背板接口说明

序　号	端子号	标　识	功能定义	备　注
1	JE3	JE3-1，N-G1	模块 MX1 轨道输入-N	模块 MX1 输入配线接口
2		JE3-2，N-J1	模块 MX1 局部输入-N	
3	JE4	JE4-1，L-G1	模块 MX1 轨道输入-L	
4		JE4-2，L-J1	模块 MX1 局部输入-L	
5	JE5	JE5-1，N-G2	模块 MX2 轨道输入-N	模块 MX2 输入配线接口
6		JE5-2，N-J2	模块 MX2 局部输入-N	
7	JE6	JE6-1，L-G2	模块 MX2 轨道输入-L	
8		JE6-2，L-J2	模块 MX2 局部输入-L	
9	JE7	JE7-1，NO1	模块 MX1 干接点信号	送数据采集单元
10		JE7-2，NO2	模块 MX2 干接点信号	
11		JE7-9，COM	干接点信号公共端	

3）下插箱

与 B 屏相比，A 屏下插箱数据采集单元中增加了短路切除板和闪光板。

系统有"闪光电源"时，配一主一备两块闪光板，采用钮子开关进行手动切换，钮子开关位于插箱后面的端子排旁。

有 25 Hz 电源模块时配置两块短路切除板，用于切除过载或短路的轨道支路。短路切除板自身故障时，将短路切除板面板上的开关扳到"直供"位置，进行应急供电。

3. T 屏

T 屏即提速屏，分为独立 T 屏和混合 T 屏。独立 T 屏为交流转辙机提供可靠的、隔离的三相交流电源；混合 T 屏除了为交流转辙机供电外，还可为其他设备提供稳定的交、直流电源。

1）独立 T 屏

独立 T 屏有完整的输入配电单元和中心监测单元，可以独立组成提速电源系统。由上插箱、中心监测单元、下插箱及三相隔离变压器四部分组成。

独立 T 屏实现系统总输入配电、输入防雷、输出配电、数据采集、断错相监测等功能，并设有中心监测单元。工作原理如图 4-35 所示。

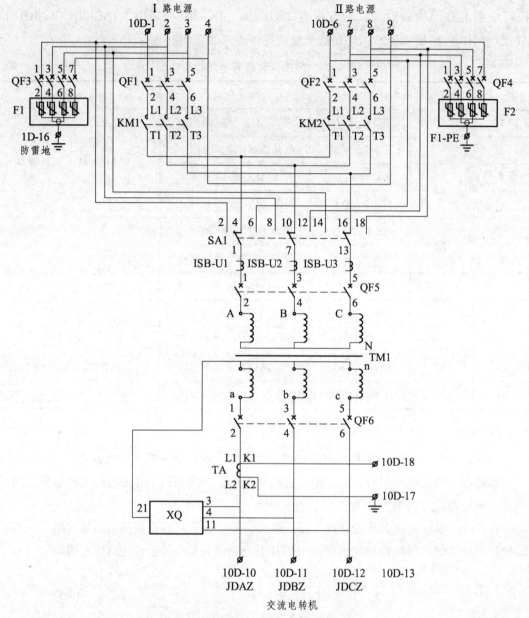

图 4-35　独立 T 屏主电路原理图

独立 T 屏的中心监测单元与 B 屏相同，只是本屏的 Ⅰ、Ⅱ 路电源的工作状态及报警信息不纳入站场控制台。三相隔离变压器是 T 屏的核心部件，提供隔离的、可靠的三相交流电源，其规格 5～40 kV·A 可选。

2）混合 T 屏

混合 T 屏无独立的输入配电单元和中心监测单元，必须和 B 屏配合使用。

混合提速屏由上插箱、模块插箱、下插箱及三相隔离变压器四部分组成，实现本屏输入配电、输出配电、数据采集、断错相监测等功能。工作原理如图 4-36 所示。

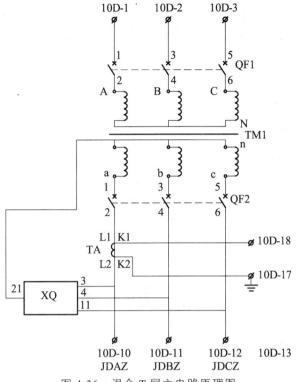

图 4-36 混合 T 屏主电路原理图

　　上插箱由上插箱门、前安装板、后安装板三部分组成。上插箱门正面安装有系统有电指示灯、断错相指示灯，如图 4-37 所示。

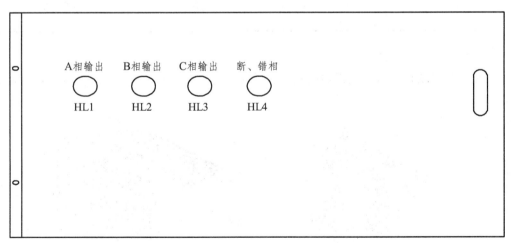

图 4-37 混合提速屏上插箱门正面示意图

　　HL1："A 相输出"红色指示灯，系统 A 相输出电源有电时点亮。
　　HL2："B 相输出"红色指示灯，系统 B 相输出电源有电时点亮。
　　HL3："C 相输出"红色指示灯，系统 C 相输出电源有电时点亮。
　　HL4："断、错相"红色指示灯，当系统有断、错相故障时点亮。

混合 T 屏预留一层 1/4 模块插箱。下插箱和 B 屏下插箱相同。三相隔离变压器是 T 屏的核心部件，提供隔离的、可靠的三相交流电源，其规格 5~40 kV·A 可选。

4. 电源模块

1）模块命名及分类

命名规则如图 4-38 所示。

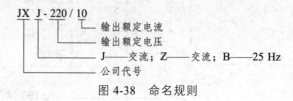

图 4-38　命名规则

模块分类对照表如表 4-47 所示。

表 4-47　模块分类对照表

序　号	名　　称	分　类	结构形式
1	JXJ-220/10	50 Hz 交流模块	1/4 模块
2	JXZ-220/16	直流模块	1/4 模块
3	JXZ-24/50	直流模块	
4	JXZ2-24/50		
5	JXB-22006/11008	25 Hz 交流模块	1/2 模块
6	JXB-22011/11015		

2）模块结构及功能

根据一层模块插箱可容纳模块的数量，模块分为 1/4 电源模块和 1/2 电源模块，外形结构如图 4-39 所示。

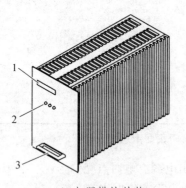 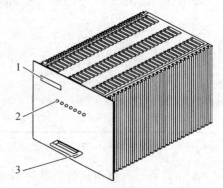

1/4 电源模块结构　　　　　　　　　1/2 电源模块结构

1—模块铭牌，如：JXJ-220/10；2—指示灯；3—把手。

图 4-39　模块结构图

（1）1/4电源模块。

指示灯从左到右依次为："电源"红灯，模块上电后点亮；"运行"绿灯，模块正常工作时点亮；"故障"红灯，模块故障时点亮。

（2）1/2电源模块。

指示灯从左到右依次为："轨道电源"指示红灯，轨道部分上电后点亮；"轨道运行"指示绿灯，轨道部分正常工作时点亮；"轨道故障"指示红灯，轨道部分故障时点亮；"局部电源"指示红灯，局部部分上电后点亮；"局部运行"指示绿灯，局部部分正常工作时点亮；"局部故障"指示红灯，局部部分故障时点亮；"加载"指示绿灯，模块主用工作时点亮。

3）模块接口定义

模块的输入、输出使用同一个JMD37接插件，各种模块的接口定义如表4-48～表4-52所示。

表4-48　JXZ-24/50 接口定义

序　号	插针编号	插针规格	接口定义	备　注
1	36	8	DC 24 V 输出 +	直流 24 V 输出
2	37	8	DC 24 V 输出 −	
3	1	12	电源输入端 L	2 号端子备用
4	7	12	电源输入端 N	8 号端子备用
5	9	12	机壳接地	
6	17	20	故障信号 COM	16 号端子为故障信号 NC
7	18	20	故障信号 NO	
8	24	20	均流母线 +	25 号端子备用
9	26	20	均流母线 −	27 号端子备用
10	22	20	闭塞输出 Ⅰ +	闭塞输出 Ⅰ
11	23	20	闭塞输出 Ⅰ −	
12	28	20	闭塞输出 Ⅱ +	闭塞输出 Ⅱ
13	29	20	闭塞输出 Ⅱ −	
14	30	20	闭塞输出 Ⅲ +	闭塞输出 Ⅲ
15	31	20	闭塞输出 Ⅲ −	
16	32	20	闭塞输出 Ⅳ +	闭塞输出 Ⅳ
17	33	20	闭塞输出 Ⅳ −	

表 4-49　JXZ2-24/50 接口定义

序　号	插针编号	插针规格	接口定义	备　注
1	36	8	DC 24 V 输出 +	直流 24 V 输出
2	37	8	DC 24 V 输出 −	
3	1	12	电源输入端 L	2 号端子备用
4	7	12	电源输入端 N	8 号端子备用
5	9	12	机壳接地	—
6	17	20	故障信号 COM	16 号端子为故障信号 NC
7	18	20	故障信号 NO	
8	24	20	均流母线 +	25 号端子备用
9	26	20	均流母线 −	27 号端子备用

表 4-50　JXZ-220/16 接口定义

序　号	插针编号	插针规格	接口定义	备　注
1	36	8	DC 220 V 输出 +	直流 220 V 输出
2	37	8	DC 220 V 输出 −	
3	1	12	电源输入端 L	2 号端子备用
4	7	12	电源输入端 N	8 号端子备用
5	9	12	机壳接地	—
6	17	20	故障信号 COM	16 号端子为故障信号 NC
7	18	20	故障信号 NO	
8	24	20	均流母线 +	25 号端子备用
9	26	20	均流母线 −	27 号端子备用

表 4-51　JXJ-220/10 接口定义

序　号	插针编号	插针规格	接口定义	备　注
1	1	12	电源输入端 L	2 号端子备用
2	7	12	电源输入端 N	8 号端子备用
3	9	12	机壳接地	—
4	36	8	AC 220 V 输出 L	交流 220 V 输出
5	37	8	AC 220 V 输出 N	
6	17	20	故障信号 COM	6 号端子为故障信号 NC
7	18	20	故障信号 NO	
8	14	20	主模块正常信号 A	三备一切换信号，主模块 14、15 有效，备模块 26、27 有效
9	15	20	主模块正常信号 B	
10	26	20	三备一切换板供电 DC 12 V +	
11	27	20	三备一切换板供电 DC 12 V −	

表 4-52　JXB-22006/11008（JXB-22011/11015）接口定义

序　号	插针编号	插针规格	接口定义	备　注
1	1	12	电源输入端（轨道）L	轨道输入
2	2	12	电源输入端（轨道）N	
3	7	12	电源输入端（局部）L	局部输入
4	8	12	电源输入端（局部）N	
5	9	12	机壳接地	—
5	34	8	轨道输出 AC 220 V、25Hz-L	轨道输出
6	35	8	轨道输出 AC 220 V、25Hz-N	
7	36	8	局部输出 AC 110 V、25Hz-L	局部输出
8	37	8	局部输出 AC 110 V、25Hz-N	
9	17	20	故障信号 COM	16 号端子为故障信号 NC
10	18	20	故障信号 NO	
11	10	20	25 Hz 电源互锁信号发送 1（＋）	主模块发送信号为闭合接点
12	11	20	25 Hz 电源互锁信号发送 2（－）	
13	12	20	25 Hz 电源互锁信号接收 1（＋）	
14	13	20	25 Hz 电源互锁信号接收 2（－）	

注：各规格插针额定电流：8#——75 A；12#——35 A；20#——5 A。

4.5.6　PMZG 系列电源屏维护

1. 系统使用

1）关　机

系统在使用过程中，因紧急情况需要关机时，操作步骤如下：
第一步：断开系统各支路输出开关。
第二步：断开各模块、数据采集单元、中心监测单元输入开关。
第三步：最后断开系统的总输入开关 QF1、QF2。

2）开　机

故障解除后，系统重新开机操作步骤如下：
第一步：闭合系统输入总开关 QF1、QF2。
第二步：依次闭合各模块的输入开关。
第三步：依次闭合各支路输出开关。

第四步：依次闭合 A 屏、B 屏、C 屏的数据采集单元和中心监测单元开关。

3）信息查询与设定

在主界面下选择"用户操作"，如图 4-40 所示。按下 ⏎ 键进入密码输入菜单，如图 4-41 所示。

图 4-40　系统主界面

图 4-41　密码输入菜单

输入正确的密码（缺省值为"上下上下左右"），按下 ⏎ 进入系统设置菜单，如图 4-42 所示。

图 4-42　用户操作显示主界面

（1）系统时间设定。

在"用户操作"菜单下，选择"系统时间设定"，按下 ⏎ 进入到"系统时间设定"显示界面，如图 4-43 所示。按下 ⬅、➡ 移动光标，选择需要修改的内容，按下 ⬆、⬇ 修改相关时间，按下 ⏎ 保存设置，按下 C 取消设置。

图 4-43　系统时间设置显示界面

（2）蜂鸣告警状态操作。

在"用户操作"菜单下，选择"蜂鸣告警开关"，按下⏎进入到"蜂鸣告警开关"显示界面，如图4-44所示。按下↑、↓选择开关状态，按下⏎保存设置，按下C取消设置。

图4-44 蜂鸣告警状态操作显示界面

（3）用户密码设定。

在"用户操作"菜单下，选择"用户密码设定"，按下⏎进入到"用户密码设定"显示界面，如图4-45所示。按下↑、↓修改密码，按下⏎保存设置，按下C取消设置。

图4-45 用户密码设定菜单显示界面

（4）实时数据查询。

在主界面下，选择"实时数据"，如图4-46所示，按下⏎键进入数据查询主界面，如图4-47所示。

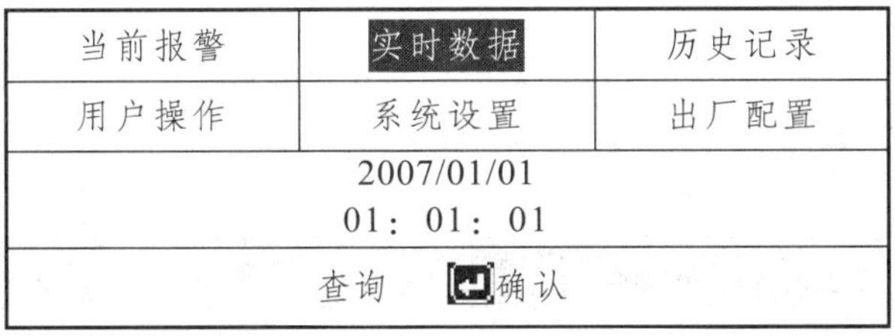

当前报警	实时数据	历史记录
用户操作	系统设置	出厂配置
2007/01/01		
01：01：01		
查询	⏎确认	

图4-46 系统主界面

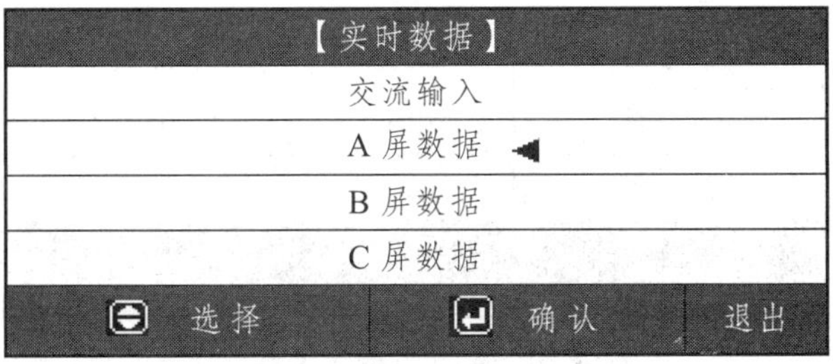

【实时数据】		
交流输入		
A屏数据 ◀		
B屏数据		
C屏数据		
⏎ 选择	⏎ 确认	退出

图4-47 数据查询主界面

① 交流输入查询。

在"实时数据"界面下，选择"交流输入"选项，按下 ↵ 进入到"交流输入"显示界面，如图 4-48 所示。按下 ↑、↓ 翻页，如图 4-49 所示。查看完毕后按下 C 退出。

【交流输入】			
I 路	电压	电流	
A 相	220.0	10.0	
B 相	220.0	10.0	
C 相	220.0	10.0	
I 路状态	供电		
⇳ 选择			C 退出

图 4-48　交流 I 路输入数据显示界面

【交流输入】			
II 路	电压	电流	
A 相	220.0	00.0	
B 相	220.0	00.0	
C 相	220.0	00.0	
II 路状态	备用		
⇳ 选择			C 退出

图 4-49　交流 II 路输入数据显示界面

② A 屏输出支路参数查询。

在"实时数据"界面下，按下 ↑、↓ 选择"A 屏数据"选项，按下 ↵ 进入到"A 屏数据"显示界面，如图 4-50 所示。按下 ↑、↓ 翻页，如图 4-51 所示。查看完毕后按下 C 退出。

【A 屏数据】		
	电压	电流
信号 I	220.0	05.0
信号 II	220.0	05.0
信号 III	220.0	05.0
信号 IV	220.0	05.0
⇳　选择	退出	C

图 4-50　A 屏数据显示界面 1

【A屏数据】			
	电压	电流	频率
轨道Ⅰ	220.0	02.0	25.0
轨道Ⅱ	220.0	02.0	25.0
轨道Ⅲ	220.0	02.0	25.0
轨道Ⅳ	220.0	02.0	25.0
⇕ 选 择	退 出		🅲

图4-51　A屏数据显示界面2

B屏、C屏输出支路参数查询方法同A屏。

③ 报警信息查询。

系统故障时，报警信息查询方法如下：

在系统主界面下，选择"当前报警"选项，如图4-52所示。按下 ↵ 键进入"当前报警"主界面，如图4-53所示。按下 ↵ 键进入当前告警信息查询界面，按下 ⬆ 、 ⬇ 查看其他告警信息，如图4-54所示。查看完毕后按下 🅲 退出查询。

当前报警	实时数据	历史记录
用户操作	系统设置	出厂配置

2007/01/01
01：01：01

⇕◧◨查询　　　　↵确认

图 4-52　系统主界面

【当前报警】

紧急告警：03 条　　　一般告警：00 条

↵ 确认　　　　🅲 退出

图 4-53　当前报警显示主界面

【当前报警】

第 01 条　　共 03 条

事件：A 屏采集单元通信错误

时间：00/01/01 01:01:01

级别：紧急告警

⇕ 查询　　　　　　　退出

图 4-54　报警信息显示界面

④ 历史记录查询。

在系统主界面下，选择"历史记录"选项，如图 4-55 所示。按下 ↵ 键进入"历史记录"显示界面，如图 4-56 所示。按下 ↵ 键进入历史记录信息查询界面，按下 ↑、↓ 查看其他记录，如图 4-57 所示。查看完毕后按下 C 退出查询。

图 4-55　系统主界面

图 4-56　历史记录显示主界面

图 4-57　历史记录信息显示界面

2. 系统维护

为了保证系统安全、稳定运行，应采用日检、定检两种方式对系统进行维护。

1）系统日检

检查内容包括：

（1）温湿度。

信号室温度范围应在 −5 ℃ ~ +40 ℃；相对湿度范围应在 5% ~ 95%。

（2）交流输入电压和电流。

从中心监测单元读取交流输入电压、电流值，并做出相应判断。

（3）各输出支路电压和电流。

从中心监测单元读取各输出支路电压、电流值，并做出相应判断。

（4）防雷器件。

观察防雷器件工作状态，及时更换故障器件。

2）系统定检

建议每月一次，检查内容包括：

（1）检查交流输入的切换功能。

交流输入切换有自动切换和手动切换两种方式（参考图 4-29）：

自动切换：断开 QF2（模拟Ⅱ路电源故障），接触器 KM2 断开，KM1 吸起，系统切换到Ⅰ路供电状态，Ⅱ路电源备用。闭合 QF2，断开 QF1（模拟Ⅰ路电源故障），则接触器 KM1 落下，KM2 吸起，系统转至Ⅱ路供电。调试完毕后，闭合 QF1。

手动切换：按下"Ⅱ切Ⅰ"SB2 按钮，系统切换至Ⅰ路电源供电。按下"Ⅰ切Ⅱ"SB1 按钮，系统切换至Ⅱ路电源供电。

（2）检查交流模块主备切换功能。

交流模块有"三备一""一备一"两种备用方式，一组主备模块配在同一层插箱中。采用"三备一"方式时，四个模块为一组，从左到右前三个为主用模块，第四个为备用模块。采用"一备一"方式时两个模块为一组，从左到右第一个为主用模块，第二个为备用模块。"三备一"主备模块切换调试步骤如下：

第一步：断开第一个主用模块的输入开关，切换到备用模块工作，模块插箱后面切换板上备用模块工作指示灯点亮。

第二步：重新闭合第一个主用模块的输入开关，模块正常工作后，切换回主用模块工作，备用模块工作指示灯熄灭。

第三步：按上述操作方法依次调试第二、三个主用模块和备用模块的切换功能。

25 Hz 模块，采用"一备一"备用方式，两个模块互为主备，"加载"灯点亮的模块为主用模块。测试步骤如下：

第一步：断开主用模块的输入开关，切换到备用模块工作，备用模块"加载"灯点亮，转为主用模块。然后，重新闭合断开的输入开关。

第二步：按第一步操作方法再次对当前模块的主备状态进行切换调试。用方式时，按第一、第二步调试。

（3）检查闪光板主备切换功能。

闪光板采用"一备一"备用方式，操作闪光板主备切换开关进行切换调试。面板指示灯闪亮的闪光板主用工作，指示灯闪烁频率表示闪光板输出频率，正常为 90～120 次/min，如果闪烁频率超限，拔下闪光板，调整电位器 VR1，使闪光板的输出频率满足要求。

（4）绝缘电阻测试。

（5）系统输入、输出电压测试。

3. 故障诊断及处理

常见故障现象及处理如表 4-53 所示。

表 4-53　常见故障现象及处理

序号	故障现象	故障原因	故障处理
1	Ⅰ、Ⅱ路电网正常，但输入接触器不吸合，模块断电，设备输出中断	输入配电单元故障	手动把输入配电单元的直供开关（SA1）转换到Ⅰ路直供或Ⅱ路直供位
2	支路输出供电中断，主、备模块工作指示灯均熄灭，监控报相应模块、支路输出故障	主、备模块均故障	用同型号备用模块更换
3	模块工作正常，监控报"×××支路输出故障"，支路输出中断	输出断路器故障	短接断路器，并及时更换
4	监控系统报"轨道×××支路输出故障"，25 Hz 轨道/局部模块工作正常，轨道支路无输出	短路切除板故障	将短路切除板上的开关扳到"直供"位置，进行应急供电，并及时更换
5	监控报"Ⅰ/Ⅱ路输入某一相断电"	Ⅰ/Ⅱ路电网缺相	检修电网
		输入采集单元对应的采集CPU板、电压调理板或输入传感器板故障	更换损坏的采集 CPU 板件、电压调理板或输入传感器板
6	监控报"Ⅰ/Ⅱ路输入某一相欠压"	Ⅰ/Ⅱ路外电网输入相应相欠压	检查外电网对应相电压是否正常
		输入采集单元对应的电压调理板或输入传感器板故障	更换损坏的电压调理板或输入传感器板
7	监控报"Ⅰ/Ⅱ路输入某一相过压"	Ⅰ/Ⅱ路电源输入的某相电压过高	检查外电网对应相电压是否正常
		输入采集单元对应的电压调理板或输入传感器板故障	更换损坏的电压调理板，或输入传感器板
8	监控报"A/B/C/T 屏 M$_{xx}$ 模块故障"	对应模块未插到位	将模块重新插拔并紧固
		模块内部故障	更换模块
		过载造成模块保护	切断异常负载，检修后恢复带载
9	监控报"×××支路输出故障"	输出断路器断开	闭合对应断路器
		输出采集单元的采集 CPU 板、电压调理板或输出传感器板故障	更换损坏的相关板件
10	监控报"局部轨道相位超限"	轨道或局部支路输出断路器断开	检修负载，正常后，闭合输出断路器
		轨道支路输出过载，短路切除板过载切除	检修过载支路（负载电流不超过 2.7 A）
11	监控报"A/B/C/T 屏采集单元故障"	A/B/C/T 屏数据采集单元与中心监测单元（MCU）间的数据线松动或破损	紧固松动的接插件，或更换数据线
		A/B/C/T 屏数据采集单元辅助电源板故障（指示红灯熄灭）	更换辅助电源板
		A/B/C/T 屏数据采集单元CPU 板故障（接收、发送指示灯不闪烁）	更换数据采集单元 CPU 板
		中心监测单元（MCU）里监控主板故障	更换 MCU 里监控主板
12	监控报"交流电转机输出相序故障"	输入相序错误	从系统总输入端调整相序
		相序监测器故障	更换相序监测器
13	监控报"交流电转机输出断相故障"	输入缺相	检修电网
		相序监测器故障	更换相序监测器

注：若发现其他异常现象，请做好记录并联系设备公司售后服务人员，以便于及时排除故障。

《普速铁路信号维护规则技术标准》第 12.2 小节电源屏部分对电源屏维护做了明确规定。

原有信号电源屏存在较多问题，已不能满足铁路信号技术发展的需求。在计算机技术和通信技术飞速发展的背景下，铁路信号智能化电源屏应运而生。铁路信号智能化电源屏采用电子电力技术，进行模块化设计，具有监测功能。

目前广泛使用的有 PDZG 系列、PMZG 系列、PKX 系列和 DSGK 系列智能化电源屏，各系列电源屏主要由电源模块、监测系统、输入输出配电单元组成，可根据需要配置不同的容量。

电源屏的维修是一项细致而复杂的工作，电源屏处于不间断工作状态，停机检修的机会极少，为保证电源屏的正常运行，必须首先清楚其原理及维修规程，根据故障现象分析判断产生的原因，从而快速解决故障，保证行车安全。

复习思考题

1. 信号智能化电源屏有哪些特点？
2. 简述信号智能化电源屏监测系统工作原理。
3. 简述 PDZG 系列智能电源屏结构和工作原理。
4. 简述直流模块、交流模块的工作原理。
5. 简述 DSGK 系列智能电源屏结构和工作原理。
6. 怎么做好 DSGK 系列智能电源屏维护工作？
7. 简述 PDZG 系列智能电源屏日常维护内容及标准。
8. 简述 PKX 系列智能电源屏结构和工作原理。
9. 简述 PMZG 系列智能电源屏结构和工作原理。
10. 怎样做好 PMZG 系列智能电源屏的日常维护工作？
11. 总结信号智能电源屏电源模块的冗余方式。
12. 比较各系列智能电源屏两路输入电源的转换方式。
13. 总结信号智能电源屏的防雷模式。

项目 5
蓄电池与 UPS 电源

 项目描述

　　本项目介绍了蓄电池和 UPS 电源，通过本项目的学习，使读者全面了解蓄电池及 UPS 电源的结构、功能、原理及应用，掌握蓄电池及 UPS 电源的维护。

教学目标

　　了解蓄电池及 UPS 电源的结构组成及工作原理；了解蓄电池及 UPS 电源在铁路信号中的应用；掌握对蓄电池及 UPS 电源的维护方法；初步掌握对蓄电池及 UPS 电源的故障分析及处理。

任务 5.1　蓄电池认知与应用

【工作任务】

了解蓄电池的结构功能及原理，学会蓄电池的使用和维护。

【知识链接】

5.1.1　蓄电池的基本概念

　　电池（Battery）指盛有电解质溶液和金属电极以产生电流的杯、槽或其他容器或复合容器的部分空间。电池的种类很多，常用电池主要是干电池、蓄电池以及体积小的微型电池。此外，还有金属-空气电池、燃料电池以及其他能量转换电池如太阳能电池、核电池等。

蓄电池是电池中的一种，它的作用是能把有限的电能储存起来，在合适的地方使用。它的工作原理就是把化学能转化为电能，属于可逆的（低压）直流电源，有放电和充电两种工作状态：在放电状态下，蓄电池可将化学能转变为电能；在充电状态下，蓄电池可将电能转变为化学能。

5.1.2　蓄电池的基本参数

1. 标称电压

　　不同的蓄电池电压不一样，准确值标在电池上。锂离子电池的单体电压是 3.7 V，实际使用电压是 3.3 ~ 4.2 V；铅酸蓄电池单体电压是 2 V，实际使用电压是 1.7 ~ 2.1 V；镉镍电池单体电压是 1.2 V，实际使用电压是 1.05 ~ 1.4 V。

　　大多数电池是由若干小节电池串联起来的，可能在内部串联也可能在外部直接用线串联。

2. 开路电压

　　电池在开路状态下的端电压。

3. 电池内阻

$$R_{内阻} = R_{欧姆内阻} + R_{极化内阻}$$

　　内阻不是常数，故定义为完全充电状态下的阻值，用蓄电池内阻检测仪测量。

　　欧姆内阻：由电极材料、电解液、隔膜及各部分零件的接触电阻组成。与电池的尺寸、结构、装配松紧程度等都有关系。

　　极化内阻：正、负极进行电化学反应时极化引起的电阻。

4. 放电终止电压

　　放电终止电压指电池放电时，电压下降到电池不宜再继续放电的最低工作电压值。如果电压低于放电终止电压后继续放电，电池两端的电压会迅速下降，形成深度放电，这样极板上形成的生成物在正常充电时就不易再恢复，从而影响电池的寿命。

5. 充电终止电压

　　充电终止电压也叫充电上限电压，指电池充满电时的电压。如果达到充电上限电压仍不停止充电，则表现为过充。过充的最直接表现是电池明显发热，甚至鼓包。因为电池已经饱和，而一般的充电器继续往电池充电，电池难以再提高电压，就会以热的形式发散出来，这样会使电池永久性损伤。

6. 电池的容量

电池的容量是指充满电的蓄电池用一定的电流放电至规定放电终止电压的放电量，通常采用如下两种表示方法：

安时容量 = 放电电流 × 放电时间（常用，如：20 A·h）。

瓦时容量 = 安时容量 × 平均放电电压（不常用）。

放电容量与放电电流关系：放电电流越小，放电容量越大；反之，放电电流越大，放电容量越小。如图 5-1 所示。

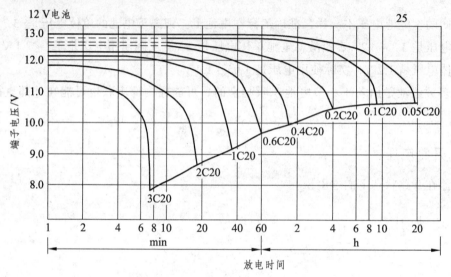

图 5-1　放电容量与放电电流关系

7. 自由放电

由于电池的局部作用造成的电池容量的消耗。容量损失（Q1 – Q2）与搁置之前的容量之比，叫作蓄电池的自由放电率。

$$自由放电率 = （Q1 – Q2）÷ Q1 × 100\%（存储期容量降低的现象）$$

式中，Q1 为搁置之前放电容量（安时），Q2 为搁置之后放电容量（安时）。

生产制造中材料不纯（如含锑过高或其他有害杂质），电解液中含有害杂质（铁、锰、砷、铜等离子），正负极板硫化后极隔板孔隙堵塞，导致铅酸蓄电池内阻消耗增大，都是导致铅酸蓄电池产生自放电的原因。

8. 使用寿命

蓄电池每充电、放电一次，叫作一次充放电循环，蓄电池在保持输出一定容量的情况下所能进行的充放电循环次数，叫作蓄电池的使用寿命。

5.1.3　蓄电池的分类及型号

1. 按电解液种类分类

1）铅酸蓄电池

特点：价格便宜，内阻小。

分类：湿荷电蓄电池、干荷电蓄电池、少维护蓄电池、免维护蓄电池、胶体电解质蓄电池。

2）镍碱蓄电池

特点：容量大，使用寿命长，维护简单，但价格昂贵。

分类：铁镍蓄电池、镉镍蓄电池、镍氢蓄电池、镍锌蓄电池。

2. 按电极材料分类

铅蓄电池、铁镍蓄电池、镉镍蓄电池、镍氢蓄电池、镍锌蓄电池。

3. 按我国有关标准规定分类

（1）固定型防酸式蓄电池（GF）：主要用于通信、发电厂、计算机系统，作为保护、自动控制的备用电源。

（2）牵引型蓄电池（D）：主要用于各种蓄电池车、叉车、铲车等动力电源。

（3）起动型蓄电池（Q）：主要用于汽车、拖拉机、柴油机船舶等起动和照明。

（4）铁路客车用蓄电池（T）：主要用于铁路客车照明和车上电器设备。

（5）内燃机车用蓄电池（N）：主要供内燃机车启动和照明用。

（6）摩托车蓄电池（M）：主要用于各种规格摩托车起动和照明。

（7）航空用电池（HK）：用于飞机启动、照明、通信。

（8）潜艇用电池（JC）：用于潜艇水下航行的动力、照明、电器设备。

（9）坦克用电池（TK）：用于坦克的启动、用电设备供电、照明。

（10）矿灯用电池（K）：供井下矿工安全帽上的矿灯照明。

（11）航标用电池（B）：航道夜间航标照明。

（12）其他用途电池：大小容量不一，放电率多样，如摄像机、闪光灯、应急灯、风力发电等电能储存等。

4. 产品型号含义

根据 JB/T 2599—2012 部颁标准，我国铅酸电池型号分为三段，如下：

串联的单体电池数-电池的类型和特征-额定容量。当电池数为 1 时，称为单体电池。

例：6-QA-120，表示有 6 个单体电池（12 V），启动用电池，装有干式荷电击板，额定容量为 120 A·h。

电池的类型和特征根据主要用途划分，代号用具体类型汉语拼音第一个字母表示，如表 5-1 所示。

表 5-1　电池类型定义表

汉语拼音字母		含义	汉语拼音字母		含义
表示电池用途的字母	Q	启动用	表示电池特征的字母	A	干荷电式
	G	固定用		F	防酸式
	D	电池车		FM	阀控式
	N	内燃机车		W	无须维护
	T	铁路客车		J	胶体电液
	M	摩托车用		D	带液式
	KS	矿灯酸性		J	激活式
	JC	舰船用		Q	气密式
	B	航标灯		H	湿荷式
	TK	坦克		B	半密闭式
	S	闪光灯		Y	液密式

5.1.4　常见的蓄电池

1. 锂电池

1）锂金属电池

锂金属电池使用二氧化锰为正极材料，金属锂或其合金金属为负极材料，使用非水电解质溶液。放电反应式：$Li + MnO_2 = LiMnO_2$

2）锂离子电池

锂离子电池一般使用锂合金金属氧化物为正极材料，石墨为负极材料，使用液体电解质。

3）聚合物锂离子

聚合物锂离子电池则以固体聚合物电解质来代替，这种聚合物可以是"干态"的，也可以是"胶态"的，目前大部分采用聚合物凝胶电解质，更加安全。

锂电池特点：

（1）优点：可多次充电使用，内阻小、电流大，容量较大，无放电记忆性，自放电小，相对体积、重量小。

（2）缺点：价格高，过度充电对电池有损害。

充放电过程如图 5-2 所示。

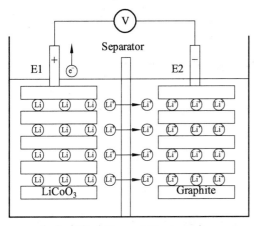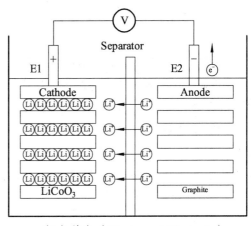

（a）充电（Charged Electrode）　　　　（b）放电（Discharged Electrode）

图 5-2　锂电池充放电过程

2. 铅酸蓄电池

铅酸蓄电池的主要特点是采用稀硫酸作电解液，用二氧化铅（PbO_2）和海绵状铅（Pb）分别作为电池的正极和负极。

铅酸蓄电池的单体电压是 2 V，实际电压是 1.7 ~ 2.1 V。

按照国家技术标准，电池每个单体的终止电压为 1.75 V，12 V 铅酸蓄电池由 6 节单体电池组成，因此 12 V 系列电池的终止电压为 10.50 V。

一般汽车用蓄电池采用电解液密度为 1.280 ± 0.01 g/cm^3（25 ℃）的稀硫酸。

工业蓄电池分为两类：

（1）深循环使用的蓄电池。以深循环次数表示其使用寿命，一般可达 1 200 次以上。

（2）浮充使用的"备用电源"蓄电池。其使用寿命可达 10 ~ 12 年，甚至更长。一般地，蓄电池只有 80% 容量时就认为寿命终止。

常用的铅酸蓄电池一般分为三类：

（1）普通铅酸蓄电池：电极板由铅和氧化铅构成，电解液是稀硫酸。主要优点是电压稳定、价格低廉。缺点是比能低、使用寿命短、维护频繁。

（2）干式荷电畜电池：特点是负极有较高的储电能力，在完全干燥状态下能在两年内保存所得的电能，使用时只需加入电解液，等待 20 ~ 30 min 就可使用。

（3）免维护（阀控密封式）铅酸蓄电池：免维护蓄电池由于自身结构上的优势，电解液的消耗量非常小，在使用寿命内基本不需要补充蒸馏水。它还具有耐震、耐高温、体积小、自放电小的特点，使用寿命一般为普通蓄电池的两倍。阀控式铅酸蓄电池（Valve

Regulated Lead Acid Battery，VRLA）采用密封结构，盖子上设有单向排气阀。蓄电池在内部压力下工作，以促进氧气的再化合，当蓄电池内部气体量超过一定值时，排气阀自动打开，排出气体，然后自动关闭，防止空气进入蓄电池内部。

安全阀一般由阀体、橡胶阀和防爆滤酸片组成，防爆滤酸片的作用有两个：

（1）当电源外部有明火或火星时，不会引爆蓄电池内部。

（2）当橡胶阀开启、气体排出时，酸雾在防爆滤酸片上会凝结为液滴，不会排到电池外部。

阀控式铅酸蓄电池分为 AGM（贫液）和 GEL（胶体）电池两种。

AGM 采用吸附式玻璃纤维棉（Absorbed Glass Mat）作为隔板，电解液吸附在隔板中，贫电液设计，电池内无流动的电解液，如图 5-3（a）所示。

GEL 在电解质中加入 SiO_2 作为凝固剂，形成凝胶状，内部无游离液体存在，在同等体积下电解质容量大，热容量大，热消散能力强，能避免一般蓄电池易产生热失控现象；电解质浓度低，对极板的腐蚀作用弱；浓度均匀，不存在电解液分层现象。外形如图 5-3（b）所示。

（a）AGM 电池　　　　　　　　（b）GEL 电池

图 5-3　阀控式铅酸蓄电池

AGM 与 GEL 相比：

（1）AGM 电池内阻小，大电流放电特性优于 GEL 电池。

（2）AGM 电池的一致性和均一性较好，因为电解液的扩散性和均匀性优于 GEL 电池。

（3）GEL 电池（特别是管状电极）使用寿命较长，不易热失控。

3. 镉镍碱性蓄电池

碱性蓄电池，即电解液是碱性溶液的一种蓄电池，一般以氢氧化钠、氢氧化钾溶液作为电介质。在碱性蓄电池中，如用氢氧化镍[$Ni(OH)_3$]作为正极板，铁（Fe）作为负极板，叫作铁镍蓄电池；如用镉（Cd）作为负极板的叫作镉镍蓄电池。镉镍蓄电池由塑料外壳、正负极板、隔膜、顶盖、气塞帽以及电解液等组成，与铅酸蓄电池比较，镉镍蓄电池具有放电电压平稳、体积小、寿命长、机械强度高、维护方便、占地面积小等特点。

5.1.5 铅蓄电池的基本构造

铅蓄电池由极板、隔板、电解液、电池壳、盖、安全阀及相关附件组成，如图 5-4 所示。

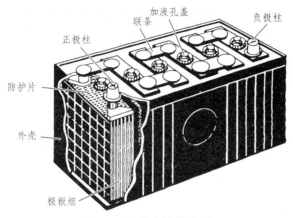

图 5-4 铅蓄电池结构图

1. 极 板

铅酸蓄电池的极板，依构造和活性物质化成方法，可分为四类：涂膏式极板、管式极板、化成式极板、半化成式极板，涂膏式极板组如图 5-5 所示。

涂膏式极板（涂浆式极板）是由板栅和活性物质构成的。

板栅的作用为支承活性物质和传导电流，使电流分布均匀。

板栅的材料一般采用铅锑合金，免维护电池采用铅钙合金。

正极活性物质主要成分为二氧化铅（PbO_2），棕红色；负极活性物质主要成分为绒状（海绵状）纯铅，深灰色。

负极板比正极板多一块。

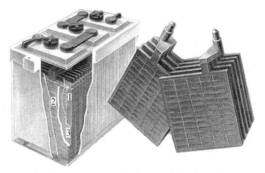

1—正极板，塞充红色二氧化铅；2—负极板，塞充海锦状铅；3—电解液稀硫酸。

图 5-5 涂膏式极板组

2. 隔 板

隔板是由微孔橡胶、颜料玻璃纤维等材料制成的，在正、负极板间起绝缘作用，可使电池结构紧凑，它的主要作用是防止正负极板短路。

隔板有许多微孔，能让电解液畅通无阻，使电解液中正负离子顺利通过。能阻缓正负极板活性物质的脱落，防止正负极板因震动而损伤。隔板一面平整，一面有沟槽，沟槽面对着正极板。当正极板上的活性物质 PbO_2 脱落时能迅速通过沟槽沉入容器底部。

隔板具有孔率高、孔径小、耐酸、不分泌有害杂质、有一定强度、在电解液中电阻小、化学稳定性的特点。

3. 电解液

电解液是蓄电池的重要组成部分，它的作用是传导电流和参加电化学反应。

电解液是由浓硫酸和净化水（去离子水）配制而成的，其纯度和密度对电池容量和寿命有重要影响，比重一般在 $1.24 \sim 1.30 \ g/cm^3$。

4. 电池壳、盖

电池壳、盖是装正、负极板和电解液的容器，一般由塑料和橡胶材料制成。外壳上有链条和加液孔。

5. 安全阀

安全阀是阀控蓄电池的关键部件之一，它位于阀控铅酸蓄电池的顶部，主要作用有：

安全作用：当阀控铅酸蓄电池在使用过程中内部产生气体且压力达到安全阀设定的开阀压力时，打开安全阀，防止蓄电池变形、开裂。

密封作用：防止空气进入电池内部而造成不良影响。

保持压力：保持电池内部一定的压力，促进电池内氧复合，减少失水。

防爆作用：某些安全阀装有防酸、防爆片。

6. 附　件

联条：串联各单格电池，材料为铅。

加液孔盖（注意孔盖上小孔的作用）：蓄电池的每一个单格都有一个加液孔，为加注电解液和检测电解液密度所用，孔盖上有通气孔，该小孔应经常保持畅通，以便随时排除蓄电池化学反应放出的氢气和氧气，防止外壳胀裂或发生事故。

5.1.6　铅蓄电池的工作原理

蓄电池是一种化学电源，它的构造可以是各式各样的，可是从原理上讲所有的电池都是由正极、负极、电解质、隔离物和容器组成的，其中正负两极的活性物质和电解质起电化反应，对电池产生电流起着主要作用，如图 5-6 所示。

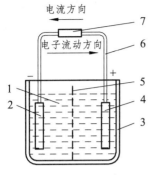

电流方向

电子流动方向

7

6

5

4

3

1

2

1—电解质；2—负极；3—容量；4—正极；
5—隔离物；6—导线；7—负荷。

图 5-6　电池构造示意图

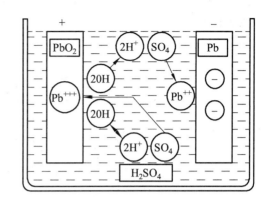

图 5-7　铅蓄电池电势产生过程

在电池内部，正极和负极通过电解质构成电池的内电路，在电池外部接通两极的导线和负荷构成电池的外电路。

在电极和电解液的接触面有电极电位产生，不同的两极活性物质产生不同的电极电位，有着较高电位的电极叫作正极，有着较低电位的电极叫作负极，这样在正负极之间产生了电位差，当外电路接通时，就有电流从正极经过外电路流向负极，再由负极经过内电路流向正极，电池向外电路输送电流的过程，叫作电池的放电。

在放电过程中，两极活性物质逐渐消耗，负极活性物质放出电子而被氧化，正极活性物质吸收从外电路流回的电子而被还原，这样负极电位逐渐升高，正极电位逐渐降低，两极间的电位差也就逐渐降低，而且由于电化反应形成新的化合物增加了电池的内阻，使电池输出电流逐渐减少，直至不能满足使用要求时，或在外电路两电极之间端电压低于一定限度时，电池放电即告终。

电池放电以后，用外来直流电源以适当的反向电流通入，可以使已形成的新化合物还原成为原来的活性物质，而电池又能放电，这种用反向电流使活性物质还原的过程叫作充电。

蓄电池可以反复多次充电、放电，循环使用，使用寿命长，成本较低，能输出较大的能量，放电时电压下降很慢。

1. 电动势的产生

铅蓄电池的正极是二氧化铅（PbO_2），负极是绒状铅（Pb），它们是两种不同的活性物质，故和稀硫酸（H_2SO_4）起化学作用的结果也不同。在未接通负载时，由于化学作用使正极板上缺少电子，负极板上却多余电子，两极间就产生了一定的电位差，如图4-2所示。

2. 放电过程的化学反应

当外电路接上负载（比如灯泡）后，在铅蓄电池在正、负极板间电位差（电动势）的作用下，电流 I 从正极流出，经负载流向负极，也就是说，负极上的电子经负载进入正极，如图 5-8 所示。

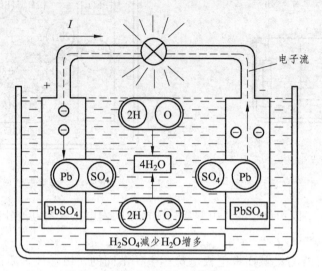

图 5-8　铅蓄电池放电时的化学反应

同时在蓄电池内部产生化学反应：

在负极板上，每个铅原子（Pb）放出两个电子，而成铅正离子（Pb^{++}），因此负极板上出现若干多余的电子，这些电子在电位差的作用下，不断地经外电路进入正极板。而在电解液内部，因硫酸分子的电离便有氢正离子（H^+）和硫酸根负离子（SO_4^-）存在。这时因电荷（离子）的静电作用，氢正离子（H^+）移向正极板，硫酸根负离子（SO_4^{--}）移向负极板，于是形成电池内部的离子电流。当硫酸根负离子（SO_4^{--}）与负极板上的铅正离子（Pb^{++}）相遇时，便生成硫酸铅（$PbSO_4$）分子附在负极板上。

在正极板上，由于电子自外电路进入，PbO_2 与水作用离解出来的四价的铅正离子（P^{++++}）在取得两个电子后化合变成二价铅的正离子（Pb^{++}），再和正极板附近的硫酸根负离子（SO_4^{--}）结合在一起，生成硫酸铅分子（$PbSO_4$）附在正极板上。与此同时，移向正极板的氢正离子（H^+）便和氧负离子（O^-）结合，生成水分子（H_2O）。

于是，放电时总的化学反应为：

$$PbO_2 + 2H_2SO_4 + Pb \xrightarrow{\text{放电}} PbSO_4 + 2H_2O + PbSO_4 \tag{5-1}$$

从放电反应式看出，随着蓄电池放电，硫酸逐渐消耗，电解液的比重逐渐下降。因此，在实际工作中我们可以根据电解液比重变化，判断铅蓄电池的放电程度。

3. 充电过程的化学反应

充电是放电过程的逆过程，如图 5-9 所示。

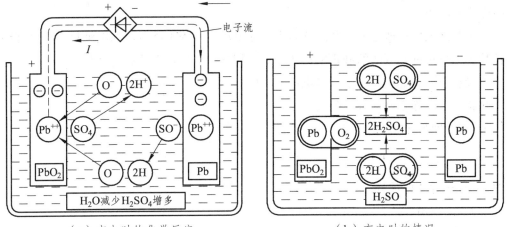

（a）充电时的化学反应　　　　　　（b）充电时的情况

图 5-9　铅蓄电池在充电时的化学反应

充电时，应在蓄电池上外接充电电源（整流器），使正、负极板在放电时消耗了的活性物质还原，并把外加的电能转变为化学能储存起来。

在充电电源作用下，外电路的电流 I 自蓄电池的正极板流入，经电解液和负极板流出。于是，电源从正极板中不断取得电子输送给负极板，促使正、负极板上的硫酸铅（$PbSO_4$）不断进入电解液而被游离，因此在电池内部产生如下的化学反应：

在负极板上，因获得了电子，所以二价的铅离子（Pb^{++}）被中和为铅（Pb），并以固体状态附在负极板上。

在正极板上失去的电子，则由电解液中位于极板附近处于游离状态的二价铅离子（Pb^{++}）不断放出两个电子来补充。当它变成四价铅离子（Pb^{++++}）以后，再和水中的氢氧根离子（OH^-）结合，生成过渡状态的而且可离解的物质 $Pb(OH)_4$ 和游离状态的氢离子（H^+）。$Pb(OH)_4$ 又继续被分解为二氧化铅（PbO_2）和水。

在电流作用下向负极板移动，同时向正极板移动，两种离子因静电引力而结合成硫酸。

于是，充电时总的化学反应式为：

$$PbSO_4 + 2H_2O + PbSO_4 \xrightarrow{\text{充电}} PbO_2 + 2H_2SO_4 + Pb \qquad （5\text{-}2）$$

从充电反应式看出，当蓄电池充电后，两极上原来被消耗的活性物质复原了，同时电解液中的硫酸成分增加，水分减少，电解液的比重升高，因此，在实际工作中可根据电解液比重变化，来判断铅蓄电池充电的程度。

5.1.7　铅蓄电池的工作性能

1. 静止电动势及基本电特性

（1）静止电动势：

蓄电池处于静止状态（不充电也不放电）时，正、负极板间的电位差（即开路电压）

称为静止电动势。

（2）开路电压：理论上，开路状态下的端电压并不等于蓄电池的电动势，但是开路电压在数值上很接近蓄电池的静止电动势，可以用开路电压代替静止电动势。

一般规定铅蓄电池的额定开路电压为 2.0 V。

开路电压（静止电动势）公式：

① 当温度为 25 ℃ 时：

$$E_s = 0.84 + \rho_{25\,℃} \text{（V）}$$

式中　E_s——静止电动势（V）；

　　　0.84——温度换算系数；

　　　$\rho_{25\,℃}$——25 ℃ 时的电解液密度（g/cm^3）。

汽车用蓄电池的电解液密度一般在 1.12 ~ 1.30 g/cm^3，因此 $E_s = 1.97 ~ 2.15$（V）。

② 当温度不为 25 ℃ 时，密度修正为：

$$\rho{25\,℃} = \rho + \beta\,(t - 25)$$

式中　ρ——实测密度（g/cm^3）；

　　　β——密度的温度换算系数，数值为 0.000 75 g/cm^3，含义为：电解液温升 1 ℃，密度下降 0.000 75 g/cm^3；

　　　t——实测温度（℃）。

（3）蓄电池端电压的测量。

端电压包括开路电压、放电电压和充电电压，取决于蓄电池的工作状况：

① 开路电压：在发电机未正常工作时测量的蓄电池端电压为开路电压，一般为 12 V。

② 充电电压：在发电机正常工作时测量的蓄电池端电压为充电电压，一般为 14 V。

③ 放电电压：启动发动机时测量的蓄电池端电压为放电电压，约为 8 ~ 11 V。实际测量时采用高率放电计模拟启动状态。

2. 内　阻

电流流过铅酸蓄电池时所受到的阻力称为铅酸蓄电池的内阻。铅酸蓄电池的内阻包括极板、隔板、电解液和联条的电阻。在正常状态下，铅酸蓄电池的内阻很小，所以能够供给几百安培甚至上千安培的启动电流。

电解液的电阻与其密度和温度有关。如 6-Q-75 型铅酸蓄电池在温度为 + 40 ℃ 时的内阻为 0.01 Ω，而在 - 20 ℃ 时内阻为 0.019Ω，可见，内阻随温度降低而增大。

电解液电阻与密度的关系如图 5-10 所示。由图可见，电解液密度为 1.20 g/cm^3（15 ℃）时其电阻最小。同时，在该密度下，电解液的黏度也比较小。密度过高、过低时，电解液的电阻都会增大。

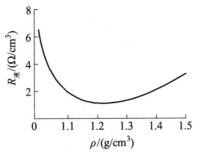

图 5-10 电解液电阻与密度的关系

因此，适当采用低密度电解液和提高电解液温度（如冬季对电池采取保温措施），对降低蓄电池内阻，提高启动性能十分有利。

3. 放电特性

铅酸蓄电池的放电特性是指在恒流放电过程中，铅酸蓄电池的端电压和电解液密度随放电时间而变化的规律。

单格电池电压变化规律：

1）开始放电阶段

端电压由 2.14 V 迅速下降至 2.1。极板孔隙内硫酸迅速消耗，电解液密度迅速下降，浓差极化增大，端电压迅速下降。

2）相对稳定阶段

端电压缓慢下降至 1.85 V。极板孔隙外向孔隙内扩散的硫酸与孔隙内消耗的硫酸达到动态平衡，孔内外电解液密度一起缓慢下降，所以端电压缓慢下降。

3）迅速下降阶段

端电压由 1.85 V 迅速下降至 1.75 V，电解液密度达最小值 $\rho_{15\,°C} = 1.11 \ \text{g/cm}^3$。

放电接近终了时，电化学极化、浓差极化、欧姆极化显著增大，端电压迅速下降。

4）蓄电池放电终了的特征

（1）终止电压：允许的放电终止电压与放电电流大小有关，放电电流越大，则放电时间越短，允许的放电终止电压越低，如表 5-2 所示。

（2）电解液密度 $\rho_{15\,°C} = 1.11 \ \text{g/cm}^3$。

表 5-2 蓄电池放电终止电压与放电电流大小关系表

放电电流/A	0.05C20	0.1C20	0.25C20	1C20	3C20
连续放电时间	20 h	10 h	3 h	30 min	5 min
单格电池终止电压/V	1.75	1.70	1.65	1.55	1.50

4. 充电特性

铅酸蓄电池的充电特性是指在恒流充电过程中，铅酸蓄电池的端电压和电解液密度随充电时间而变化的规律。图 5-11 所示为 6-QA-60 型干荷电蓄电池以 3 A 电流充电时的特性曲线图。

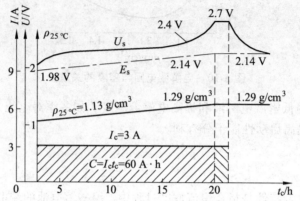

图 5-11　6-QA-60 型干荷电蓄电池以 3 A 电流充电时的特性曲线图

注意：充电电源必须采用直流电源，以一定的电流强度向一只完全放电的蓄电池进行充电。

单格电池电压变化规律：

1）充电开始阶段

端电压迅速上升到 2.1 V。

说明：开始充电时，孔隙内迅速生成硫酸，浓差极化增大，端电压迅速上升。

2）稳定上升阶段

端电压缓慢上升至 2.4 V 左右，并开始产生气泡。

说明：孔隙内生成的硫酸向孔隙外扩散，当硫酸生成的速度与扩散速度达到平衡时，端电压随整个容器内电解液密度变化而缓慢上升。

3）充电末期

电压迅速上升到 2.7 V 左右，且稳定不变，电解液呈沸腾状态。

活性物质还原反应结束后的充电称为过充电。过充电电流主要用于电解水，应避免长时间过充电。切断电源后，单格电压迅速降至 2.11 V。

4）蓄电池充足电的标志

（1）端电压上升到最大值 2.7 V，并在 2～3 h 内不再增加。

（2）电解液相对密度上升到最大值 1.27 g/cm³ 并在 2～3 h 内不再增加。

（3）蓄电池内产生大量气泡，停充 1 h 后再接通充电电源时，蓄电池电解液会立刻沸腾。

充电终了的特征：

（1）蓄电池端电压和电解液密度上升到最大值且 2～3 h 内不再上升。

（2）蓄电池电解液中产生大量气泡，呈现"沸腾"状态。

5.1.8　铅蓄电池的充放电

在铅酸蓄电池的使用过程中，充电是一项重要的工作。它与铅酸蓄电池工作效率的提高、使用寿命的延长有着密切的联系。

1. 充电设备

蓄电池是直流电源，必须用直流电源对其进行充电。充电时，充电电源的正极接铅酸蓄电池的正极，充电电源的负极接铅酸蓄电池的负极。汽车上的充电设备是由发动机驱动的交流发电机，充电时多采用硅整流充电机、晶闸管整流充电机和智能充电机等。

2. 充电方法

通常蓄电池的充电方法有定流充电、定压充电和快速脉冲充电。

1）定流充电

在铅酸蓄电池的充电过程中，始终保持充电电流恒定的充电方法，称为定流充电。它是蓄电池的基本充电方法，广泛用于初充电、补充充电和去硫化充电等。充电过程分为两个阶段：第一阶段采用规定的充电电流（铅酸蓄电池额定容量的 1/15）进行充电，直至单格电池电压升到 2.4 V，电解液开始产生气泡，在此阶段蓄电池的容量得到迅速恢复，活性物质基本还原，并开始电解水；第二阶段将充电电流减小一半，直到铅酸蓄电池的单格电池电压达到 2.7 V，且在 2～3 h 内不再上升，蓄电池内部剧烈冒出气泡时为止。定流充电的适应性强，可任意选择和调整充电电流的大小，有利于保持蓄电池的技术性能和延长使用寿命，其缺点是充电时间长，要经常调节充电电流。

2）定压充电

在铅酸蓄电池充电过程中，始终保持充电电压恒定的充电方法，称为定压充电。由 $I_c = (U - E)/R$ 可知，随着蓄电池电动势 E 的增加，充电电流 I_c 逐渐减小，如果充电电压调节得当，就必然会在充电终了（充满电）时使充电电流 I_c 变为零。采用定压充电时，必须适当采用充电电压。一般每个单格电池充电电压约需 2.5 V，那么对于 6 V 蓄电池充电电源，电压应为 7.5 V，对于 12 V 蓄电池应为 15 V。若充电电压过高，不但初充电电流过大，而且会发生过充电，使极板弯曲、活性物质脱落、温升过高；若充电电压过低，则蓄电池不能充足电。在定压充电初期，充电电流较大，4～5 h 内即可达到额定容量的 90%～95%，因而充电时间较短，而且不需要调整充电电流，适用于补充充电。由于充电电流不可调节，所以不适用于初充电和去硫化充电。汽车上蓄电池和发电机是并联的，所以蓄电池始终是在发电机的恒定电压下进行充电。

3）快速脉冲充电

快速脉冲充电必须用快速脉冲充电机进行。快速脉冲充电的过程是：先用 0.8～1 倍额定容量的大电流进行定流充电，使蓄电池在短时间内充至额定容量的 50% ~ 60%，当单格电池电压升至 2.4 V 并开始冒气泡时，由充电机的控制电路自动控制，开始快速脉冲充电；首先停止充电 25 ~ 40 ms（称为前停充），然后再放电或反向充电，使蓄电池反向通过一个较大的脉冲电流（脉冲深度一般为充电电流的 1.5 ~ 2 倍，脉冲宽度为 100 ~ 150 ms），最后再停止充电 40 ms（称为后停充），以后的过程以正脉冲充电—前停充—负脉冲瞬放电后停充—正脉冲充电的循环进行，直至充足电。快速脉冲充电的优点是充电时间可大大缩短（新蓄电池充电仅需 5 h，补充充电需 1 h）；缺点是对蓄电池的寿命有一定的影响，并且快速脉冲充电机结构复杂、价格昂贵，适用于电池集中、充电频繁、要求应急的场合。

3. 充电种类及规范

新蓄电池或新修复的蓄电池（干荷电蓄电池除外）在使用之前必须进行初充电。使用中的蓄电池如电压不足应及时进行补充充电。为了使蓄电池保持一定的容量并延长其使用寿命，有时还需要定期进行过充电和锻炼循环充电。为消除蓄电池极板硫化故障，还需要进行去硫化充电等。

1）初充电

新蓄电池或新修复的蓄电池在使用之前的首次充电称为初充电。初充电的特点是充电电流小，充电时间长，电化学反应充分。初充电的操作步骤是：

（1）根据蓄电池制造厂的规定和本地区的气温条件，选择电解液。

（2）加注电解液。注意：加注前，电解液温度不得超过 30 ℃；加注后，应静置 4 ~ 6 h，以使电解液浸透极板。若电解液液面因电解液渗入极板而降低，应补充电解液使液面高度达到规定值（高出极板上缘 15 mm）。

（3）将蓄电池的正、负极分别与充电机的正、负极相连。

（4）采用两阶段定流充电法充电，第一阶段充电电流为额定容量的 1/15，直至电解液中有气泡冒出、单格电池电压达到 2.4 V 为止，此阶段充电时间为 25 ~ 35 h。第二阶段将充电电流减小一半，直至蓄电池充足电为止，此阶段充电时间为 20 ~ 30 h，全部充电时间为 60 ~ 70 h。在整个充电过程中，应经常注意测量电解液的温度。当电解液的温度超过 40 ℃ 时，应将充电电流减半，如温度继续上升至 45 ℃ 时，应停止充电，待冷却至 35 ℃ 以下时，再继续充电。

（5）初充电临近结束时，应检查电解液的相对密度，一般为 1.250 ~ 1.285，如不符合规定，应用蒸馏水或相对密度为 1.400 的电解液进行调整，并调整液面高度至规定值，调整后再充电 2 h，直到电解液相对密度符合规定为止。

2）补充充电

在汽车使用过程中，蓄电池经常有充电不足的现象发生，这在城区公共交通汽车等短距离运营的车辆上较为突出。这时应根据需要进行补充充电，一般汽车用蓄电池应每隔

1～2 月从车上拆下来进行一次补充充电。在使用中，如果发现电解液相对密度降至 1.15 以下，或冬季放电量超过 25%，夏季超过 50%，或前照灯灯光比平时暗淡，启动无力，或单格电池电压降到 1.70 V 以下时，必须及时进行补充充电。补充充电可以采用定流充电，也可以采用定压充电。采用定流充电法进行补充充电的充电过程与初充电相似，但充电电流可以略大一些。采用 0.1C20 的电流进行充电，当单格电池电压达到 2.4 V 以上时，改用 0.05C20 的电流充电至充足为止。

采用定压充电法进行补充充电的充电过程如下：① 将蓄电池与充电电源连接；② 将电压调至规定值，观察充电电流，如果电流超过 0.3C20 A，应适当降低电压，待蓄电池电动势升高后再将电压调至规定值；③ 充电终期，充电电流在连续 2 h 内变化不大于 0.1 A，且电解液相对密度无明显变化，则认为充电可以结束。

3）间歇过充电

间歇过充电是为了避免使用中铅酸蓄电池极板硫化的一种预防性充电，一般应每隔 3 个月进行一次。充电方法是先按补充充电方式充足电，停歇 1 h 后，再以一半的充电电流进行过充电，直至充足电为止。

4）锻炼循环充电

在汽车上，由于发电机经常对蓄电池进行充电，因而蓄电池经常处于部分放电状态，即仅有一部分活性物质参加电化学反应。为了避免活性物质长期不工作而收缩，并迫使相当于额定容量的活性物质都能参加工作，在每工作一段时间（一般为 3 个月左右）后，应对蓄电池进行一次锻炼循环充电。锻炼循环充电的充电方法是先用补充充电或间歇过充电将蓄电池充足电，然后以 20 h 的放电率放完电，最后用补充充电法充足电。

5）去硫化充电

去硫化充电是消除蓄电池极板硫化的一种排除故障性充电。方法是：先倒出电解液，用蒸馏水冲洗数次；再注入蒸馏水，使液面高出极板上缘 15 mm，用 2～2.5 A 或初充电第二阶段的充电电流充电，并随时测量电解液的相对密度，如相对密度上升到 1.5 g/cm³ 时，应停止继续充电；再将电解液倒出，然后注入蒸馏水并继续充电。如此反复，直至电解液相对密度不再增大为止。最后进行一次放电，再将其充足电，将电解液相对密度调整为标准值即可。经过去硫化充电的蓄电池，其容量应恢复到额定容量的 80% 以上，否则必须进行多次充放电处理。

4. 铅蓄电池的放电

首先，物质的消耗，密度减少，电动势降低，引起输出端电压减少；另外，放电生成物增多，内电阻上升，引起内压降增多，也导致输出端电压进一步下降，如图 5-12 所示。

总之，放电过程中，除了内电阻是增大以外，其他的参数都将减少。

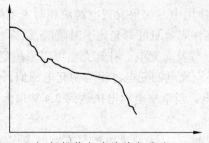 

（a）铅蓄电池的放电曲线　　　（b）不同放电电流时的放电曲线

图 5-12　铅蓄电池的放电曲线

1）刚放电时（消耗>补充）

电极上反应物之间接触面多，使反应过程充分进行，而且生成物不足以阻碍反应进行，内阻压降基本不变。而进行反应的电极材料孔隙内、外的电解液密度差不多，硫酸分子扩散运动很慢，使消耗量和扩散补充量不平衡，进行反应的硫酸密度下降较快，故电动势和端电压都有较快的下降。

2）随着反应深入到中期过程（消耗＝补充）

在反应的孔隙内、外的电解液密度的差值较大，促进补充硫酸的扩散运动速度加快，消耗的硫酸分子得以相应补充。密度减少变缓慢，电动势减少缓慢，内电阻变化也不明显，因此，端电压仍随电动势下降较慢。

3）反应加深，进入放电后期时（消耗>补充）

化学反应在孔隙内深处进行，硫酸扩散路径变长，生成物使硫酸扩散通道变窄，甚至被堵塞，处于硫酸消耗多于补充的不平衡状态，电动势下降较快，内阻不断增大，造成端电压下降加快，曲线变陡。

对于单体电池，当放电电压达到 D 点时，就是放电的终止电压值。如果在低于终止放电电压值下继续放电的话，电池电压将迅速变为零，这种超量放电是不允许的。实践中，对于达到终止放电电压值的放电，蓄电池已经失去了保证向负载供电能力。一般 D 点电压值定为 1.7 V，也就是额定负载下端电压下降到 20 V，就应该给电池充电。

停止放电后，硫酸分子经一段时间扩散到电极孔隙内，会使该处电解液的密度回升，而且均匀分布，所以电动势值可回到 1.99 V 左右。

5.1.9　镉镍碱蓄电池的结构

镉镍碱蓄电池正极材料为氢氧化亚镍和石墨粉的混合物，负极材料为海绵网筛状镉粉和氧化镉粉，电解液通常为氢氧化钠或氢氧化钾溶液。为兼顾低温性能和荷电保持能力，密封镉镍蓄电池采用密度为 1.40 g/cm^3（15 ℃时）的氢氧化钾溶液。为了增加蓄电池的容量和循环寿命，通常在电解液中加入少量的氢氧化锂（大约每升电解液加 15 ~ 20 g）。

（1）结构组成：正极板、负极板、隔膜、壳体和电解液五大部分组成。

（2）正极板：氧化亚镍粉与石墨粉及其他添加剂，包在穿孔的钢带中，压制而成。

（3）负极板：氧化镉（GdO）和活性铁粉及其他添加剂，包在穿孔的钢带中压制而成。

（4）隔离物：硬橡胶或塑料。

（5）外壳：铁质或塑料，注液口拧上气塞或气塞阀。

5.1.10 镉镍蓄电池的工作原理

镉镍蓄电池的正极材料为氢氧化亚镍和石墨粉的混合物，负极材料为海绵状镉粉和氧化镉粉，电解液通常为氢氧化钠或氢氧化钾溶液。当环境温度较高时，使用密度为 1.17 ~ 1.19 g/cm^3（15 ℃时）的氢氧化钠溶液。当环境温度较低时，使用密度为 1.19 ~ 1.21 g/cm^3（15 ℃时）的氢氧化钾溶液。在 − 15 ℃以下时，使用密度为 1.25 ~ 1.27 g/cm^3（15 ℃时）的氢氧化钾溶液。为兼顾低温性能和荷电保持能力，密封镉镍蓄电池采用密度为 1.40 g/cm^3（15 ℃时）的氢氧化钾溶液。为了增加蓄电池的容量和循环寿命，通常在电解液中加入少量的氢氧化锂（大约每升电解液加 15 ~ 20 g）。

镉镍蓄电池充电后，正极板上的活性物质变为氢氧化镍，负极板上的活性物质变为金属镉；镉镍电池放电后，正极板上的活性物质变为氢氧化亚镍，负极板上的活性物质变为氢氧化镉。

1. 放电过程中的电化学反应

1）负极反应

负极上的镉失去两个电子后变成二价镉离子 Cd^{2+}，然后立即与溶液中的两个氢氧根离子 OH^- 结合生成氢氧化镉 $Cd(OH)_2$，沉积到负极板上。

$$Cd - 2e^- \rightarrow Cd^{2+}$$
$$\frac{+)\ Cd^{2+} + 2OH^- \rightarrow Cd(OH)_2}{Cd^{2+} - 2e^- + 2OH^- \rightarrow Cd(OH)_2}$$

2）正极反应

正极板上的活性物质是氢氧化镍（NiOOH）晶体。镍为正三价离子（Ni^{3+}），晶格中每两个镍离子可从外电路获得负极转移出的两个电子，生成两个二价离子（$2Ni^{2+}$）。与此同时，溶液中每两个水分子电离出的两个氢离子进入正极板，与晶格上的两个氧负离子结合，生成两个氢氧根离子，然后与晶格上原有的两个氢氧根离子一起，与两个二价镍离子生成两个氢氧化亚镍晶体。

$$2NiOOH \rightleftharpoons 2Ni^{3+} + 2OH^- + 2O^{2-}$$
$$2Ni^{3+} + 2e^- \rightarrow 2Ni^{2+}$$
$$2H_2O \rightarrow 2H^+ + 2OH^-$$
$$\frac{+)\ 2Ni^{3+} + 2O^{2-} + 2H^+ + 2OH^- \rightarrow 2Ni(OH)_2}{2NiOOH + 2H_2O + 2e^- \rightarrow 2Ni(OH)_2 + 2OH^-}$$

将以上两式相加，即得镉镍蓄电池放电时的总反应：

$$2Ni(OH)_2 + Cd(OH)_2 \xrightarrow{\text{充电}} 2NiOOH + Cd + 2H_2O$$

2. 充电过程中的化学反应

充电时，将蓄电池的正、负极分别与充电机的正极和负极相连，电池内部发生与放电时完全相反的电化学反应，即负极发生还原反应，正极发生氧化反应。

1）负极反应

充电时负极板上的氢氧化镉，先电离成镉离子和氢氧根离子，然后镉离子从外电路获得电子，生成镉原子附着在极板上，而氢氧根离子进入溶液参与正极反应。

2）正极反应

在外电源的作用下，正极板上的氢氧化亚镍晶格中，两个二价镍离子各失去一个电子生成三价镍离子，同时，晶格中两个氢氧根离子各释放出一个氢离子，将氧负离子留在晶格上，释出的氢离子与溶液中的氢氧根离子结合，生成水分子。然后，两个三价镍离子与两个氧负离子和剩下的两个氢氧根离子结合，生成两个氢氧化镍晶体。

$$2Ni(OH)_2 \rightleftharpoons 2Ni^{2+} + 2OH^- + 2OH^-$$
$$2Ni^{2+} - 2e^- \rightarrow 2Ni^{3+}$$
$$2OH^- \rightarrow 2O^{2-} + 2H^+$$
$$2Ni^{3+} + 2O^{2-} + 2OH^- \rightarrow 2NiOOH$$
$$\underline{+)\ 2H^+ + 2OH^- \rightarrow 2H_2O}$$
$$2Ni(OH)_2 - 2e^- + 2OH^- \rightarrow 2NiOOH + 2H_2O$$

将以上两式相加，即得镉镍蓄电池充电时的电化学反应：

$$2Ni(OH)_2 + Cd(OH)_2 \xrightarrow{\text{充电}} 2NiOOH + Cd + 2H_2O$$

蓄电池充电终了时，充电电流将使电池内发生分解水的反应，在正、负极板上将分别有大量氧气和氢气析出，其电化学反应如下：

$$负极\quad 2H_2O + 2e^- \rightarrow H_2 + 2OH^-$$
$$\underline{+)\ 正极\quad 2H_2O - 2e^- \rightarrow \frac{1}{2}O_2 + H_2O}$$
$$总反应\quad H_2O \rightarrow H_2 \uparrow + \frac{1}{2}O_2 \uparrow$$

从上述电极反应可以看出，氢氧化钠或氢氧化钾并不直接参与反应，只起导电作用。从电池反应来看，充电过程中生成水分子，放电过程中消耗水分子，因此充、放电过程中电解液浓度变化很小，不能用密度计检测充放电程度。

3. 端电压

充足电后，立即断开充电电路，镉镍蓄电池的电动势可达 1.5 V 左右，但很快就下降到 1.31 ~ 1.36 V。

镉镍蓄电池的端电压随充放电过程而变化，可用下式表示：

$$U_充 = E_充 + I_充 R_内, \quad U_放 = E_放 - I_放 R_内$$

从上式可以看出，充电时电池的端电压比放电时高，而且充电电流越大，端电压越高；放电电流越大，端电压越低。

当镉镍蓄电池以标准放电电流放电时，平均工作电压为 1.2 V。采用 8 小时率放电时，蓄电池的端电压下降到 1.1 V 后，电池即放完电。

4. 容量和影响容量的主要因素

蓄电池充足电后，在一定放电条件下，放至规定的终止电压时，电池放出的总容量称为电池的额定容量，容量 Q 用放电电流与放电时间的乘积来表示，表示式为：$Q = I \cdot t \ (A \cdot h)$。

镉镍蓄电池容量与下列因素有关：

（1）活性物质的数量；

（2）放电率；

（3）电解液。

放电电流直接影响放电终止电压。在规定的放电终止电压下，放电电流越大，蓄电池的容量越小。

使用不同成分的电解液，对蓄电池的容量和寿命有一定的影响。通常，在高温环境下，为了提高电池容量，常在电解液中添加少量氢氧化锂，组成混合溶液。实验证明：每升电解液中加入 15～20 g 含水氢氧化锂，在常温下，容量可提高 4%～5%；在 40 ℃ 时，容量可提高 20%。然而，电解液中锂离子的含量过多，不仅使电解液的电阻增大，还会使残留在正极板上的锂离子（Li +）慢慢渗入晶格内部，对正极的化学变化产生有害影响。

电解液的温度对蓄电池的容量影响较大。这是因为随着电解液温度升高，极板活性物质的化学反应也在逐步改善。

电解液中的有害杂质越多，蓄电池的容量越小。主要的有害杂质是碳酸盐和硫酸盐。它们能使电解液的电阻增大，并且低温时容易结晶，堵塞极板微孔，使蓄电池容量显著下降。此外，碳酸根离子还能与负极板作用，生成碳酸镉附着在负极板表面上，从而引起导电不良，使蓄电池内阻增大，容量下降。

5. 内　阻

镉镍蓄电池的内阻与电解液的导电率、极板结构及其面积有关，而电解液的导电率又与密度和温度有关。电池的内阻主要由电解液的电阻决定。氢氧化钾和氢氧化钠溶液的电阻系数随密度而变。18 ℃ 时氢氧化钾溶液和氢氧化钠溶液的电阻系数最小。

6. 效率与寿命

在正常使用的条件下，镉镍电池的容量效率 η_{Ah} 为 67%～75%，电能效率 η_{Wh} 为 55%～65%，循环寿命约为 2 000 次。容量效率 η_{Ah} 和电能效率 η_{Wh} 计算公式如下（$U_充$ 和 $U_放$ 应取平均电压）：

$$\eta_{Ah} = \frac{I_{放} \cdot t_{放}}{I_{充} \cdot t_{充}} \times 100\%$$

$$\eta_{Wh} = \frac{U_{放} \cdot I_{放} \cdot t_{放}}{U_{充} \cdot I_{充} \cdot t_{充}} \times 100\%$$

7. 记忆效应

镉镍电池使用过程中，如果电量没有全部放完就开始充电，下次再放电时，就不能放出全部电量。比如，镉镍电池只放出 80% 的电量后就开始充电，充足电后，该电池也只能放出 80% 的电量，这种现象称为记忆效应。

电池全部放完电后，极板上的结晶体很小。电池部分放电后，氢氧化亚镍没有完全变为氢氧化镍，剩余的氢氧化亚镍将结合在一起，形成较大的结晶体。结晶体变大是镉镍电池产生记忆效应的主要原因。

5.1.11 镍氢电池的工作原理

镍氢电池和同体积的镉镍电池相比，容量增加一倍，充放电循环寿命也较长，并且无记忆效应。镍氢电池正极的活性物质为 NiOOH（放电时）和 $Ni(OH)_2$（充电时），负极板的活性物质为 H_2（放电时）和 H_2O（充电时），电解液采用 30% 的氢氧化钾溶液，充放电时的电化学反应如下：

$$正极：Ni(OH)_2 + OH^- - e^- \underset{放电}{\overset{充电}{\rightleftharpoons}} NiOOH + H_2O$$

$$负极：H_2O + e^- \underset{放电}{\overset{充电}{\rightleftharpoons}} 1/2H_2 + OH^-$$

$$总反应：Ni(OH)_2 \underset{放电}{\overset{充电}{\rightleftharpoons}} NiOOH + 1/2H_2$$

从方程式看出：充电时，负极析出氢气，贮存在容器中，正极由氢氧化亚镍变成氢氧化镍（NiOOH）和 H_2O；放电时氢气在负极上被消耗掉，正极由氢氧化镍变成氢氧化亚镍。

过量充电时的电化学反应：

$$正极：2OH^- - 2e^- \rightarrow \frac{1}{2}O_2 + H_2O$$

$$负极：2H_2O + 2e^- \rightarrow H_2 + 2OH^-$$

$$总反应：H_2O \rightarrow H_2 + \frac{1}{2}O_2$$

$$再化合：H_2 + \frac{1}{2}O_2 \rightarrow H_2O$$

从方程式看出，蓄电池过量充电时，正极板析出氧气，负极板析出氢气。由于有催化剂的氢电极面积大，而且氢气能够随时扩散到氢电极表面，因此，氢气和氧气能够很容易在蓄电池内部再化合生成水，使容器内的气体压力保持不变，这种再化合的速率很快，可以使蓄电池内部氧气的浓度不超过千分之几。

从以上各反应式可以看出，镍氢电池的反应与镉镍电池相似，只是负极充放电过程中生成物不同，从后两个反应式可以看出，镍氢电池也可以做成密封型结构。镍氢电池的电解液多采用 KOH 水溶液，并加入少量的 LiOH。隔膜采用多孔维尼纶无纺布或尼龙无纺布等。为了防止充电过程后期电池内压过高，电池中装有防爆装置。

5.1.12 蓄电池的使用与维护

1. 蓄电池的使用

在实际使用时单个电池很难满足现场的要求，需要把多个电池串联或并联起来，得到所需要的工作电压或容量，如图 5-13 所示。

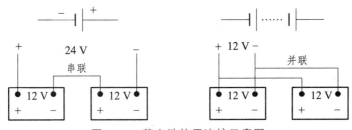

图 5-13 蓄电池使用连接示意图

串联：几个电池头尾串在一起也就是正和负，第一节的负接第二节的正，以此类推。电压增加，容量不变。

并联：几个蓄电池，正和正、负和负并排连在一起，电压不变，容量增加，相对应电流也增加。

蓄电池串、并联注意事项：

（1）不要将不同类型蓄电池一起混用。

（2）不要将不同品牌蓄电池一起混用。

（3）不要将不同容量蓄电池一起混用。

（4）不要将不同电压蓄电池一起混用。

2. 充电方式

1）二段式充电

充电过程只经过恒流、浮充电压两个阶段，如图 5-14 所示。

（1）恒流：以恒定的电流值进行充电，蓄电池宜小于 1/10C 充电。

（2）浮充：一种连续、长时间的恒电压充电方法。浮充电电压略高于涓流充电，足以补偿蓄电池自放电损失并能够在电池放电后较快地使蓄电池恢复到接近完全充电状态，又称连续充电。按照国际通用充电方法，浮充电压不允许超过 1.14 倍。这种充电方式主要用于电话交换站、不间断电源（UPS）及各种备用电源。

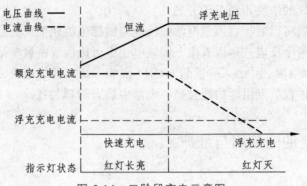

图 5-14 二阶段充电示意图

（3）涓流：为补偿自放电，使蓄电池保持在近似完全充电状态的连续小电流充电，又称维护充电。电信装置、信号系统等直流电源系统的蓄电池，在完全充电后多处于涓流充电状态，以备放电时使用。

2）三段式充电

一个自动充电的过程，经历恒流、恒压和浮充三个阶段，如图 5-15 所示。

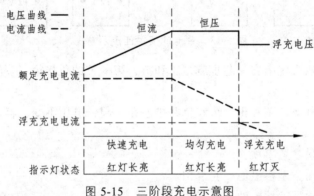

图 5-15　三阶段充电示意图

充电过程如下：

（1）恒流充电阶段，充电器充电电流保持恒定，充入电量快速增加，电池电压上升。

（2）恒压充电阶段，充电器充电电压保持恒定，充入电量继续增加，电池电压缓慢上升，充电电流下降。

（3）蓄电池充满，充电电流下降到低于浮充转换电流，充电器充电电压降低到浮充电压。

（4）浮充充电阶段，充电器充电电压保持为浮充电压。

恒压充电电压为电池总电压的 1.2 倍。

3）脉冲充电

先检测电池参数，然后以脉冲充电方式，输出某一数值的脉冲电流、电压对电池充电，再让电池停充一段时间，如此循环，如图 5-16 所示。

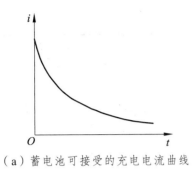
（a）蓄电池可接受的充电电流曲线

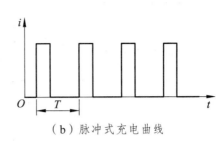
（b）脉冲式充电曲线

图 5-16　脉冲充电示意图

通常快速充电也是脉冲充电的一种。脉冲充电有利于铅酸蓄电池去硫化，对电池因硫化而容量降低的修复效果明显；由于镍镉电池常规恒压或恒流充电时均会容易极化，脉冲充电可以消除欧姆极化。

3. 蓄电池日常维护

（1）每年定期电池充放电。

① 可测量单体电池的电压、内阻、连接条电阻、容量。

② 在线监测功能和快速容量分析功能。实时在线监测、显示所有测试数据：电流、电池组电压、单体电池电压、放电时间、容量；在核对性放电试验结束时，能快速分析出各单体的剩余容量。

③ 活化功能：可以设定充放电循环次数，对蓄电池组进行活化，有效提高单体容量。

④ 完全深度放电功能：能满足 10 h 连续放电测试，精确测量电池容量，并自动记录测试数据。

（2）检查和清洁蓄电池外部。

① 检查蓄电池及各极柱导线夹头的固定情况，应无松动现象。

② 检查蓄电池壳体应无开裂和损坏、鼓包变形等现象，极柱和夹头应无烧损。

③ 用布块擦净蓄电池外部灰尘，如果有爬液，可用布块擦干。

④ 清除极柱桩头上的脏物和氧化物，在极柱和夹头上涂一薄层工业凡士林。

⑤ 清除安装架上的脏污。

⑥ 疏通加液口盖通气孔并将其清洗干净，蓄电池在充电时会产生气泡，若通气孔被堵塞使气体不能逸出，当压力增大到一定的程度后就会造成蓄电池壳体炸裂。

（3）定期测量电池电压，避免深度放电、欠压或过充。

（4）关注电池存放环境温度。

（5）当需要用两块蓄电池串联使用时，蓄电池的容量最好相等，新旧尽量不要混用。

（6）检查蓄电池液面高度及补充电瓶液。如果电解液面过低时，应及时补充蒸馏水或电瓶补充液，电解液密度的检查可用专用的密度计测量。

（7）常见故障及排除。

常见故障现象及处理方法如表 5-3 所示。

表 5-3　常见故障处理

故障现象	产生原因	排除方法
1. 电解液液面变化较快	充电电压较高，电池或环境温度高，充电效率低	1. 及时调整充电电压达到规定值； 2. 加强通风、降温
2. 电池连接片过热	紧固件松动	拧紧螺母
3. 金属件腐蚀	工作环境潮湿或有酸性物质镀层遭破坏	将裸露金属件涂凡士林油
4. 极柱周围爬碱	长时间充、放电，金属件热胀冷缩、塑料件老化引起紧固件松动	拧紧螺母或更换塑料件
5. 个别电池电压、容量偏低	电池长期处于恒压浅充、放电状态，引起电池容量变化	将个别电池单独进行容量恢复，或用新电池更换
6. 断路故障	端子极柱或极群间熔接不良。长时间大电流放电导致烧断极柱	用电压表测电压为 0 V，放电时电流表异常不稳或几乎没有电流

任务 5.2　UPS 电源及维护

【工作任务】

了解 UPS 电源的结构功能及原理，学会 UPS 电源的使用和维护。

【知识链接】

5.2.1　UPS 的基本概念

UPS 也叫作不间断电源，是一种含有储能装置，以逆变器为主要组成部分的恒压恒频的不间断电源。主要用于给单台计算机、计算机网络系统或其他电力电子设备提供不间断的电力供应。主要用于给单台计算机、计算机网络系统或其他电力电子设备提供不间断的电力供应。

铁路运行不允许存在任何的差错，像随时都可能出现的供电中断在铁路中是不允许的，而计算机已越来越广泛的应用于铁路信号领域的各个方面，一旦供电不稳定，就会造成不可估量的损失，UPS 电源的使用打破了传统的供电模式，保证了铁路运行的质量。为了充分保证铁路信号系统的高安全性、高可靠性和高可用性，现在铁路信号电源大部分都配备了在线式 UPS 电源。铁运〔2008〕19 号文件《关于客运专线信号系统若干问题的指导意见》提出对信号电源系统的要求是：客运专线车站及中继站信号电源应按照双套大容量 UPS 备用方式配备电源，UPS 容量负荷按照除转辙机外的所有用电量计算，有维护人员值守车站 UPS 供电时间不应小于 30 min，无人维护人员值守车站 UPS 供电时间不应小于 2 h。

5.2.2　UPS 的功能

当市电输入正常时，UPS 将市电稳压后供应给负载使用，此时的 UPS 就是一台交流市电稳压器，同时它还向蓄电池组充电；当市电中断（事故停电）时，UPS 立即将电池的电能，通过逆变转换的方法向负载继续供应 220 V 交流电，使负载维持正常工作并保护负载软、硬件不受损坏。其主要功能如下：

1. 双路电源之间的无间断切换

市电和逆变器输出可通过 UPS 实现无间断切换。

2. 隔离干扰功能

在 UPS 中，交流输入电压经整流后输入逆变器，逆变器对负载供电，这样可将电网电压瞬时间断、电压波动、频率波动等电网干扰与负载隔离，可使负载不受电网干扰和突然断电的影响。

3. 电压切换功能

通过 UPS，可以将输入电压变换成需要的电压，如输入 380 V 输出可变成 220 V、380 V、400 V、415 V；输入 220 V 输出可变成 220 V、230 V、240 V，如图 5-17 所示。

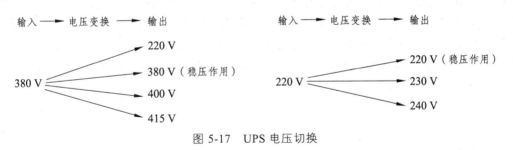

图 5-17　UPS 电压切换

4. 频率变换功能

通过 UPS，可以将输入频率变换成需要的频率，如输入 50 Hz 输出可变成 50 Hz、60 Hz、400 Hz，如图 5-18 所示。

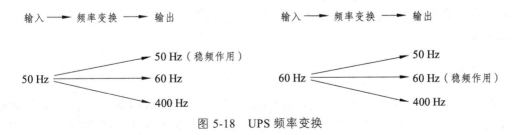

图 5-18　UPS 频率变换

5. 后备功能

UPS 后备功能如图 5-19 所示。UPS 中的蓄电池，贮存一定的能量，当电网断电时蓄电池通过逆变器可持续供电。后备时间可以为 5 min、10 min、15 min、30 min、90 min 甚至更长。

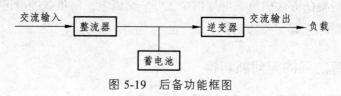

图 5-19　后备功能框图

5.2.3　UPS 的分类

根据工作特点，UPS 通常分为后备式、在线式和在线互动式三类。

1. 后备式

后备式又称为非在线式不间断电源（Off-Line UPS），它只是"备援"性质的 UPS，市电直接供电给用电设备同时也为电池充电（Normal Mode），一旦市电供电品质不稳或停电了，市电的回路会自动切断，电池的直流电会被转换成交流电接手供电的任务（Battery Mode），直到市电恢复正常，即"UPS 只有在市电停电了才会介入供电"。当外电正常时，外电经 EMC 滤波和抗浪涌无源滤波器后送给负载，同时充电器给蓄电池充电。市电中断后，逆变器启动，将蓄电池的直流电压转换为交流电压（即 DC/AC 变换）并送给负载。转换时间由继电器的机械跳动时间和逆变器的启动时间决定，一般要求在 10 ms 以内。这种 UPS 的特点是线路简单、价格便宜，但由于存在切换时间，输出容易受外电波动的影响，供电质量不高，用电重要设备不宜采用。

2. 在线式

在线式 UPS（On-Line UPS）的运作模式为市电和用电设备是隔离的，市电不会直接供电给用电设备，而是到了 UPS 就被转换成直流电，再分为两路，一路为电池充电，另一路则转回交流电，供电给用电设备，市电供电品质不稳或停电时，电池从充电转为供电，直到市电恢复正常才转回充电，即"UPS 在用电的整个过程都是全程介入的"。其优点是输出的波形和市电一样是正弦波，而且纯净无杂波，不受市电不稳定的影响，可供电给"电感型负载"，例如电风扇。只要在输出功率足够的前提下，该 UPS 可以供电给任何使用市电的设备。

3. 在线互动式

在线互动式又称为线上互动式或在线互动式（Line-Interactive UPS），基本运作方式和离线式一样，不同之处在于在线互动式虽不像在线式全程介入供电，但随时都在监视市电的供电状况，本身具备升压和减压补偿电路，在市电的供电状况不理想时，即时校正，减少不必要的"Battery Mode"切换，延长电池寿命。

5.2.4 在线式 UPS

1. 在线式 UPS 基本功能

在线式 UPS 由整流滤波、逆变器、输出变压器及滤波器、静态开关、充电电路、蓄电池组和控制、监测、显示、告警及保护电路组成，原理如图 5-20 所示。在线式 UPS 的输出电压波形通常为标准正弦波。

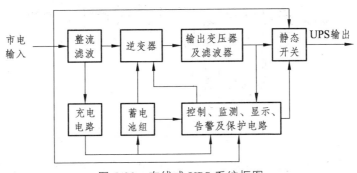

图 5-20　在线式 UPS 系统框图

外电正常时，输入电压经整流器滤波电路后，给逆变器供电，逆变器输出经过输出变压器和输出滤波器电路将 SPWM 波形变换成纯正弦波。同时，整流电压经充电器给蓄电池补充能量。在这种工作状态下，外电经整流滤波器、逆变器及静态开关给负载供电，并由逆变器完成稳压和频率监测功能。

当外电出现中断、电压过低或过高时，UPS 工作在后备状态，逆变器将蓄电池的电压转换成交流电压，并通过静态开关输出到负载。

外电正常但逆变器出现故障或输出过载时，UPS 工作在旁路状态，静态开关切换到外电端，外电直接给负载供电。如果静态开关的转换因逆变器故障引起，UPS 将发出报警信号；如果因过载引起静态开关转换，过载消失后，静态开关将重新切换到逆变器端。

控制、监测、显示、告警及保护电路提供逆变器、充电、静态开关转换所需的控制信号，并显示其工作状态。UPS 出现过压、过流、短路、过热时，会及时报警并同时提供相应的保护。

在线式 UPS 中，无论外电是否正常，都由逆变器供电，所以外电故障瞬间，UPS 的输出都不会间断。另外，由于在线式 UPS 加有输入 EMC 滤波器和输出滤波器，所以来自电网的干扰能得到很大的衰减；同时因逆变器具有很强的稳压功能，所以在线式 UPS 能给负载提供干扰小、稳压精度高的电压。因此，在线式 UPS 电源输出的是与外电网完全隔离的纯净的正弦波电源，大大改善了供电的品质，保护了负载安全有效的工作。

2. 在线式 UPS 的原理

1）基本电路

在线式 UPS 电路结构如图 5-20 所示，输入滤波器实质上就是 EMI 滤波器，一方面滤除、隔离市电对 UPS 系统的干扰，另一方面也避免 UPS 内部的高频开关信号"污染"市电。

在线式 UPS 不论是由市电还是由蓄电池供电，其输出功率总是由逆变器提供。市电中断或送电时，无任何转换时间。

平时，市电经整流器变成直流，然后再由逆变器将直流转换成纯净的正弦电压供给负载。另外，市电经整流后对蓄电池进行充电。正常供电时的工作原理如图 5-21 所示。

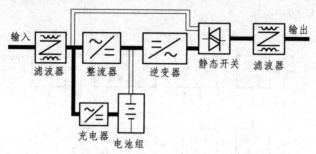

图 5-21　正常供电时在线式 UPS 工作原理示意图

一旦市电中断时，转为蓄电池供电，经逆变器把直流转变为正弦交流供给负载。市电中断时的工作原理如图 5-22 所示。

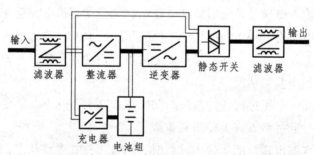

图 5-22　市电中断时在线式 UPS 工作原理示意图

在市电正常供电状态下，若逆变器出现故障，则静态开关动作转向由市电直接供电，此时的工作原理如图 5-23 所示。

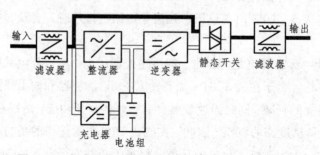

图 5-23　市电正常而逆变器故障时的工作原理示意图

如果静态开关的转换是由于逆变器故障引起，UPS 会发出报警信号；如果是由于过载引起，当过载消失后，静态开关重新切换回到逆变器输出端。

2）在线式 UPS 充电电路

虽然后备式 UPS 中的恒压充电电路具有电路简单、成本低廉等优点，但这种充电电路使得蓄电池组初期充电电流较大，影响蓄电池的寿命。所以在在线式 UPS 中一般采用分级充电电路，即在充电初期采用恒流充电，当蓄电池端电压达到其浮充电压后，再采用恒压充电。在线式 UPS 蓄电池的典型充电特性如图 5-24 所示。

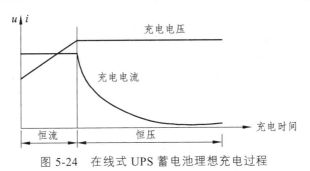

图 5-24　在线式 UPS 蓄电池理想充电过程

图 5-25 所示为小型在线式 UPS 的常见充电电路，该电路的工作原理如下：

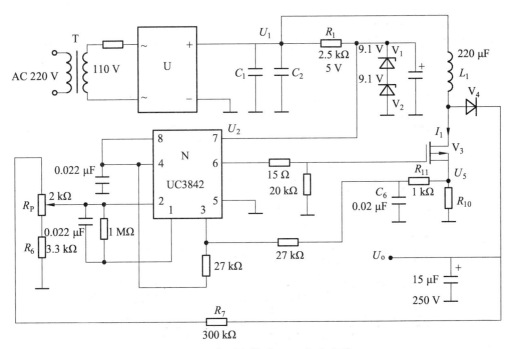

图 5-25　小型在线式 UPS 充电电路

变压器将市电电压由 220 V 降到 110 V，经整流滤波后变成 140 V 的直流电压 U_1，该电压分成两路：一路由 R_1 降压和 V_1、V_2 稳压后，得到 18 V 左右的电压 U_2，加到集成控制器（UC3842）的 7 端，作为该控制器的辅助电源；另一路经电感 L_1 后加到场效应管 V_3

的漏极。V_3工作在开关状态，是个提升式（BOOST）开关稳压器，当 UC3842 的 6 端输出一正脉冲方波时，V_3导通，电压 U_1 几乎都降在电压 L_1 上，通过 L_1 的电流等于漏极电流 I_D，当正脉冲方波过去后，在该脉冲的后沿激起一个反电势电压 Δu。这个反电势电压的方向正好与整流电压 U_1 相叠加，经过二极管 V4 的充电电压 U_O 为：$U_O = U_1 + \Delta u$。

这样，蓄电池就得到了足够的充电电压，因为 Δt 和 ΔI_D 由电路参数决定，该充电电压是固定不变的。随着电池组的充电，当其端电压提高到设定值后，再经 R_7 送到 R_P 及 R_5 组成的分压器上，经分压后的反馈信号送到 UC3842 的输入端 2，经过该信号的控制，使 6 端输入脉冲的频率降低，这样一来充电电压的平均值比原来减小，于是充电的电压被稳定下来。

电流的控制过程是这样的：电流的采样信号是由 V_3 源极上的 R_{10} 取得的，当充电电流增大时，由于对应频率的增加，V_3 开关频率增加，在 R_{10} 上通过电流所造成的电压平均值增大，这个增大了的电压 U_S 经 R_{11}、C_6 平滑后送到 UC3842 的 3 端，使 6 端输出脉冲的频率下降，从而也稳定了电流。

由上述可见，这个充电电路实际上是个具有限流稳压功能的开关电源，只要将额定电压、浮充电压、恒流充电电流设置恰当，就能使蓄电池的充电过程基本上沿着理想的充电曲线进行，从而延长蓄电池的使用寿命。

3）在线式 UPS 逆变器

（1）逆变器控制技术——正弦脉宽调制。

正弦脉宽调制是根据能量等效原理发展起来的一种脉宽调制法，如图 5-26 所示。

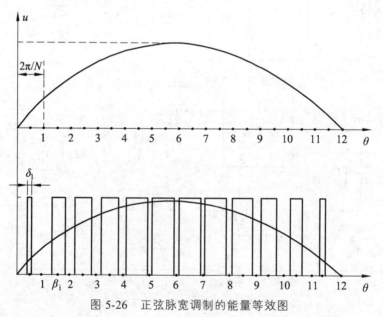

图 5-26　正弦脉宽调制的能量等效图

为了得到接近正弦波的脉宽调制波形，我们将正弦波的一个周期在时间上划分成 N 等份（N 是偶数），每一等份的脉宽都是 $2\pi/N$。在每个特定的时间间隔中，可以用一个脉冲幅度都等于 $U\Delta m$、脉宽与其对应的正弦波所包含的面积相等或成比例的矩形电压脉冲来分别代替相应的正弦波部分。这样的 N 个宽度不等的脉冲就组成了一个与正弦波等效的脉宽调制波形。

在实际的小型 UPS 中，常用图 5-27（a）所示的用比较器组成的正弦脉宽调制电路来实现上述脉宽调制的目的。若将三角波脉冲送到比较器的反相端，将正弦波送到比较器的同相端，则在正弦波电压幅值大于三角波电压时，比较器的输出端将产生一个脉宽等于正弦波大于三角波部分所对应的时间间隔的正脉冲。于是在电压比较器的输出端将得到一串矩形方波脉冲序列。假设三角波的频率 $f_\triangle$ 与正弦波的频率 $f_\sim$ 之比为 $f_\triangle/f_\sim = N$（N 称为载波比），为了使输出方波满足奇函数，N 应是偶数。这种正弦脉宽调制方式的另一个重要特点是：在正弦波幅度小于三角波幅度范围内，输出波形中不包含 3、5、7 等低次谐波分量。在脉宽调制输出波中仅存在与三角波工作频率相近的高次谐波。在目前实际使用的中、小型 UPS 中，正弦波的工作频率是 50 Hz，三角波的工作频率为 8～40 kHz。因此，采用这种正弦脉宽调制法的逆变器输出电压波形中，实际上基本不包含低次谐波分量，它们所包含的最低次谐波分量的频率都在几千赫兹以上。正因为如此，在正弦波输出的 UPS 装置中，逆变器所需的滤波器尺寸可以大大减小。实际上，在目前的中、小型电源中，一般都是利用输出电源变压器的漏电感再并联一个 8～10 μF 的滤波电容即可构成逆变器的输出滤波器。

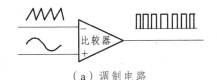

（a）调制电路

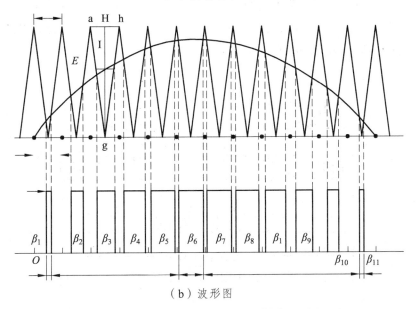

（b）波形图

图 5-27　正弦脉宽调制法调制电路及波形图

（2）逆变器电路。

在线式 UPS 多采用单相桥式逆变电路，如图 5-28 所示。它是由直流电源 E、输出变压器 T 及场效应管 $V_1 \sim V_4$ 组成。

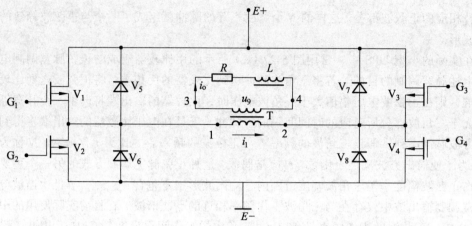

图 5-28　单相全桥逆变电路

单相桥式逆变电路按其工作方式可分为同频逆变电路与倍频逆变电路。

① 同频逆变电路。

在同频逆变电路中，场效应管 V_1、V_2、V_3、V_4 的栅极 G_1、G_2、G_3、G_4 分别加上正弦脉宽触发信号，其波形如图 5-29 所示。在 $\omega t_0 \sim \omega t_1$ 期间，u_{G1} 与 u_{G2} 为一组相位相反的脉冲，$u_{G3} = 0$，u_{G4} 为高电平；在 $\omega t_1 \sim \omega t_2$ 期间，u_{G3} 与 u_{G4} 为一组相位相反的脉冲，$u_{G1} = 0$，u_{G2} 为高电平，其工作过程如下：V_1 栅极出现第一个脉冲时，V_2 的栅极脉冲消失，于是 V_1、V_4 导通、V_2、V_3 截止。输出变压器初级电流 i_1 沿着 $E + \to V_1 \to$ 变压器初级 $\to V_4 \to E-$ 路径流动。由于 V_1、V_4 导通，电源电压几乎全部加在变压器初级两端，即：电源的能量转换到变压器，变压器次级感应出电压。

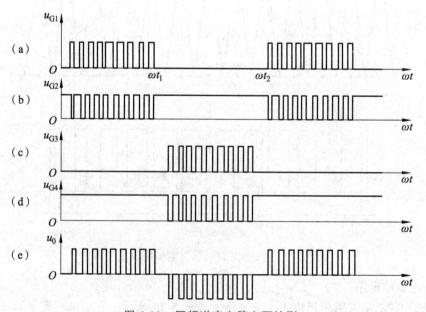

图 5-29　同频逆变电路主要波形

由此可见，V_1 的栅极出现第 1 个触发脉冲时，变压器初、次级同时出现宽度相同的脉冲。不难推出，V_1 的栅极出现第 2~9 个触发脉冲时，变压器初、次级也同时出现与图 5-28 宽度相同的第 2~9 个脉冲。其输出电压波形如图 5-28（e）所示。

在 $\omega t_1 \sim \omega t_2$ 期间，分析方法与 $\omega t_0 \sim \omega t_1$ 相同，由分析可见：

u_0 是正弦脉宽调制波，u_0 中脉冲频率与驱动信号 $u_{G1} \sim u_{G4}$ 中的脉冲频率相同，故将这种逆变电路称为同频逆变电路。

② 倍频逆变电路。

在倍频逆变电路中，场效应管 V_1、V_2、V_3、V_4 的栅极 G_1、G_2、G_3 及 G_4 分别加上正弦脉宽触发信号，如图 5-30 所示。图中 u_{G1} 与 u_{G2}，u_{G3} 与 u_{G4} 相位相反，其工作过程如下：

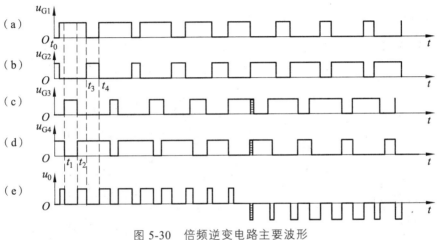

图 5-30　倍频逆变电路主要波形

在 $t_0 \sim t_1$ 期间：

$u_{G1} > 0$、$u_{G4} > 0$、$u_{G2} = 0$、$u_{G3} = 0$，V_1、V_4 导通，V_2、V_3 截止。变压器初级电流 i_1 沿着 $E+ \rightarrow V_1 \rightarrow$ 变压器初级 $\rightarrow V_4 \rightarrow E-$ 路径流动，由于 V_1、V_4 导通，故电流的能量转移到变压器，变压器次级感应出电压，在这个电压推动下，变压器次级感应电流 i_0 沿着 "3" $\rightarrow$ "R" $\rightarrow$ "L" $\rightarrow$ "4" 路径流动。变压器中能量一部分消耗在 R 上，另一部分储存在 L 中，u_0 的波形如图 5-30（e）图所示。

在 $t_1 \sim t_2$ 期间：

$u_{G1} > 0$、$u_{G3} > 0$、$u_{G2} = 0$、$u_{G4} = 0$，V_4 截止。i_0 不能突变，继续按原来方向流动，负载电感中的能量一部分消耗在负载电阻上，另一部分储存在变压器中。i_1 也不能突变，它沿着 "2" $\rightarrow V_7 \rightarrow V_1 \rightarrow$ "1" 路径流动，变压器中的能量消耗在回路电阻上；由于 V_7、V_1 导通，$u_{21} \approx 0$，$u_0 \approx 0$，故不会出现尖脉冲。变压器中能量释放完后，V_1 自动截止。

在 $t_2 \sim t_3$ 期间：

$u_{G1} > 0$、$u_{G4} > 0$、$u_{G2} = 0$、$u_{G3} = 0$，V_1、V_4 导通，V_2、V_3 截止。i_1 沿着 $E+ \rightarrow V_1 \rightarrow$ 变压器初级 $\rightarrow V_4 \rightarrow E-$ 路径流动，由于 V_1、V_4 导通，故 i_0 沿着 "3" $\rightarrow R \rightarrow L \rightarrow$ "4" 路径流动。

在 $t_3 \sim t_4$ 期间:

$u_{G2} > 0$、$u_{G4} > 0$、$u_{G1} = 0$、$u_{G3} = 0$,V_1 截止。i_o 继续沿着原来路径流动,负载电感 L 中的能量一部分消耗在负载电阻 R 上,另一部分储存在变压器中。一方面 i_1 沿着 "2" →V_4→V_6→ "1" 路径流动,变压器中的能量消耗在回路电阻上;另一方面 i_1 沿着 "2" →V_7→E →V_6→ "1" 使变压器中的能量反馈给电源。由于 V_6、V_4 导通,$u_{21} \approx 0$,$u_o \approx 0$,故不会出现尖脉冲。变压器中能量释放完后,V_4 自动截止。

以后便重复上述过程,u_o 的波形如图 5-30(e)所示。由图看出:

输出电压 u_o 也是正弦脉宽度调制波。

输出电压 u_o 脉冲频率是驱动信号脉冲频率的两倍,故将这种逆变电路称为倍频逆变电路。

4)具有双闭环的在线式 UPS 控制电路

为了提高输出电压的稳压精度,改善输出波形,UPS 往往采用闭环电压控制电路和闭环波形控制电路。具有这种双闭环调节系统的 UPS 反馈控制电路如图 5-31 所示。

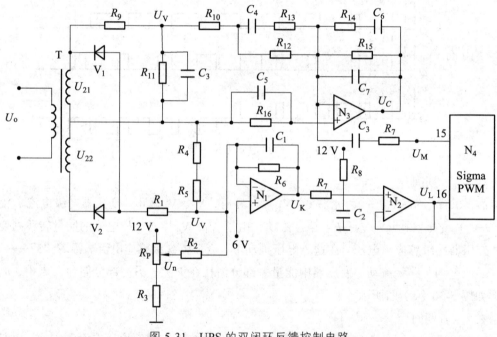

图 5-31　UPS 的双闭环反馈控制电路

(1)电压闭环控制电路。

电压闭环控制电路是由直流电压检测电路、给定电压、误差放大器组成。

① 直流电压检测电路。

直流电压检测电路是由检测变压器 T、单相全波整流电路 $V_1 \sim V_2$、电阻分压器 R_1、R_4、R_5 组成。

② 给定电压。

给定电压 U_n 是由 12 V 电源、电位器 R_P、电阻 R_3 构成分压器提供的。

③ 误差放大器。

误差放大器是由运放 N_1、电阻 R_6 构成的反相放大器，C_1 的作用是抑制高频振荡，放大器输出电压 U_k 为：$U_k = K_1(U_n - U_v)$。

④ 跟随器。

跟随器由运放 N_2 构成，其输出电压 $U_L = U_K$。

⑤ SigmaPWM 集成芯片。

N_4 是 SigmaPWM 集成芯片。跟随器 N2 输出电压 U_L 加在 N_4 的控制端（16 脚）。N_4 输出标准的正弦波交流电压 U_S，其电压的幅值受跟随输入电压控制。

（2）波形闭环控制电路。

① 交流电压检测电路。

交流电压检测电路由检测变压器 T（U_{21}）、电阻分压器 R_9、R_{11} 组成。设反馈系数为 F，则反馈电压 $U_F = FU_o$。

② 给定电压。

给定电压由 SigmaPWM 集成芯片提供，15 脚输出，它通过 R_{17}、C_8 加在 N_3 的反相端，设给定电压为 U_M。

③ 误差放大器。

误差放大器由运放 N_3、$R_{12} \sim R_{16}$、$C_4 \sim C_7$ 组成。图中，R_{14}、C_6 构成校正环节，C_4、R_{12}、R_{13} 也构成校正环节，C_5、R_{16} 是为了减少运放 N_3 失调电压，C_7 是用来抑制放大器高频振荡，静态时校正环节不起作用，误差放大器输出电压 U_C 作为 PWM 调制的基准正弦波电压。

（3）闭环反馈调节系统。

① 闭环波形控制环路。

闭环波形控制框图如图 5-32 所示。

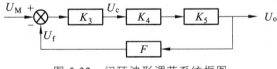

图 5-32　闭环波形调节系统框图

图中：K_3 是交流电压误差放大器的增益；K_4 是正弦脉宽调制器的传递函数；K_5 是逆变器的传递函数；F 是检测电路的反馈系数。根据图 5-32 可以写出：

$$U_o = K_3 \cdot K_4 \cdot K_5 (U_M - U_f)$$

由于 K_3、K_4、K_5、U_F 为常数，因此 UPS 输出电压 U_o 波形与给定电压 U_M 波形相同，也是高质量的正弦波。

② 闭环电压控制环路。

闭环电路调节系统框图如图 5-33 所示。图中，K_1 是直流电压误差放大器的增益；K_2 是 SigmaPWM 集成芯片控制系数。

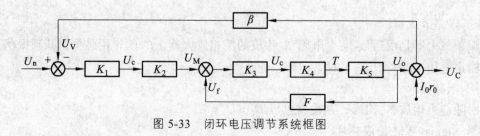

图 5-33　闭环电压调节系统框图

5）在线式 UPS 同步锁相电路

在线式 UPS 同步锁相电路如图 5-34 所示，它是由晶体振荡器、分频器、同步信号选择器等组成。

（1）晶体振荡器。

在图 5-34 中，晶体振荡器是由石英晶体 Y、电阻 $R_1 \sim R_2$、电容器 $C_1 \sim C_2$、非门 U_1 组成，它的功能是产生频率为 2.16 MHz 的脉冲。由于晶体温度稳定性高，故采用晶体振荡器作为频率源。

（2）分频器。

分频器是由四块集成电路 40103 组成。集成电路 40103 是可预置的同步二进制减法计数器。U_2 为 216 分频器，它将晶体振荡器输出频率为 2.16 MHz 的脉冲信号分成频率为 10 kHz 的脉冲信号，作为 U_3、U_4、U_5 的时钟。U_3 为 200 分频器，它将 10 kHz 的脉冲信号分成频率为 50 Hz 的脉冲信号，该信号作为内振信号输出。U_5 为 202 分频器，它将 10 kHz 的脉冲信号分频成频率为 49.5 Hz 的脉冲信号，该信号作为下限频率脉冲输出。U_4 为 198 分频器，它将 10 kHz 的脉冲信号分频成频率为 50.5 Hz 的脉冲信号，该信号作为上限频率脉冲输出。

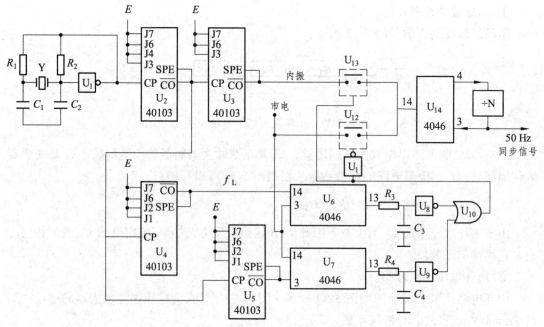

图 5-34　采用锁相环的输入逻辑电路

（3）同步信号选择器。

同步信号选择器是由两块集成锁相芯片 U_6、U_7，三个非门 U_8、U_9、U_{11}，一个或门 U_{10}，两个电子开关 U_{12}、U_{13}，电阻 $R_3 \sim R_4$，电容器 $C_3 \sim C_4$ 组成。下限频率方波加在 U_7 的 14 脚；上限频率方波加在 U_6 的 3 脚；市电方波分别加在 U_6 的 3 脚、U_7 的 14 脚及 U_{12} 的输入端；内振方波加在 U_{13} 的输入端。

同步信号选择器的工作过程如下：

当市电频率在 49.5 ~ 50.5 Hz 时，U_6 的 u_0 信号的频率 f_0 为 49.5 ~ 50.5 Hz；u_i 信号的频率 f_i 为 50.5 Hz，即 $f_i > f_0$，故 U_6 输出端为"1"。U_7 的 u_i 信号的频率 f_i 为 49.5 ~ 50.5 Hz；u_0 信号的频率 f_0 为 49.5 Hz，即 $f_i > f_0$，故 U_7 输出端为"1"。非门 U_8、U_9 输出端为"0"，或门 U_{10} 输出端为"0"，非门 U_{11} 输出端为"1"，电子开关 U_{12} 闭合，电子开关 U_{13} 断开。市电方波作为同步信号加在 U_{14} 的输入端。照此分析下去可知，当市电频率不在 49.5 ~ 50.5 Hz 范围时，电子开关 U_{12} 断开，U_{13} 闭合，选择 50 Hz 内振方波作为同步信号。

（4）同步跟踪电路。

该电路由 U_{14} 及 N 分频器构成，实际上这里分频系数 $N = 1$，因此只要适当选择 U_{14} 中的 C、R，就可使其压控振荡器输出端 4 脚的频率经 N 分频后为 50 Hz，该 50 Hz 信号与 14 脚输入信号同频同相。

5.2.5 后备式 UPS

1. 后备式 UPS 基本原理

后备式 UPS 原理框图如图 5-35 所示，后备式 UPS 与在线式 UPS 的差别是：没有输入整流滤波器，逆变器只由蓄电池供电，外电正常时，逆变器不工作。输出没有滤波器，输出电压波形一般为方波。外电正常时输出变压器起交流稳压的作用。

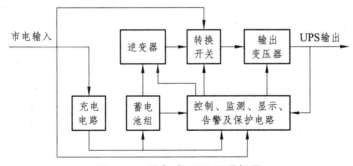

图 5-35　后备式 UPS 原理框图

外电正常时，UPS 工作于外电旁路状态，转换开关切换到外电输入端，输入外电经转换开关接至输出变压器，然后共给负载。外电变化时，通过继电器改变变压器的接点，可稳定输出电压。

外电出现中断、电压过高或过低时，UPS 工作于后备状态。检测控制电路监测到外电故障后，启动逆变器并将转换开关切换至逆变器端，由蓄电池经逆变器给负载供电，逆变器输出波形为方波。负载变化时，逆变器通过改变输出方波的宽度实现稳压。

在后备式 UPS 中，外电正常时逆变器不工作，只有外电出现故障时，逆变器才启动。由于作为转换开关的继电器，需要一定的动作过程，因此转换需一段时间，一般为 3～10 ms。另外，后备式 UPS 是通过调节变压器的变化来实现稳压的，所以输出电压稳定度也比在线式 UPS 差。

2. 后备式 UPS 的结构组成

（1）充电器：当市电正常时，充电器对蓄电池进行充电和浮充电。

（2）DC/AC 逆变器：当市电存在时，逆变器不工作；市电中断时，由它将直流电（由蓄电池供给）转变成符合负载要求的交流电，电压波形有方波、准方波和正弦波 3 种形式。

（3）输出转换开关：当市电存在时，输出转换开关接通输入电源，向负载供电；市电中断时，输出转换开关在断开市电回路的同时接通逆变器，由逆变器继续向负载供电。

（4）智能调压电路：市电存在时，智能调压电路可用来调节并稳定输出电压。

3. 后备式 UPS 的特点

1）优　点

体积小，效率高，价格低廉，运行费用低。由于在正常情况下逆变器处于非工作状态，电网电能直接供给负载，因此后备式 UPS 的电能转换效率很高。

2）缺　点

负载同上线供电系统没有真正隔离；较长的转换时间，缺少真正的静态开关，这意味着把负载转换到逆变器所需要的时间相对较长，虽然某些应用场合下这种转换时间是可以接受的（例如单独的计算机等），但这种性能是不能满足大型或复杂的敏感型负载的要求（例如大型计算机中心，电话交换机等）；输出电压不能调整；输出频率取决于交流输入电源的频率，也不能调整。

3）应用场景

后备式 UPS 主要适用于市电波动不大，对供电质量要求不高的场合。后备式 UPS 切换时间一般小于 10 ms，因此不适合用在关键性的供电不能中断的场所。不过实际上切换时间很短，而一般计算机或用电设备本身的交换式电源供应器在断电时应可维持 10 ms 左右，用电设备一般不会因为这个切换时间而出现问题。

5.2.6　在线互动式 UPS

在线互动式 UPS，在市电正常时直接由市电向负载供电；当市电偏低或偏高时，通过 UPS 内部稳压线路稳压后输出；当市电异常或停电时，通过转换开关转为电池逆变供电。

在线互动式 UPS 工作原理如图 5-36 所示。

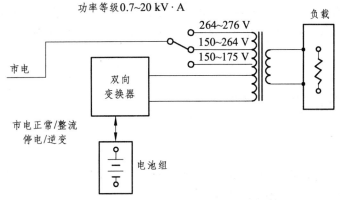

图 5-36　互动式 UPS 工作原理框图

在市电正常时，UPS 供给负载改良了的市电，如图 5-35 所示，由智能开关调节变压器抽头完成输出电压的调整，逆变器处于反向工作状态，给蓄电池组充电，起充电器的作用；当市电中断时，负载完全由蓄电池提供能量经逆变器变换后供电。这个双向变换器既可以当逆变器使用，又可作为充电器。

1. 在线互动式 UPS 的优点

（1）电路简单，成本低。
（2）可靠性高。
（3）效率高，效率可达 95% 以上。
（4）过载能力强，在市电供电时，过载能力可达 200%。

2. 在线互动式 UPS 的缺点

（1）在市电供电时，输出电压只是幅度有改善，输入的失真、干扰等传递给了输出端。
（2）动态性能不好，在输入电压或负载电流突变时，输出电压突变较大。稳态所需时间长，稳压精度较差。
（3）对电网适应范围窄，如要提高精度和适应范围，则必须增加变压器抽头数。
（4）UPS 有转换时间，不适合发电机组供电和市电不稳定的环境。

5.2.7　在线式 UPS 和后备式 UPS 的比较

后备式 UPS 和在线式 UPS 虽然其基本结构大致一样，但在市电正常供电时，在线式 UPS 的输出较后备式 UPS 的输出交流电质量好，这主要是说在线式 UPS 的输出是稳压、稳频的，而后备式 UPS 最多对输出采取粗稳压而没有稳频等其他处理功能。不但如此，在市电供电异常、蓄电池组开始向逆变器提供能量时，在线式 UPS 没有转换时间，后备式 UPS 是有一定的转换时间的。因此从工作方式和供电质量上看，在线式 UPS 的性能优于后备式 UPS。有的后备式 UPS 的生产厂家加了电网滤波装置，有的在输出变压器上增加了一些抽头，以实现对输出的简单稳压，使其产品的性能有所改善，但终究和在线式 UPS 有一定差距。但后备式 UPS 的造价低于在线式 UPS，因此小容量的后备式 UPS 也得到了广泛的应用。

5.2.8 UPS 的操作与维护

1. 作业前应具备的条件

作业前首先应该了解 UPS 所包含的各运行模式及其各模式的功能和操作，UPS 的运行模式可分为正常模式、旁路模式、电池模式和维修旁路模式。

1）正常模式

市电输入正常时，市电经过 UPS 整流、逆变转换后给负载提供稳压稳频电源，同时充电器对电池进行充电的工作模式称为正常模式。正常模式下，操作面板上的市电指示灯和逆变指示灯均亮。

2）旁路模式

当 UPS 工作在正常模式时，如果按关机键或者出现超时过载、逆变器故障、过温故障或者整流器故障，UPS 将切换至旁路模式，负载所需电源由市电输入直接经旁路提供，且充电器继续对电池进行充电。旁路模式时，操作显示面板上的市电指示灯和旁路指示灯亮，逆变指示灯灭。

3）电池模式

当 UPS 工作在正常模式时，如果出现市电掉电、市电电压或者频率超限，UPS 将切换至电池模式供电，整流器和充电器停止运行，电池放电，通过逆变器向负载提供电源。电池模式时，操作显示面板上的电池指示灯和逆变指示灯亮。

电池模式下，当电池放电到电池电压低告警点之前，蜂鸣器每 4 s 鸣叫 1 次"嘀——"告警声，向用户发出电池供电的提示。当电池放电到电池电压低告警点时，蜂鸣器每秒鸣叫 1 次，发出急促的电池低压报警声，提示用户负载即将断电。

4）维修旁路模式

如需对 UPS 进行维修或保养，应先将 UPS 关机切换到旁路输出，再闭合维修开关使 UPS 切换到维修旁路模式。此时，负载由市电通过 UPS 的维修旁路直接供电，维护人员可以对 UPS 进行维修测试和保养。

2. 作业前的检查

在操作 UPS 前应检查 UPS 目前所处的运行模式，检查市电是否输入正常。若输入正常，UPS 是否以正常模式运行（查看指示灯）；若市电输入不正常，UPS 是否在以其他模式正常运行，向重要负载供电。

3. UPS 的操作（以艾默生 UPS 为例）

UPS 背面板和操作面板如图 5-37、5-38 所示。

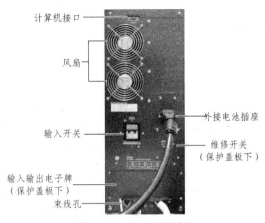

图 5-37　UPS 背面板

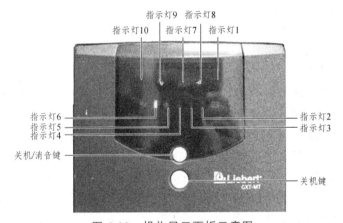

图 5-38　操作显示面板示意图

操作显示面板 LED 指示灯如表 5-4 所示。

表 5-4　LED 指示灯描述

编　号	名　称	说　明
指示灯 10（橙红色）	电池指示灯	电池供电且电池电压正常时亮，电池电压不正常、电池故障或充电器故障时闪烁
指示灯 9（绿色）	逆变指示灯	逆变器供电时亮；逆变器不供电时灭
指示灯 7（橙黄色）	旁路指示灯	旁路供电时亮；旁路不供电时灭
指示灯 8（绿色）	市电指示灯	市电输入正常时亮；市电输入异常时闪烁；市电掉电时灭
指示灯 1（红色）	报警指示灯	UPS 发生故障时亮；无故障时灭
指示灯 2（橙黄色）	故障指示灯	指示 UPS 负载容量或者电池容量。正常模式下指示负载容量，电池模式下指示电池容量
指示灯 3~6（绿色）	负载/电池指示灯	

1）UPS 上电

（1）检查确认 UPS 的输入输出电缆和电池电缆接线正确。

（2）闭合电池开关。

（3）闭合用户市电配电开关和 UPS 的输入开关。

2）UPS 开机

（1）正常模式开机。

给 UPS 上电后，UPS 以旁路模式运行。此时持续按"开机/消音"键 1 s，直至听到"嘀——"的提示声。UPS 开始自检，自检完成后 UPS 启动到正常模式供电。数秒后，操作显示面板上的旁路指示灯灭，逆变指示灯亮，表示 UPS 已进入正常模式运行。

（2）电池模式开机。

在没有市电情况下，可将 UPS 直接开机到电池模式，UPS 通过电池向负载供电。

具体操作为：持续按"开机/消音"键 1 s，直至听到"嘀——"的提示声。此时，UPS 开始自检。自检完成后 UPS 启动电池模式供电。操作显示面板上的电池指示灯和逆变指示灯亮，同时蜂鸣器每 4 s 鸣叫 1 次，表示 UPS 以电池模式运行。

3）UPS 关机

（1）正常模式关机。

正常模式下，持续按关机键 1 s，直至听到"嘀——"的提示声，逆变器关闭，UPS 转换至旁路模式运行。此时，逆变指示灯灭，旁路指示灯亮。

UPS 转换至旁路模式运行后，如需给 UPS 完全下电，应断开 UPS 的输入开关。经数秒延时后，操作显示面板上的 LED 显示全部熄灭，风扇停转，此时 UPS 完全下电。

（2）电池模式关机。

电池模式下，持续按关机键 1 s，直至听到"嘀——"的提示声，逆变器关闭，UPS 停止输出。经数秒延时后，操作显示面板上的 LED 显示全部熄灭，风扇停止运转。

4. UPS 维护保养

1）风扇维护

UPS 风扇在连续运转下的预期工作时间为 20 000 ~ 40 000 h。使用环境温度越高，风扇使用寿命越短。UPS 运行使用中，应每半年一次定期检查所有风扇是否运行正常，确认有风从 UPS 后面板风口吹出。

2）电池维护

电池的使用寿命取决于环境温度和放电次数。高温度环境下使用或深度放电会缩短电池的使用寿命。

为确保电池的使用寿命，应遵循以下电池维护保养要求：

（1）尽量保持环境温度在 15 ℃ ~ 25 ℃。

（2）防止电池小电流放电，任何情况下 UPS 电池持续放电时间禁止超过 24 h。

（3）当 UPS 长期不用，电池连续三个月未充放电时，需充电一次，每次充电不得少于 12 h；在高温环境下，当电池连续两个月未充放电时，需充电一次，每次充电不得少于 12 h。

为保证 UPS 的正常运行和维持足够的电池后备时间，应根据电池使用情况定期更换电池。

3）清洁 UPS

每半年一次定期检查 UPS，确认没有任何物体妨碍 UPS 前、后面板及机箱底部的进出风口。定期清洁 UPS，特别是进出风口，以确保气流能在 UPS 机箱内自由流通。必要时使用吸尘器进行清理。

4）检查 UPS 工作状态

建议每半年检查 UPS 的工作状态，确保 UPS 工作状态正常。

（1）检查 UPS 有无故障：故障指示灯是否亮，蜂鸣器是否有故障报警。

（2）检查 UPS 是否工作于旁路模式：正常情况下，UPS 应以正常模式运行；如果 UPS 以旁路模式运行，需确认原因，如：人为动作、过载、内部故障等。

（3）检查 UPS 电池是否处于放电状态：市电正常情况下，电池不应放电；如果 UPS 以电池模式运行，需确认原因，如市电停电、人为动作等。

5. 故障处理

常见故障处理方法如表 5-5 所示。

表 5-5　常见故障处理方法

序号	故障类型	处理方法
1	过温故障	（1）确保 UPS 没有过载，通风口没有被堵塞，环境温度正常； （2）给 UPS 安全下电，等待 10 min 让 UPS 冷却，然后重新上电启动； （3）如果故障仍然存在，联系当地用户中心
2	短路故障	给 UPS 完全下电，断开所有负载，确认负载没有故障，再重新上电启动。如果故障仍然存在，请联系艾默生当地用户中心
3	市电故障	保存负载数据并闭应用程序，检查电网电压频率是否正常和市电输入的零火线是否接反，如果电网电压和频率正常，且市电输入零火线连接正常，市电指示灯仍然闪烁，请联系艾默生当地用户中心

【项目小结】

蓄电池组是 UPS 电源系统中的重要组成部分，是唯一后备电源，它以浮充工作制使用。

蓄电池通过正、负两级的活性物质和电解质起电化反应，完成电池的充、放电过程，实现电能和化学能的转换。蓄电池能反复使用，现在的铁路信号电源系统中广泛使用阀控式铅蓄电池，它利用氧循环复合原理实现了电池密封，减少加酸加水的维护工作量。在蓄电池的使用过程中，主要是对其充放电的操作和日常维护。

UPS 在两路供电的电源停电后，实现两路电源之间无间断切换，在一定时间内持续、稳定、不间断地向信号设备供电，同时具有稳压、变换和净化电源功能。UPS 系统由 UPS 主机、蓄电池、市电、UPS 配电系统、后台监控或网络监控软件/硬件等单元组成。铁路信号电源系统的 UPS 大多采用双变换 UPS 及冗余方式，以提高可靠性。结合实际，对 UPS 进行正确操作和有效维护。

复习思考题

1. 简述蓄电池的分类。
2. 蓄电池的作用是什么？在铁路信号设备中有哪些应用？
3. 简述阀控铅蓄电池的结构和基本工作原理。
4. 简述镉镍碱蓄电池的结构和基本工作原理。
5. 铅蓄电池的充电方法有哪些？
6. 镍氢电池有哪些特点？
7. 蓄电池产生爆炸的原因有哪些？
8. 什么是 UPS？简述其分类。
9. 简述在线式 UPS 结构和基本原理。
10. 简述逆变器的工作原理。
11. 在线式 UPS 和后备式 UPS 有哪些异同？
12. UPS 的运行模式有哪些？
13. 如何对 UPS 进行维护？

参考文献

[1] 中国铁路总公司.《普速铁路信号维护规则》（铁总运〔2015〕238 号）中国铁路总公司. 北京：中国铁道出版社，2015.

[2] 中华人民共和国铁道行业标准. 铁路信号电源系统设备第 1 部分：通用要求：TB/T 1528.1—2018. 北京：中国铁道出版社，2018.

[3] 中华人民共和国铁道行业标准. 铁路信号电源系统设备第 2 部分：铁路信号电源屏试验方法：TB/T 1528.2—2018. 北京：铁道出版社，2018.

[4] 中华人民共和国铁道行业标准. 铁路信号电源系统设备第 3 部分：普速铁路信号电源屏：TB/T 1528.3—2018. 北京：铁道出版社，2018.

[5] 中华人民共和国铁道行业标准. 铁路信号电源系统设备第 4 部分：高速铁路信号电源屏：TB/T 1528.4—2018. 北京：铁道出版社，2018.

[6] 林瑜筠，姚晓钟，曹峰，赖卫华. 铁路信号智能电源屏. 北京：中国铁道出版社，2018.

[7] 蔡小平. 铁路信号电源设备维护. 北京：中国铁道出版社，2016.

　　教材是劳动者终身教育和职业生涯发展的重要学习工具，教材建设是基于工作过程的课程体系开发和课程建设工作的重要组成部分，是提高人才培养质量的关键。《国家职业教育改革实施方案》提出了"三教改革"的任务，其中教材是基础，这对教材的编写提出了更高的要求。

　　随着高速铁路技术的迅猛发展，我国高铁正进入广泛应用云计算、大数据、物联网、移动互联、人工智能、北斗导航的智能高铁新时代。铁路信号从过去的铁路运输的"眼睛"演变为今天的"大脑"及"神经系统"，为保证运输安全、提高运输效率发挥着越来越重要的作用。高铁信号新技术、新设备、新规章广泛应用于铁路现场，同时传统的普速铁路稳步推进技术改造。信号电源是高铁、普铁各个信号系统的重要组成部分，信号电源可靠、稳定和安全才能确保铁路信号系统可靠稳定工作。近几年，铁路现场信号电源设备更新加快，智能化、模块化的电源屏逐步替代了传统的信号电源屏被广泛使用。为了适应铁路现场的需要，本书重点介绍了目前高铁中使用的智能电源屏，兼顾介绍了普铁现有的传统信号电源屏。

　　本书为校企合作开发教材，从理论基础、系统构成、原理分析以及实际运用等多方面广泛地收集资料，全面、系统地阐述了信号电源基本概念、相关知识和主流设备工作原理，体现了铁路信号电源集成的创新实践和成果。

　　本书是以职业能力培养为重点，以项目化教学方法为教学理念，按照典型工作任务编写的项目式教材，突出培养学生对设备的操作、运行状况的判断及故障处理能力，以及分析问题、解决问题、应急处理等综合素质与能力，目的是使学生掌握工作岗位需要的各种技能和相关知识。本书按照铁路信号工工作岗位需要的技能和相关知识归纳为 5 个项目共 22 个典型工作任务，主要内容包括：信号供电设备基本电器、开关电源、传统信号电源屏、信号智能电源屏、蓄电池与 UPS 电源等。

　　本书由湖南高速铁路职业技术学院刘湘国、新疆铁道职业技术学院于勇、西安铁道职业技术学院高嵘华担任主编，湖南高速铁路职业技术学院刘昌录、中国铁路广州局集团有限公司衡阳电务段高虎城担任副主编，西安铁道职业技术学院郑天赐、湖南高速铁路职业技术学院吕金城、龙真真、刘孝凡、才让草参与编写，中国铁路广州局集团有限公司电务部鲁志鹰高级工程师担任主审。其中高嵘华编写项目 1 的任务 1.1、1.2，龙真真编写项目 1 的任务 1.3、1.4，才让草编写项目 2，刘孝凡编写项目 3 的任务 3.1、3.2，郑天赐编写项目 3 的任务 3.4、3.5、3.6、3.7，刘湘国编写项目 4 的任务 4.1、4.2、4.4，于勇编写项目 4 的任务 4.3，刘昌录编写项目 3 的任务 3.3，项目 4 的任务 4.5，吕金城编写项目 5 的任务 5.1，高虎城编写项目 5 的任务 5.2。在本书编写过程中，还得到许多单位和同仁的大力支持和热情帮助，在此表示衷心的感谢。

　　由于铁路信号电源设备类型多样，资料难以搜集完备，再加上编者水平所限以及时间仓促，书中难免有疏漏与不妥之处，恳请读者批评指正，以不断提高教材水平，为我国铁路事业的发展尽力。

　　书中项目 3、项目 4 的部分图片以二维码形式提供，请读者扫码获取。

编　者

2020 年 5 月